LS 5

LAMBACHER SCHWEIZER

Lösungen und Materialien
Mathematisches Unterrichtswerk
für das Gymnasium
Ausgabe Bayern

von
Prof. August Schmid
Prof. Dr. Ingo Weidig

Lehrerband erarbeitet von
Christine Kestler, Holzkirchen
Oliver Manger, München
Elke Räthe, Stein
Walter Sölch, Lauf
Willi Sölch, Lauf

Ernst Klett Verlag
Stuttgart Düsseldorf Leipzig

Bildquellenverzeichnis:

AKG, Berlin: S. 119 – Corbis/Bettmann, Düsseldorf: S. 119 – Deutsches Museum, München: S. 162

1. Auflage 1 5 4 | 2008 2007 2006

Alle Drucke dieser Auflage können im Unterricht nebeneinander benutzt werden, sie sind untereinander unverändert. Die letzte Zahl bezeichnet das Jahr dieses Druckes.

Internetadresse: http://www.klett-verlag.de

Zeichnungen: R. Hungreder, Leinfelden
Umschlaggestaltung: Alfred Marzell, Schwäbisch Gmünd
Satz: dtp-studio Andrea Eckhardt, Neuhausen
Druck: Medien Druck Unterland, Flein

ISBN 3-12-731163-X

Inhaltsverzeichnis

Bedeutung der Symbole im Lehrerband

Erläuterung	Symbol	Bedeutung
Im Schülerbuch wurden nur solche Aufgaben mit * versehen, bei denen vielleicht nicht auf den ersten Blick ersichtlich ist, dass die Aufgabe schwer oder zeitaufwändig in der Bearbeitung ist. Damit soll „unbedachten Hausaufgabenstellungen“ vorgebeugt werden. Aus pädagogischen Gründen sind weitere Kennzeichnungen im Schülerbuch unterblieben. Im Lehrerband sind nun schwierige und zeitaufwändige Aufgaben als solche gekennzeichnet.		schwierige Aufgabe
		zeitaufwändige Aufgabe
Die Aufgabe erfordert in besonderem Maße das Verbalisieren mathematischer Sachverhalte.		Verbalisieren
Zur Bearbeitung der Aufgabe sind Kenntnisse aus verschiedenen Teilbereichen der Mathematik nötig. Die Vernetzung mit arithmetischen Grundfertigkeiten wird jedoch nicht gekennzeichnet.		vernetzende Aufgabe
Aufgabenstellung oder Lösungsstrategien sind offen oder zur Öffnung gut geeignet. In diesem Fall sind im Lehrerband häufig Hinweise zur Öffnung gegeben.		offene/zu öffnende Aufgabe
Aufgaben, die ein besonderes Maß an Eigeninitiative erfordern, die „aus dem Klassenzimmer hinausführen“, die sich zu einem Projekt eignen, die umfangreichere Recherchen voraussetzen etc.		den üblichen Rahmen sprengend
		fächerübergreifende Aufgabe
		Partnerarbeit
		(Klein-) Gruppenarbeit
		zusätzliches Material/ Werkzeug nötig
(wird erst in höheren Klassenstufen verwendet)		Taschenrechner sinnvoll/erforderlich
		PC-Einsatz sinnvoll/erforderlich
	@	Internet-Einsatz sinnvoll/erforderlich
Kopiervorlagen im Buch oder weitere Informationsquellen, die dann im Text genannt werden.	→	Verweis auf andere Materialien
		Spiel
		Zaubertrick
		Historisches
Informationen, die hier angegeben sind, um Eigenrecherche zu ersparen; Hintergrundinformationen für die Lehrerin/den Lehrer	i	(Hintergrund-) Information

hier ausschneiden und – am besten foliert – als Lesezeichen verwenden →

Klett

Vorwort

Zum Lehrplan

Die Intentionen des neuen Lehrplanes lassen sich mit „Weniger Kalkül, mehr Mathematisierung“ gut zusammenfassen.
Die Themenkreise sollen durch stetiges Wiederaufgreifen und Weitervertiefen der Inhalte spiralförmig behandelt werden. Vielfältige Vernetzungen und häufiges Zurückgreifen auf Grundlegendes sollen die Fertigkeiten der Schüler festigen.
Um die Souveränität der Schüler zu fördern, spielen offenere Aufgabenstellungen und Unterrichtsformen eine größere Rolle.

Konzeption des Lehrerbandes

Mit diesem Lehrerband geben wir Ihnen eine praktikable Hilfe für den Unterricht und den Umgang mit unserem Schülerbuch an die Hand. Sie erhalten hilfreiche Hinweise zur Verwendung der Aufgaben im Buch und gelegentlich Erläuterungen zu den Intentionen des Lehrplanes und deren Umsetzung im Schülerbuch.

Lösungen
Die Lösungen zu den Aufgaben sind möglichst knapp gehalten; wesentliche Lösungsschritte, die auch von den Schülern erwartet werden, sind festgehalten. Aus den Lösungen lässt sich, zusammen mit den Symbolen und , der Bearbeitungsaufwand der Aufgaben schnell einschätzen. Bei Aufgaben, die aktuelle Recherchen erfordern, geben wir auch geeignete Quellen an. Selbstverständlich bietet sich an vielen Stellen die Internetrecherche an; oft ist jedoch bei der Integrität der gefundenen Daten Vorsicht geboten, auch veralten Internetadressen erfahrungsgemäß sehr schnell.

Weitere Hinweise zu den Aufgaben
Alle weiteren Informationen und Hinweise zu den Aufgaben finden Sie direkt bei den Lösungen. Um eine schnelle Orientierung zu bieten und den Text knapp zu halten, werden hierfür Symbole verwendet, die in die Randspalte vor die jeweilige Aufgabennummer gesetzt sind.
Werden ergänzende Aufgabenstellungen vorgeschlagen, so befindet sich in der Spalte der Aufgabennummer ein **+**.

Bei offenen Aufgaben können z. B. besonders kreative (nicht rezeptartig abarbeitbare) Lösungsstrategien erforderlich sein, verschiedene Lösungen möglich sein oder die konkrete Fragestellung offen bleiben. Solche Aufgaben sind im Lehrerband mit gekennzeichnet. Das Öffnen von Aufgaben und das Variieren von Fragestellungen sollte Schülern und Lehrern als selbstverständlich vertraut werden, da hierbei auf kreative Weise und mit hoher Eigenmotivation besonders effektiv gelernt werden kann. Diesem Ziel widerspräche aber eine Ausformulierung aller solcher Öffnungsmöglichkeiten im Schülerbuch. Im Lehrerband sind nun (ebenso mit gekennzeichnete) weitere Anregungen gegeben, welche Aufgaben sich gut zum Öffnen eignen. Der eigenen Kreativität sollen hier aber ausdrücklich keine Grenzen gesetzt werden.

Darüber hinaus sind Aufgaben gekennzeichnet, die den korrekten Umgang mit der Fachsprache trainieren , vernetzende Aufgaben , Aufgaben, die „den üblichen Rahmen sprengen“ – also z. B. ein besonderes Maß an Eigeninitiative erfordern , fächerübergreifende Aufgaben und Aufgaben, die sich gut für Partner- bzw. Gruppenarbeit eignen.
Werden zusätzliche Materialien oder Werkzeuge benötigt, so ist dies mit gekennzeichnet; ist der Einsatz des PC oder des Internets sinnvoll oder geboten, weisen bzw. @ darauf hin.
Historische Informationen sind mit , sonstige Informationen mit **i** gekennzeichnet.
Die Bedeutung aller Symbole finden Sie auf Seite 5 (Lesezeichen zum Ausschneiden) zusammengefasst.

Alternative Einstiege
Für einige Lerneinheiten werden alternative Einstiege angeboten. In der Spalte für die Aufgabennummern wird dann **A1**, **A2** … notiert. Solche Alternativen nehmen Bezug z. B. zu Themenseiten oder Aufgaben im Schülerbuch oder auf Kopiervorlagen hier im Lehrerband. Häufig bieten diese Vorschläge einen offenen Zugang zu dem jeweiligen Problemkreis an.

Sonstige Informationen
Manchen Kapiteln oder Lerneinheiten sind Informationen zu den Inhalten, den Intentionen des Lehrplanes bzw. der Konzeption des Schülerbuches vorangestellt.

Zusatzmaterial
Im zweiten Teil des Lehrerbandes finden Sie umfangreiches Material als Kopiervorlagen zum direkten Einsatz im Unterricht.
Auf dieses Zusatzmaterial wird im Lösungsteil des Lehrerbandes am Ende der entsprechenden Lerneinheiten verwiesen. Gegebenenfalls findet sich auch ein zusätzlicher Verweis bei den alternativen Einstiegen oder bei den Aufgaben, soweit sie Bezug auf dieses Zusatzmaterial nehmen.

- **Arbeitsblätter** zum Ausfüllen ergänzen die Möglichkeiten des Schülerbuches. Auch finden Sie solche Aufgabenstellungen aus dem Schülerbuch als Kopiervorlage, die besonders aufwändig ins Heft zu übertragen wären.
- Bei einigen elementaren Techniken ist es für manche Schüler hilfreich, umfangreiches Trainingsmaterial zu bearbeiten. Um im Schülerbuch kein falsches Signal zu geben und gemäß den Intentionen des Lehrplanes dem bloßen Kalkül nicht zuviel Platz einzuräumen, haben wir dort auf große „Aufgabenplantagen“ verzichtet. Die **Trainingsblätter** eignen sich nun besonders für diese Differenzierung nach unten.
- **Spiele**, **Rätsel** und **Zaubertricks** bieten ein reichhaltiges und motivierendes Aufgabenangebot, insbesondere für offenere Unterrichtssituationen. Hinweise zum Einsatz finden sich im Lösungsteil des Buches, Anleitungen für die Schüler sind auf den Kopiervorlagen mit abgedruckt.
- Kopiervorlagen mit **historischen** Informationen zu einigen Themen runden das Zusatzmaterial ab.

Die **Lösungen** zu den Zusatzmaterialien sind ebenfalls als Kopiervorlage beigefügt oder befinden sich im Lösungsteil an entsprechender Stelle.

Internetauftritt
Der Lehrerband wird durch den Internetauftritt zum Buch unter
www.klett-verlag.de/mathematik/lambacher-schweizer-extra/
ergänzt. Hier werden weitere Materialien, wie z. B. Tabellenkalkulationsdateien, Animationen für den PC-Einsatz, ein Lernzirkel zum Thema Größen und weitere Kopiervorlagen angeboten. Verweise auf die Materialien im Internetauftritt finden Sie im Lehrerband an entsprechender Stelle.

Viel Erfolg und Freude beim Einsatz der Begleitmaterialien wünschen Autorenteam
und Verlagsredaktion.

I Natürliche Zahlen

1 Zählen und Ordnen

S. 8 **1** a) Individuelle Lösung
b) Sie hat schon 10 Griffe erreicht. (Die grünen Griffe im linken Bereich gehören zu einer anderen Kletter-Route; unter dem linken Fuß befindet sich ebenfalls ein Griff)
i Bei dieser Aufgabe sollte zur Sprache kommen, dass die Anzahl der Griffe unabhängig von der Reihenfolge des Zählens ist.

S. 9 **2** Individuelle Lösung
Kennenlernaufgabe für die neue Klassengemeinschaft

3 Es sind erstaunlich viele Möglichkeiten. Wie gehe ich vor, damit ich keine Möglichkeit vergesse? Eine übersichtliche Lösung ist beispielsweise folgende Tabelle; man beginnt mit möglichst vielen möglichst großen Münzen:

	10 Cent	5 Cent	2 Cent	1 Cent
1	2	0	0	0
2	1	2	0	0
3	1	1	2	1
4	1	1	1	3
5	1	1	0	5
6	1	0	5	0
7	1	0	4	2
8	1	0	3	4
9	1	0	2	6
10	1	0	1	8
11	1	0	0	10
12	0	4	0	0
13	0	3	2	1
14	0	3	1	3
15	0	3	0	5
16	0	2	5	0
17	0	2	4	2
18	0	2	3	4
19	0	2	2	6
20	0	2	1	8

	10 Cent	5 Cent	2 Cent	1 Cent
21	0	2	0	10
22	0	1	7	1
23	0	1	6	3
24	0	1	5	5
25	0	1	4	7
26	0	1	3	9
27	0	1	2	11
28	0	1	1	13
29	0	1	0	15
30	0	0	10	0
31	0	0	9	2
32	0	0	8	4
33	0	0	7	6
34	0	0	6	8
35	0	0	5	10
36	0	0	4	12
37	0	0	3	14
38	0	0	2	16
39	0	0	1	18
40	0	0	0	20

Es gibt also 40 Möglichkeiten, eine 20-Cent-Münze zu wechseln.

4 a) $14 < 17$; $37 < 41$; $67 < 69$; $82 > 79$
b) $31 > 13$; $52 > 25$; $45 < 54$; $74 > 47$
c) $235 > 205$; $350 < 503$; $989 < 1210$

5 a) $27 < 73$ b) $91 > 55$ c) $99 < 990$ d) $5 < 8 < 10$

6 Nachfolger und Vorgänger sind – in dieser Reihenfolge:
a) 24 und 22; 46 und 44; 50 und 48; 52 und 50; 80 und 78; 81 und 79.
b) 101 und 99; 910 und 908; 991 und 989; 1000 und 998; 1010 und 1008; 2000 und 1998.

7 a) Die Zahlen sind Vorgänger von 18, 36, 101, 502.
b) Die Zahlen sind Nachfolger von 19, 18, 99, 21099.
c) Individuelle Lösung: erste Zahl n, zweite Zahl $n + 2$.

8 Bei der Bearbeitung der Aufgaben sollte zunächst entschieden werden, ob die Reihenfolge der Würfe eine Rolle spielt.
Mögliche Vorgehensweise bei Berücksichtigung der Reihenfolge:
1. Fall: Der erste Wurf könnte eine Eins gewesen sein.
Frage: Kann dann der zweite Wurf ebenfalls eine Eins sein?
Antwort: Nein, denn mit maximal 6 im dritten Wurf werden insgesamt keine 10 erreicht.
Frage: Kann dann der zweite Wurf eine Zwei sein?
Antwort: Nein (mit derselben Begründung).
Frage: Kann dann der zweite Wurf eine Drei, Vier, Fünf bzw. Sechs sein?
Anwort: Ja, genau dann, wenn der dritte Wurf eine Sechs, Fünf, Vier bzw. Drei ist.
Damit haben wir für den ersten Fall die vier Lösungen 136, 145, 154 und 163 gefunden.
Die weiteren Fälle ergeben mit analogen Überlegungen die übrigen Lösungen.
Die möglichen Augenzahlen der Würfel sind
136, 145, 154, 163,
226, 235, 244, 253, 262,
316, 325, 334, 343, 352, 361,
415, 424, 433, 442, 451
514, 523, 532, 541,
613, 622 und 631.
Wird die Reihenfolge nicht berücksichtigt, so kann Inge folgende Augenzahlen gewürfelt haben:
6, 3, 1 oder 6, 2, 2 oder 5, 4, 1 oder 5, 3, 2 oder 4, 4, 2 oder 4, 3, 3.

9 2468, 2486, 2648, 2684, 2846, 2864, 4268, 4286, 4628, 4682, 4826, 4862, 6248, 6284, 6428, 6482, 6824, 6842, 8246, 8264, 8426, 8462, 8624 und 8642.
4682 ist die zehnte Zahl in dieser Folge.

10 Individuelle Lösung; Tageszeitungen werden benötigt.
Zu beachten ist, dass im Alltag Zahlen oft auch nur als Namen verwendet werden, ohne dass damit beabsichtigt ist, zu ordnen.

11

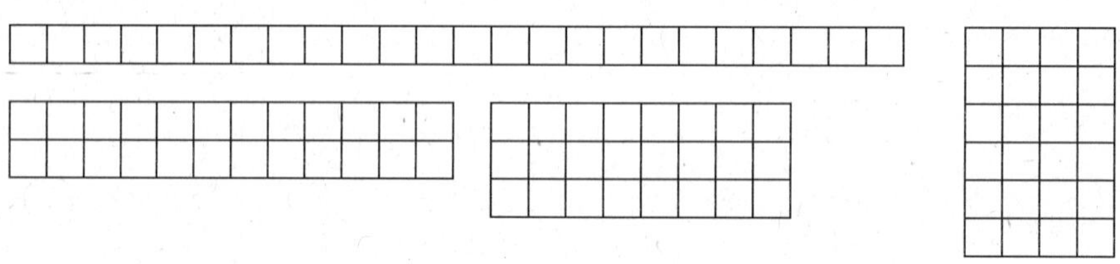

12 Es lassen sich
a) 4 (R an 1., 2., 3. bzw. 4. Stelle)
b) 24 (Zählprinzip: $4 \cdot 3 \cdot 2 \cdot 1$ Möglichkeiten)
c) 10 (systematische Vorgehensweise wie in Beispiel 2)
d) 30 (systematische Vorgehensweise wie in Beispiel 2)
Wörter bilden.

13 Entscheidend ist hier weniger der genaue Inhalt als vielmehr die Stimmigkeit der Argumentation. Es sollte festgestellt werden können, dass es „unendlich" viele Zahlen sind. Eine Möglichkeit ist die Argumentation, dass von einer vermeintlich größten Zahl immer um 1 weitergezählt werden könnte. Die Antwort sollte nicht zu kurz ausfallen.

14 Auch hier kommt es auf die stimmige Darstellung der Überlegungen an, nicht auf das „Ergebnis". Eine Sekunde pro Zahl ist ein erster Ansatz – natürlich wäre aber 10 Millionen Sekunden keine sinnvolle Aussage, sondern es müsste umgerechnet und sinnvoll gerundet werden. Man erhält hier etwa 16,5 Wochen, also knapp 3 Monate.
Wenn man nur am Tag zählt, würde sich schon die doppelte Zeit ergeben.
Bessere Schätzungen erhält man, wenn man verschieden große Zahlen wirklich zählt und die Zeit stoppt. Realistische Schätzungen dürften (bei unterbrochenem Zählen am Tag bei etwa 1,5 Jahren liegen.

15 Senkrecht zur roten Kante sind die hellgraue, die dunkelbraune, die hellbraune und die orange Kante.
Parallel zur roten Kante sind die hellblaue, die schwarze und die dunkelgrüne Kante.

2 Veranschaulichung von Zahlen

S. 10

1 Gemessen wird: Weite des Speerwurfes, Länge eines Nagels, Temperatur, Rauminhalt einer Flüssigkeit.
Unterschiede: Unterschiedliche Größen und Einheiten, verschieden feine Unterteilungen.
Gemeinsamkeiten: Alle Skalen sind der Reihe nach geordnet mit gleichen Abständen zwischen aufeinanderfolgenden Zahlen.

2 a) Solche Schilder werden aufgestellt, um im Notfall schnell die Wasserzapfstellen zu finden (auch wenn sie wegen Schnee, Laub etc. schlecht zu sehen sind).
Gehe 11,8 Meter nach links, wenn man auf das Schild schaut und anschließend senkrecht dazu 6,1 Meter weiter.
(H150 ist ein Hinweis auf einen Hydranten des Schlauchdurchmessers 150 mm.)

i b) B ______ C ______ D ______ E ______
4,5 | 2,85 | 1,0 | | 0,5
2,0 0,5 1,7 1,5

→TB **+** Ein umfangreiches Trainingsblatt zu dieser Thematik findet sich im Anhang.
Trainingsblatt: Koordinaten; Kopiervorlage S. 117 f.

S. 12

3 a) 5; 15; 25; 33; 47; 55 b) 50; 150; 250; 380; 530

4 a)
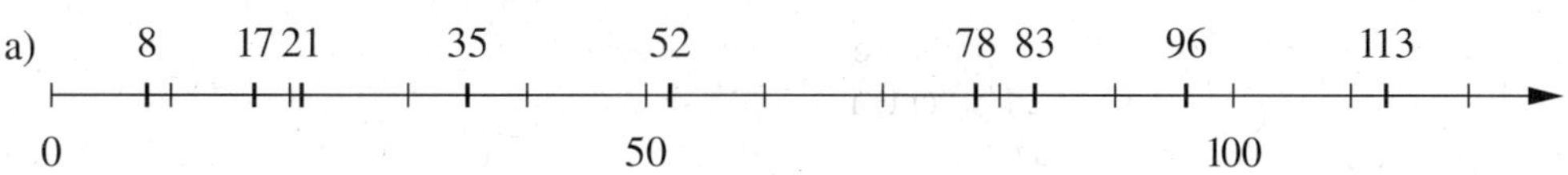

b)
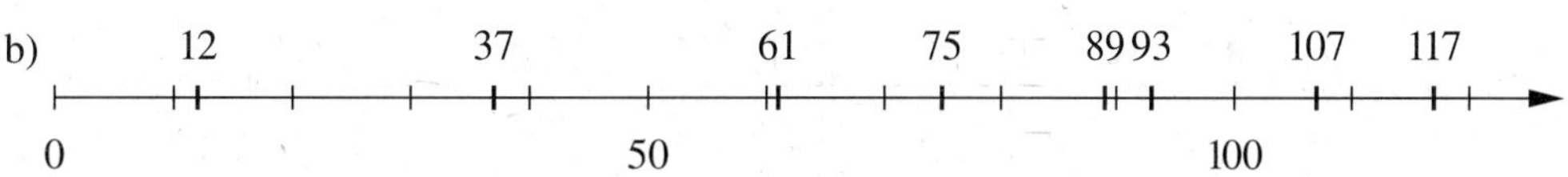

5 Pia hat als einziges Mädchen zwei Vorgängerinnen und zwei Nachfolgerinnen, daher ist sie die mittlere von den fünf Mädchen.

6 a)
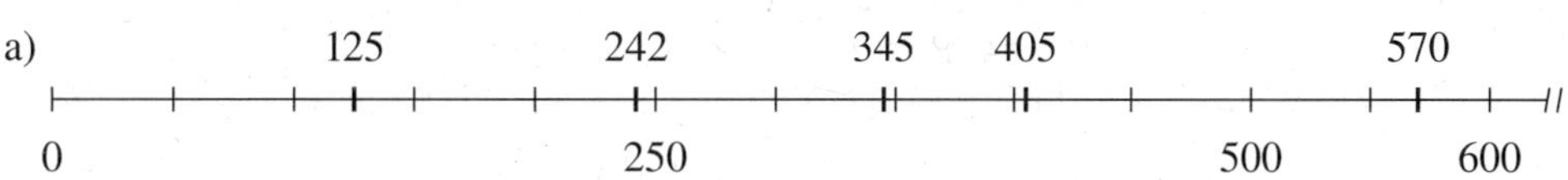

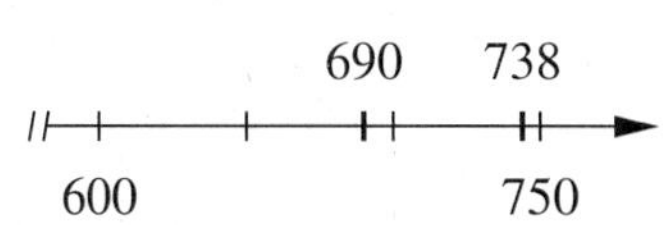

Wähle 1 cm für je 50.

b)
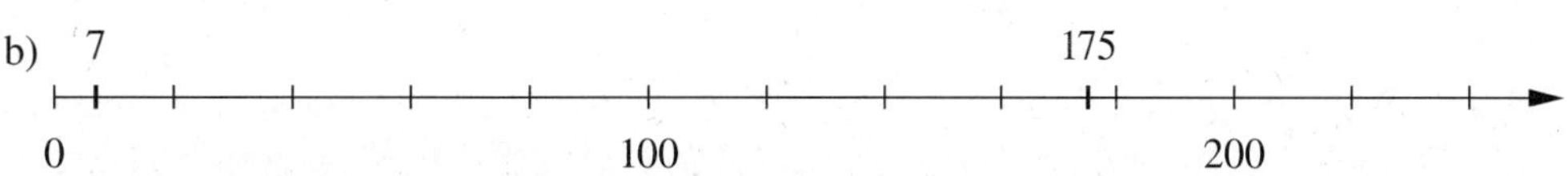

Wähle 1 cm für je 20.

7
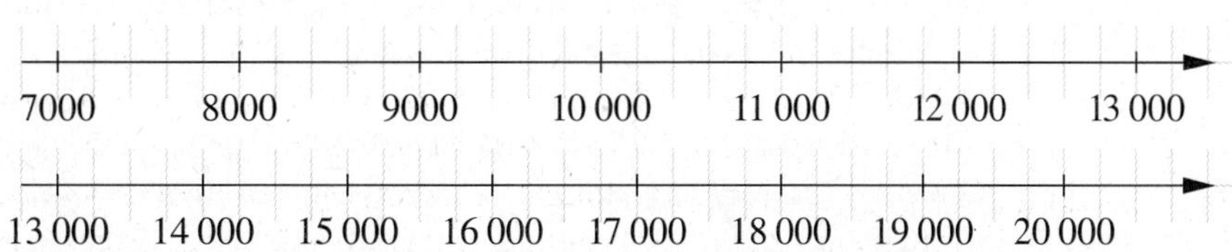

8

Mittellandkanal	320 km	Zwischen Ems und Elbe (Rheine – Magdeburg)
Nordsee-Ostsee-Kanal	100 km	Nordsee – Ostsee (Brunsbüttelkoog – Kiel)
Dortmund-Ems-Kanal	270 km	Zwischen Rhein und Ems (Duisburg – Meppen)
Elbe-Seitenkanal	110 km	Elbe – Havel (Magdeburg – Berlin)
Oder-Havel-Kanal	80 km	Zwischen Havel und Oder (Berlin – Königsberg)
Rhein-Main-Donau-Kanal	170 km	Main – Donau (Bamberg – Kelheim)

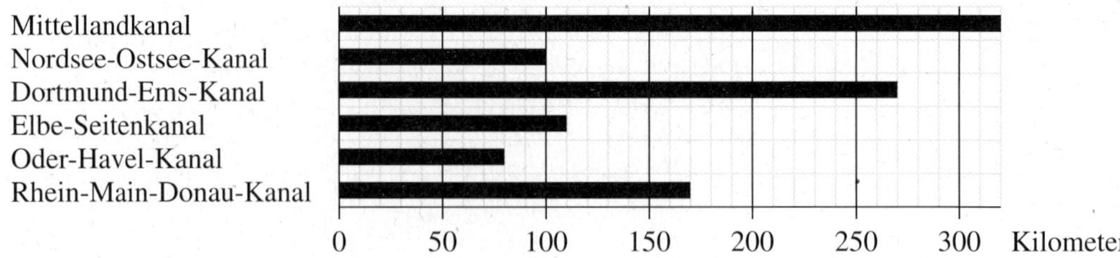

\+ In Abstimmung mit Erdkunde könnte ein Plakat mit Landkartenausschnitten, Bildern und weiteren Informationen zu den Kanälen gestaltet werden.

\+ Frage: Wie misst man (z. B. auf einer Landkarte) die Länge eines Flusses?

S. 13

9 a) Rhein 1300 km, Elbe 1150 km, Donau 2850 km, Wolga 3700 km, Loire 1000 km
b) Vorteil: Man hat sofort einen Größenvergleich.
Nachteil: Es sind nur gerundete Werte ablesbar.

10 a) Riesenschildkröte 200 Jahre, Karpfen 120 Jahre, Adler 100 Jahre, Elefant 70 Jahre, Eule 50 Jahre, Kamel 40 Jahre, Amsel 15 Jahre, Kaninchen 5 Jahre.

b)
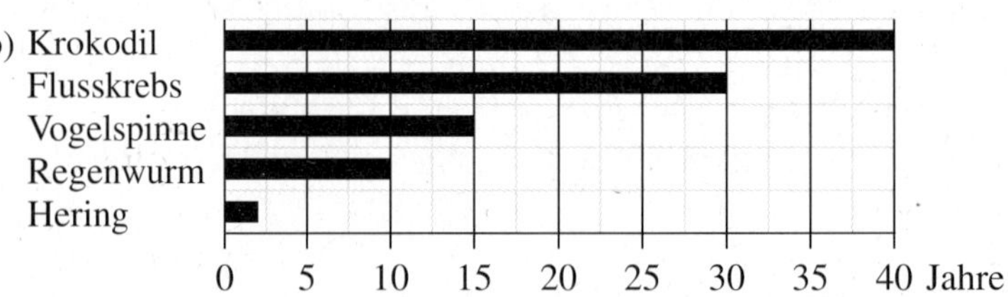

Randspalte: Eulalia wird noch ungefähr 60 Jahre leben. Ihre tatsächliche Lebensdauer kann aber auch erheblich von den idealen Werten abweichen. Diskussion über Mittelwert möglich.

11 A (1|3), B (3|4), C (4|5), D (4|7), E (6|7), F (7|7), G (10|5), H (11|4) I (13|3).

12 a) Das Viereck ist ein Rechteck. b) Das Viereck ist ein Parallelogramm.
c) Das Viereck ist ein Quadrat. d) Das Viereck ist ein Rechteck.
i Hier wird auf Vorwissen aus der Grundschule zurückgegriffen.

13 a) Von der Sonne ist der Merkur etwa 59 Millionen km, die Venus etwa 109 Millionen km und die Erde etwa 150 Millionen km entfernt.
b) Es wurden 4 cm gewählt.
c) 6000 Millionen km = 60 · 100 Millionen km. Also müsste der Zahlenstrahl insgesamt 60 · 4 cm = 240 cm lang sein. Man müsste ihn also um noch mindestens 2 m 34 cm verlängern.

14 Individuelle Lösung.
\+ Die Ausweitung zu einem kleinen Projekt bietet sich an.

15 a) Sie wird wohl sechs Tageskarten und drei Einzelkarten kaufen, da sich für drei Personen ein Gruppenticket noch nicht rechnet.
b) Die Gesamtkosten sind: 6 · 9,60 € + 3 · 2,80 € = 57,60 € + 8,40 € = 66 €.
Bei gleichmäßiger Verteilung der Kosten zahlt demnach jede Person 66 € : 33 = 2 €.

→TB Trainingsblatt: Koordinaten; Kopiervorlage S. 117 f.

3 Das Dezimalsystem

S. 14

1 Gemeinsamkeit: Die drei Zahlen haben je zweimal die Ziffer 1 und einmal die Ziffer 2.
Unterschied: Die Ziffer 2 steht jedes Mal an einer anderen Stelle.
Bedeutung: In der ersten Zahl steht die Ziffer 2 für Hunderter, in der zweiten Zahl für Zehner und in der dritten Zahl für Einer.

2 Auf dem Abakus ist die Zahl 2874 eingestellt. Es werden jeweils die zur mittleren Querstrebe gezogenen Perlen gezählt. Eine obere Perle hat den fünffachen Wert einer unteren derselben Spalte. Nach links verzehnfacht sich jeweils der Wert einer Perle.
Darstellung der Zahl 13906:
In der 5. Spalte (von rechts) werden unten 1 Perle,
in der 4. Spalte unten 3 Perlen,
in der 3. Spalte unten 4 Perlen und oben 1 Perle,
in der 2. Spalte keine Perlen und
in der 1. Spalte unten 1 Perle und oben 1 Perle zur Mitte hin geschoben.

\+ Projektidee: Bau eines Abakus

i Vor ca. 500 Jahren kannte man zwar schon unsere heutigen „arabischen" Ziffern, aber mit ihnen wurde noch nicht so gerechnet, wie wir es heute kennen. Bis dahin war unter Kaufleuten und Händlern das Linienbrett weit verbreitet. Der Rechenmeister Adam Ries (1492–1559) lehrte das Rechnen auf den Linien, aber er schuf auch den Übergang zu unserem heutigen Verfahren. Der Abakus funktioniert ähnlich wie das Rechenbrett von Adam Ries.

i **Randspalte:** Bemerkung zum amerikanischen Englisch:
Bei großen Zahlen gibt es Unterschiede zwischen britischem Englisch (BE) und amerikanischem Englisch (AE):
1 000 000 = one million (BE) = one million (AE)
1 000 000 000 = one milliard (BE) = one billion (AE)
1 000 000 000 000 = one billion (BE) = one trillion (AE)

S. 15

3 a) –
b) Viertausenddreihundertfünfundachtzig
siebenhundertsechs
sechsundsiebzig
siebenhundertsechzig
siebentausendsechshundert
fünfundvierzigtausendsechshundert
vierzigtausendachtzig
elf Millionen
drei Millionen fünfzigtausendsechzig
acht Millionen viertausenddreißig
eine Million zehn
vier Milliarden sechshundertfünfzig Millionen achtzigtausend
fünfzehn Billionen sechzig Milliarden vierhundertfünfzig Millionen

4 a) 3 M 1 HT 8 ZT 5 T 6 H 2 Z 9 E
b) 2 ZM 4 M 4 ZT 5 T 3 H 7 Z 6 E
c) 3 Md 1 ZM 5 HT 7 H
d) 6 ZMd 3 ZM 5 Z 8 E

5

	12.	11.	10.	9.	8.	7.	6.	5.	4.	3.	2.	1.
	HMd	ZMd	Md	HM	ZM	M	HT	ZT	T	H	Z	E
a)								7	0	3	8	5
b)							3	0	0	8	0	7
c)					1	2	0	0	7	0	2	0
d)					1	0	0	3	0	9	8	6
e)	3	0	7	0	4	0	1	2	0	9	0	1

6 a) 34 080 b) 83 018 003 c) 2 010 000 000 d) 9 000 002 000 000 e) 11 000 003 065 000

S. 16

7 a) 500 b) 100 c) 80 d) 6000 e) 3000 f) 4000
g) 10 000 h) 20 000 i) 90 000

8 a) $3 \cdot 10^3$ b) $7 \cdot 10^3$ c) $8 \cdot 10^2$ d) $2 \cdot 10^4$ e) $13 \cdot 10^4$ f) $4 \cdot 10^5$
g) $5 \cdot 10^6$ h) $6 \cdot 10^5$ i) $9 \cdot 10^4$

9 Erde – Mond: 400 000 km = $4 \cdot 10^5$ km
Erde – Sonne: 150 000 000 km = $15 \cdot 10^7$ km
Erde – Wega: 230 000 000 000 000 km = $23 \cdot 10^{13}$ km

10 25 Billionen Blutkörperchen, 25 Millionen; $25 \cdot 10^{12}$ km

11 Individuelle Lösungen
mögliche Quellen: Statistisches Bundesamt (www.destatis.de); Informationssystem der Gesundheitsberichterstattung (www.gbe-bund.de; Stichwort „GKV"); Gesundheitsministerium (www.bmgesundheit.de); Harenberg: Aktuell 2003 (www.aktuell-lexikon.de)
a) Die Ausgaben lt. Bundeshaushaltsplan 2002 betrugen 247,5 Mrd. €.
b) 71 Mrd. €
c) Die Ausgaben der gesetzlichen Krankenversicherung (ohne Risikostrukturausgleich) betrugen 2001 138,3 Mrd. €.

12 a) 990 000 000; 100 000 001
b) 999 000 000; 100 000 011

13 a) Nach dem Zählprinzip ergeben sich 8 ($= 2 \cdot 2 \cdot 2$) Zahlen
111, 112, 121, 122, 211, 212, 221, 222
b) $2^6 = 64$ c) $3^4 = 81$

14 a) $44 = 9 + 9 + 9 + 9 + 8$
5 mögliche Zahlen: 99 998, 99 989, 99 899, 98 999, 89 999
b) $42 = 9 + 9 + 9 + 9 + 6$ ergibt 5 mögliche Zahlen
$42 = 9 + 9 + 9 + 8 + 7$ ergibt 20 mögliche Zahlen
$42 = 9 + 9 + 8 + 8 + 8$ ergibt 10 mögliche Zahlen, insgesamt also 35 Zahlen.
c) $3 = 3 + 0 + 0 + 0 + 0$ ergibt die Zahl 30 000
$3 = 2 + 1 + 0 + 0 + 0$ ergibt die acht Zahlen 21 000, 20 100, 20 010, 20 001, 12 000, 10 200, 10 020 und 10 002
$3 = 1 + 1 + 1 + 0 + 0$ ergibt die sechs Zahlen 11 100, 11 010, 11 001, 10 110, 10 101, 10 011.

15 a) 299 (992) b) 9200 (1019)
c) 21 Zahlen: 105, 114, 123, 132, 141, 150, 204, 213, 222, 231, 240, 303, 312, 321, 330, 402, 411, 420, 501, 510, 600.

16 $0 + 0 + 1 + 2 + 3 + 4 + 5 + 6 + 7 + 8 + 9 = 45$
$0 + 1 + 2 + 3 + 4 + 5 + 6 + 7 + 8 + 9 + 9 = 54$

17 a) $9 \cdot 10 \cdot 1$ (Ziffern 1 – 9 als H, Ziffern 0 – 9 als Z, 5 als E) = 90
b) $9 \cdot 10 \cdot 9 = 810$ c) $1 \cdot 10 \cdot 10 = 100$ d) $1 \cdot 10 \cdot 1 = 10$
e) $9 \cdot 10 \cdot 1 + 1 \cdot 10 \cdot 9$ (die Zahlen mit Einerziffer 5 wurden bereits gezählt) = 180
f) $8 \cdot 10 \cdot 9 = 720$ g) $1 \cdot 9 \cdot 9 + 8 \cdot 1 \cdot 9 + 8 \cdot 9 \cdot 1 = 225$
h) $1 \cdot 1 \cdot 9 + 1 \cdot 9 \cdot 1 + 8 \cdot 1 \cdot 1 + 1 \cdot 1 \cdot 1 = 27$
i) Alle dreistelligen Zahlen mit Ausnahme von 555 können angegeben werden, insgesamt also 899 Zahlen.

18 Die deutschen Lotto- und Toto-Unternehmen veröffentlichen in der wöchentlich erscheinenden Zeitschrift „Spiel mit – Das Neueste vom Glück“ unter anderem auch die Quoten für die jeweils vorangegangene Lotto-Ziehung. Die Quoten sind jedoch auch unter www.lotto.de bzw. in verschiedenen Tages-Zeitungen zu finden.
a)–d) Individuelle Lösungen
i Zur Bearbeitung der Teilaufgaben c) und d) sind z. B. folgende Angaben zu ermitteln:
Ein Bündel von 100 gebrauchten 5-€-Scheinen (100-€-Scheinen) ist 1,0 cm dick und 68 g (108 g) schwer.
e) Überweisung auf ein Bankkonto

19 Die gesuchte Zahl ist 234.

4 Römische Zahlen

i Für die Schreibung römischer Zahlen hat es im Laufe der Jahrhunderte verschiedene Regelungen gegeben.
Z. B. ist manchmal auch IIII oder IIX geschrieben worden.
Eine alternative Regel könnte so lauten:

> Addiere alle Zahlzeichen; werden jedoch Zeichen für eine kleinere Zahl dem für eine größere Zahl vorgestellt, so sind die kleineren Ziffern abzuziehen.
> Wähle stets eine möglichst kurze Schreibweise.

Laut Lehrplan ist der Behandlung der Römischen Zahlenschreibweise kein unangemessen großer Platz einzuräumen.

S. 17

I a) I bedeutet 1; V bedeutet 5; X bedeutet 10

arabisch	1	2	3	4	5	6	7	8	9	10	11	12
römisch	I	II	III	IV	V	VI	VII	VIII	IX	X	XI	XII

b) Bei VII werden die Werte der Zahlzeichen addiert, bei 511 sind die Ziffern zuvor mit dem Wert der Stelle zu multiplizieren.

II Papst Leo, der 13., im Jahr 1880

S. 18

III a) 500; 5; 1; 2; 30; 200; 600; 50; 1100; 60; 52; 503; 70; 18
b) 4; 99; 40; 900; 499; 90; 190
c) 1900; 299; 910; 902; 2900; 19; 290; 524
d) 3206; 2520; 697

IV a) III; IV; V; X; XXX; XL; C; CD; LXX; CM; MM; LX
b) XII; XIV; XV; CX; CXXX; MCCXXII; CL; MMMCCXXVIII; CCCL; MCC
c) IV; CMXC oder XM; CCCXLIV; MCMXIX; CMXCIX oder IM; LXXXIX; DCCXXXIII; CMIX; MMCMXC oder MMXM
Anmerkung: Die im Buch genannten Regeln der Römischen Zahlenschreibweise lassen bisweilen mehrere Lösungsmöglichkeiten zu.

V DMCLC: D, L nicht vorstellen; MDXXC: nicht zweimal X vorstellen;
MMMCCIIX: nicht zweimal I vorstellen; MMDCLC: nicht L vorstellen;
MMLL: L nur einmal verwenden; DMCCVIII: D nicht vorstellen;
VVIII: V nur einmal verwenden.

VI a) Das Voranstellen der V vor die X ergäbe eben auch nur 5, so dass die Schreibweise V kürzer ist (ebenso LC; DM). Natürlich wäre eine Schreibweise VC (statt XCV) sehr elegant, wird aber in der Regel dann aus Konsequenzgründen unterlassen.
b) V, L und D sind jeweils die Hälfte von X; C und M und müssen daher nicht hintereinander verwendet werden.

VII a) MI; MCI; XXXIX; CMI; XXXV; CCCLXXXIX; CXI
b) IV; XIX; XXXIX; XCIX oder IC; MDLXXXIX; XXXIII; MDCCCXCIX oder MDCCCIC; XLIX oder IL; CCLXXXIX
c) MIX (CMXCIX oder IM), CLVI (CXLVI); DCCLXXVIII (DCCLXVIII); CCIII (CXCIII); MXLIV (MXXXIV); LV (XLV); DV (CDXCV)

VIII a) 29. Juli 1534
b) M.D.XXXIIII: Wir verwenden keine Punkte hinter M bzw. D, außerdem schreiben wir IV statt IIII.

IX 1723

X Das Römische Zahlensystem ist im Gegensatz zu unserem Dezimalsystem kein Stellenwertsystem. Jedes Zeichen stellt zunächst einmal immer denselben Wert dar; nur wenn eine Ziffer vor einer größeren steht, ist die kleinere abzuziehen – ansonsten sind alle Ziffernwerte zu addieren. In unserem Dezimalsystem werden die Ziffern mit ihrer Stufenzahl multipliziert und anschließend addiert. Der Wert einer Ziffer ist also abhängig von der Stelle, an der die Ziffer steht.
Um beispielsweise die Zahl 1000 angeben zu können, war es nötig, die Null als Platzhalter einzuführen. Nur so wird der Ziffer 1 der Wert 1000 zugeschrieben. Die Null ist im Römischen Zahlensystem überflüssig.

XI Er ist im Durchschnitt 39 km 500 m pro Tag gefahren.

Randspalte: L; VII; IXX
ΛII

5 Zahlenmengen

S. 19 **1** 1, 3, 6, 10, 15 = 10 + 5, 21 = 15 + 6
Beginnend mit der 1 wird jeweils immer die nachfolgende natürliche Zahl hinzugezählt.

2 a) Vielfache von 7 b) Vielfache von 3 c) Quadratzahlen

S. 20 **3** a) V(6) = {6; 12; 18; 24; ...} b) T(100) = {1; 2; 4; 5; 10; 20; 25; 50; 100}
c) T(91) = {1; 7; 13; 91} d) V(1) = $\mathbb{N}$
e) T(1) = {1} f) T(103) = {1; 103}

4 a) {5; 10; 20; 40; 80} b) V(21) c) {1; 3; 9}

5 Vielfachmengen haben stets unendlich viele Elemente, da jede Zahl mit unendlich vielen natürlichen Zahlen multipliziert werden kann. Teilermengen haben stets nur endlich viele Elemente, da jeder Teiler einer Zahl nicht größer als diese Zahl sein kann.

6 a) richtig b) falsch c) falsch d) falsch e) falsch f) richtig

S. 21 **7** a) Primzahlen: 101; 37 b) Primzahlen: keine

8 a)

~~1~~	②	③	~~4~~	⑤	~~6~~
⑦	~~8~~	~~9~~	~~10~~	11	~~12~~
13	~~14~~	~~15~~	~~16~~	17	~~18~~
19	~~20~~	~~21~~	~~22~~	23	~~24~~
~~25~~	~~26~~	~~27~~	~~28~~	29	~~30~~
31	~~32~~	~~33~~	~~34~~	~~35~~	~~36~~
37	~~38~~	~~39~~	~~40~~	41	~~42~~
43	~~44~~	~~45~~	~~46~~	47	~~48~~
~~49~~	~~50~~	~~51~~	~~52~~	53	~~54~~
~~55~~	~~56~~	~~57~~	~~58~~	59	~~60~~
61	~~62~~	~~63~~	~~64~~	~~65~~	~~66~~
67	~~68~~	~~69~~	~~70~~	71	~~72~~
73	~~74~~	~~75~~	~~76~~	~~77~~	~~78~~
79	~~80~~	~~81~~	~~82~~	83	~~84~~
~~85~~	~~86~~	~~87~~	~~88~~	89	~~90~~
~~91~~	~~92~~	~~93~~	~~94~~	~~95~~	~~96~~
97	~~98~~	~~99~~	~~100~~		

Dass die im Buch vorgeschlagene Auflistung der Zahlen in 6 Spalten elegant ist, sieht man an der folgenden Lösung:
Alle Zahlen der 2., 3., 4. und 6. Spalte (außer 2 und 3) können, da sie Vielfache von 2 und 3 sind, sofort gestrichen werden.
Die Vielfachen von 5 und 7 befinden sich auf Diagonalen.

b) Alle Primzahlen kleiner 200 (insgesamt 46):
2; 3; 5; 7; 11; 13; 17; 19; 23; 29; 31; 37; 41; 43; 47; 53; 59; 61; 67; 71; 73; 79; 83; 89; 97; 101; 103; 107; 109; 113; 127; 131; 137; 139; 149; 151; 157; 163; 167; 173; 179; 181; 191; 193; 197; 199.
Man braucht nur bis zur ersten Zahl n mit $n^2 \geqq 200$ zu sieben. Jede Zahl m mit $n < m < 200$ ist entweder eine Primzahl oder hat einen Teiler q mit $q < n$ und wurde somit zuvor schon ausgesiebt.
Hier braucht man nur bis zur Zahl 13 sieben, da $15^2 = 225 > 200$.
(14 und 15 sind keine Primzahlen)

9

a)	$30 = 7 + 23$	$32 = 3 + 29$	$34 = 5 + 29$	$36 = 7 + 29$
	$38 = 7 + 31$	$40 = 13 + 37$	$42 = 5 + 37$	$44 = 7 + 37$
	$46 = 3 + 43$	$48 = 5 + 43$	$50 = 7 + 43$	
b)	$90 = 7 + 83$	$92 = 3 + 89$	$94 = 5 + 89$	$96 = 7 + 89$
	$98 = 19 + 79$	$100 = 11 + 89$		

10

a) 47; 53; 59; 65; … Beginnend mit der Zahl 17 wird jeweils 6 hinzugezählt.

b) 15; 25; 19; 29; … Beginnend mit der Zahl 13 wird jeweils abwechselnd 6 abgezogen bzw. 10 hinzugezählt. Oder: Beginnend mit 13 und 7 wird jeweils zur vorletzten Zahl 4 hinzugezählt.

c) 24; 30; 37; 45; … Beginnend mit der Zahl 9 wird nacheinander jede natürliche Zahl aufsteigend hinzugezählt.

d) 26; 12; 28; 10; … Beginnend mit der Zahl 18 werden die geraden Zahlen ab 4 aufsteigend abwechselnd hinzugezählt bzw. abgezogen. Diese Folge kann aber nicht beliebig fortgesetzt werden.

11

Zahl	Teiler	Ergebnis
2	1 2	1
4	1 2 4	3
6	1 2 3 6	6
8	1 2 4 8	7
10	1 2 5 10	8
12	1 2 3 4 6 12	16
14	1 2 7 14	10
16	1 2 4 8 16	15
18	1 2 3 6 9 18	21
20	1 2 4 5 10 20	22
22	1 2 11 22	14
24	1 2 3 4 6 8 12 24	36
26	1 2 13 26	16
28	1 2 4 7 14 28	28
30	1 2 3 5 6 10 15 30	42

Zahl	Teiler	Ergebnis
3	1 3	1
5	1 5	1
7	1 7	1
9	1 3 9	4
11	1 11	1
13	1 13	1
15	1 3 5 15	9
17	1 17	1
19	1 19	1
21	1 3 7 21	11
23	1 23	1
25	1 5 25	6
27	1 3 9 27	13
29	1 29	1

Das könnte auffallen: 6 und 28 stellen einen Sonderfall dar (Summe gleich Zahl).
Bei Primzahlen ist das Ergebnis immer 1.
Nur bei 12, 16, 18, 20, 24 und 30 liegt das Ergebnis über der Zahl, sonst darunter.

\+ Bei 2, 4, 8, 16 liegt das Ergebnis um 1 unter der Zahl; welches wäre wohl das nächste Beispiel?

i Zahlen mit der Eigenschaft, dass sie der Summe aller ihrer Teiler (außer der Zahl selbst) gleichen, heißen **vollkommene Zahlen**.

12 25, 36; 49; 64; 81; 100; 121; 144; 169; 196.

13

$1 = 1^2$	$2 = 1^2 + 1^2$	$3 = 1^2 + 1^2 + 1^2$
$4 = 2^2$	$5 = 1^2 + 2^2$	$6 = 2^2 + 1^2 + 1^2$
(7)	$8 = 2^2 + 2^2$	$9 = 3^2$
$10 = 3^2 + 1^2$	$11 = 3^2 + 1^2 + 1^2$	$12 = 2^2 + 2^2 + 2^2$
$13 = 3^2 + 2^2$	$14 = 3^2 + 2^2 + 1^2$	(15)
$16 = 4^2$	$17 = 4^2 + 1^2$	$18 = 4^2 + 1^2 + 1^2$
$19 = 3^2 + 3^2 + 1^2$	$20 = 4^2 + 2^2$	$21 = 4^2 + 2^2 + 1^2$
$22 = 3^2 + 3^2 + 2^2$	(23)	$24 = 4^2 + 2^2 + 2^2$
$25 = 5^2$	$26 = 5^2 + 1^2$	$27 = 5^2 + 1^2 + 1^2$
(28)	$29 = 5^2 + 2^2$	$30 = 5^2 + 2^2 + 1^2$

Es geht nicht für die Zahlen 7, 15, 23 und 28.

i Bemerkung: Wenn man bis zu 4 Quadratzahlen zusammenzählen darf, kann jede natürliche Zahl erhalten werden.

14 1; 1; 2; 3; 5; 8; 13; 21; 34; 55; 89; 144; 233; 377; 610; 987; 1597; 2584; 4181; 6765.
Die Aufgabe lässt sich elegant mit einem Tabellenkalkulationsprogramm lösen;
Datei downloadbar im Internetauftritt.

15 Man erhält stets die Zahl 1 als Folgeglied, ab der sich dann die Zahlen 1, 4 und 2 periodisch wiederholen.
Für die 27 benötigt man 111 Schritte bis zur 1.
Für die 39 benötigt man 34 Schritte bis zur 1;
Datei downloadbar im Internetauftritt.

6 Runden

S. 22

1 Der exakte Wert wird sich stündlich ändern, so dass sogar die erste Angabe mit einer Uhrzeit versehen sein müsste. Das Lexikon und das Buch verwenden Zahlenangaben, die nahe beim exakten Wert liegen, aber nicht so schnell „veralten“. In vielen Fällen genügt die gerundete Angabe einer Zahl um sich von der Situation eine Vorstellung zu machen. Dazu könnte man die Einwohnerzahl auch noch stärker runden (z. B. 1 200 000).

2 a) Z. B. rund 63 000 Zuschauer b) Z. B. rund 800 km c) Z. B. rund 70 Cent
d) Runden unsinnig e) Z. B. rund 14 Millionen f) Runden unsinnig

S. 23

3

a) 110	b) 200	c) 870	d) 660	e) 890	f) 1000
100	200	900	700	900	1000
g) 810	h) 1910	i) 3990	k) 9990	l) 10 050	m) 10 000
800	1900	4000	10 000	10 100	10 000

4

a) 28 000	b) 50 000	c) 35 000	d) 305 000	e) 199 000	f) 451 000
30 000	50 000	40 000	300 000	200 000	450 000
g) 1 296 000	h) 235 000	i) 24 000	k) 3000	l) 0	m) 25 000
1 300 000	240 000	20 000	0	0	30 000

5 a) 35; 36; …; 43; 44.
Es sind 10 Zahlen.
b) 650; 651; …; 748; 749.
Es sind 100 Zahlen.

6

a) 4 m	b) 13 kg	c) 56 km	d) 5 €	e) 34 €	f) 25 m
g) 0 km	h) 5 kg	i) 19 kg	k) 25 cm		

7 Erste Zahl genau, zweite Zahl vermutlich gerundet.
Die genaue Angabe von 14 826 Zuschauern verleitet dazu, für das zweite Spiel nun 11 826 Zuschauer anzugeben. Angemessener wäre es, statt 14 826 nur gerundet 15 000 Zuschauer zu nennen.

8 Individuelle Lösungen
Was „sinnvolles Runden“ bedeutet, ist kontextabhängig; in den betrachteten Fällen könnte folgendes Runden sinnvoll sein:
a) auf Hunderter oder Zehner
b) auf Meter
c) auf Hunderter (Dorf) bis Hunderttausender (Großstadt)
d) hundert Meter (Fußweg), km oder 10 km (Fahrzeug)

9 Schätzen bedeutet, dass eine Zahl oder Größe gerade nicht exakt bekannt ist und man versucht einen Wert für sie anzugeben. Man gibt dann sinnvollerweise auch eine Zahl mit ganzen Zehnern, Hundertern, ... an. Beim Schätzen legt man sich nach Gefühl auf einen Wert fest, der für verschiedene Betrachter der Größe nicht übereinstimmen muss.
Runden bedeutet, dass eine exakte bekannte Zahl ungenau angegeben wird, also anstatt der exakten Zahl eine „runde“ Zahl (ganze Zehner, Hunderter, Tausender, ...), die ihr am nächsten liegt. Beim Runden wird nach festen Regeln vorgegangen. Gerundete Werte können also die Realität wesentlich genauer widerspiegeln als geschätzte Werte.

10 a) 56 499; 55 500 b) 100 499; 99 500

11 Ortenburg-Gymnasium: 600; Ruperti-Gymnasium: 900; Michaeli-Gymnasium: 1000; Wolfgang-Borchert-Gymnasium: 1100, Adam-Kraft-Gymnasium: 1300

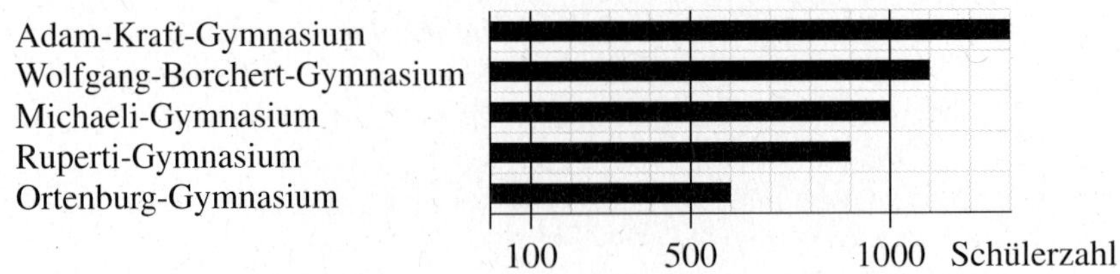

12 a) 27 min b) 12 min c) 1 min d) 7 min e) 6 min f) 28 min

13 Johannes steigt von Garmisch-Partenkirchen aus auf die Zugspitze. Er startet etwa um halbzwölf Uhr bei 18 °C (18 °C wird sinnvollerweise nicht gerundet). An der Partnach-Klamm ist er heute schon der 350. Besucher. Bis zur Knorr-Hütte hat er etwa 1500 Höhenmeter in knapp $4\frac{1}{2}$ Stunden zurückgelegt.

14 Individuelle Lösungen

15 a) Der Bevölkerungsstand von Bayern vom 31.12.2000 ist unter www.statistik.bayern.de zu finden. Danach haben gerundet 40 000 Einwohner die Städte Straubing, Amberg, Weiden, Coburg, Kaufbeuren, Freising, Memmingen, Ansbach, Neumarkt, Dachau, Schwabach und Germering. 70 000 Einwohner haben die Städte Bayreuth, Bamberg und Aschaffenburg, 100 000 Einwohner die Stadt Erlangen.
b) Frankfurt, Essen, Dortmund, Stuttgart, Düsseldorf (Stand: 2003)

16 a) 16 340 b) 17 882 c) 245 d) 187 489

Thema: Woher kommen die Ziffern 1, 2, 3, 4, 5, 6, 7, 8, 9, 0?

S. 25 **i** Ergänzende Informationen zur Briefmarke: Im Arabischen werden Wörter von rechts nach links geschrieben, Zahlen aber (wie bei uns) von links nach rechts.
Die Tatsache, dass in lateinischer und arabischer Schreibweise verschiedene Jahreszahlen verwendet werden, liegt an den unterschiedlichen Kalendarien in den Kulturkreisen.

1 Die Ziffern kamen zunächst von Indien nach Arabien und von dort dann nach Europa.

2 Der Mensch hat 10 Finger bzw. 10 Zehen.

3 Die linke Zahlenangabe ist arabisch, die rechte indisch. Die Zahlen sind gleich (6815).

4 Inder: 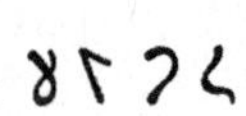 Araber: 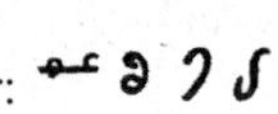

5 1472 Inder: 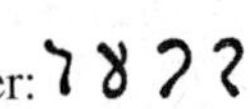

6 3 Zeichen: 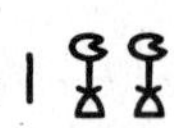

II Addition und Subtraktion natürlicher Zahlen

1 Addieren und Subtrahieren

i Beachten Sie, dass in der Grundschule beim schriftlichen Subtrahieren das Abziehverfahren eingeführt wurde. Die Grundschuldidaktiker sehen dies als transparenter an. Im Schulbuch werden beide Verfahren dargestellt *(vgl. S. 31)*. Da das früher übliche Ergänzungsverfahren gerade beim nebeneinander Subtrahieren seine Stärken hat *(vgl. S. 32)*, bevorzugt das Buch im folgenden wieder das Ergänzungsverfahren.

→ Historisches zu den Fachausdrücken Addition und Subtraktion; Kopiervorlage S. 119

Alternativen zum Einstieg:

A1 Thema: Pfiffige Summen *(Schülerbuch S. 41)*

A2 Thema: Zauberquadrate *(Schülerbuch S. 42/43)*

S. 30

1 a) 4 m; 2 m

b)

1	4	2	5	3	6	4	7	Erreichte Höhe
+3	−2	+3	−2	+3	−2	+3		Zunahme/Abnahme
Tag	Nacht	Tag	Nacht	Tag	Nacht	Tag		

Am Abend des vierten Tags ist sie also oben.

S. 32

2 a) 100 b) 300 c) 1000 d) 510 e) 1100 f) 1110
g) 11 h) 9 i) 99 k) 111 l) 909 m) 720

3 a) 164 b) 81 c) 116 d) 400

4 a) 183 b) 99 c) 89 d) 260

5 a) 3539 b) 9034 c) 122 221

6 a) 2609 b) 4357 c) 100 401

7 a) 45 b) 0 c) 1 d) 56

8 a) 32 832 b) 27 377 c) 175 353 d) 713 045

9

7700				
3681	**4019**			
1742	1939	**2080**		
825	**917**	**1022**	**1058**	
309	516	401	**621**	**437**

+ Erfindet selbst Rechentürme und lasst sie vom Nachbarn lösen. Achtet darauf, dass ihr nicht beliebig Zahlen vorgeben könnt.

S. 33

10 a) 7 b) 11 c) 34 d) 220 e) 366 f) 440
g) 700 h) 403 i) 300 k) 900 l) 369 m) 1010
n) 4 o) 7100 p) 2990

11 a) 289 b) 1906 c) 1897 d) 12 010 e) 100 300 f) 180 510
g) 109 909 h) 17 690 i) 9307

12 Das Freizeitbad ist von Montag bis Mittwoch je 11 Stunden geöffnet.
Das Freizeitbad ist am Donnerstag und Freitag je 12 Stunden geöffnet.
Das Freizeitbad ist am Sonnabend und Sonntag je 8 Stunden geöffnet.
Das Freizeitbad ist in einer Woche insgesamt 73 Stunden geöffnet.

13 a) 263 963 b) 10 210 c) 7392 d) 250 678 e) 1 939 419 f) 1112
g) 7529

14 a) 2962 m b) 211 m

i Profilskizze möglich.
Vgl. Karte S. 155 und im *Schülerbuch S. 29/12.*

15 a) 453; 364; 275; 186; 97; 8
b) 1456; 1243; 1030; 817; 604; 391; 178

\+ Wie erhält man zur Ergebnissicherung mit Hilfe anderer Rechenoperationen die Zahl im letzten Kästchen?
Lösung: a) 453 : 89 = 5 Rest 8,
also steht die Zahl 8 im letzten Kästchen.

\+ Denkt euch eigene Rechenketten aus.

16

a)	9431	7652	9874
	1349	2567	4789
b)	10 780	10 219	14 663
c)	35 662		

17 a) 5913 b) 8 358 995 c) 498 231

18

a)	b)	c)	d)
579	6843	58 436	414 738
− 294	− 4967	− 29 798	− 239 859
1	111	1111	11111
285	1876	28 638	174 879

19 16 € 45 ct

20 Ute hat 20 Murmeln.

S. 34

21 a) 18 und 96
b) individuelle Lösungen

22 3 – 0 = 3, 4 – 1 = 3, 5 – 2 = 3, ... , 10 – 7 = 3; 10 + 5 = 15, 9 + 6 = 15, 8 + 7 = 15

\+ Formuliere diese Aufgabe mit anderen Zahlen.

23 Die Summe beträgt jeweils 34.

24

4	9	2
3	5	7
8	1	6

25 10 statt 11, 12 statt 10, 11 statt 12

26 a)

5	12	4
6	7	8
10	2	9

b) Die Summe aller Zahlen beträgt 92, ist also nicht durch 3 teilbar.
Deshalb gibt es kein Zauberquadrat.

27 a)

327	959
14	310
+ 196	+ 501
537	1770

Die dritte Aufgabe wurde falsch gerechnet, an der Hunderterstelle müsste eine gemerkte 1 stehen.

b) individuelle Lösungen

28 a) Aschaffenburg – Passau: 70 + 23 + 104 + 80 + 72 + 39 = 388
Hof – Lindau: 116 + 86 + 94 + 53 + 24 + 15 + 19 = 407
Routenplanungssystem map24: A – P: 399 km; H – L: 421 km

b) Würzburg – Bayreuth – Regensburg – Landshut – München – Augsburg – Ansbach – Würzburg:
163 + 154 + 72 + 70 + 62 + 163 + 113 = 797 km
(72: Bundesstraße; 163: Bundesstraße (sonst nur Autobahn))

Routenpl.:
161 + 163 + 79 + 74 + 69 + 188 + 92

Die Kilometerangaben sind einem Autoatlas entnommen und nicht als „einzige Musterlösung“ zu sehen.
Diese Rundfahrt ist im Sinne der zeitlichen Optimierung gewählt. Die kürzesten Verbindungen können auf kleinen Straßen etwas kürzer sein. Diskutieren lässt sich die Genauigkeit der Angaben, der Vergleich mit einem Routenplanungsprogramm oder der Einsatz von GPS.

c) Der tiefste Punkt Bayerns befindet sich bei Aschaffenburg, wo der Main Bayern verlässt (ca. 100 m Meereshöhe).
Der höchste Punkt Bayerns ist die Zugspitze (2963 m). Höhendifferenz: 2860 m in sinnvoller Rundung.

i Vgl. *Schülerbuch S. 29/12*

d) Die fünf größten Städte Bayerns sind: München, Nürnberg, Augsburg, Würzburg und Regensburg.
Einwohnerzahl: 1 210 000 + 488 000 + 255 000 + 128 000 + 126 000 = 2 207 000 (1. 1. 2001)

i Vgl. *Schülerbuch S. 145/7*

29 a) 174
b) die 113-te
a) 117 Zahlen: 91, 100 – 199, 201, 210 – 219, 221, 231, 241, 251, 261

30 Die Seitenflächen eines Quaders sind Rechtecke, die Seitenflächen eines Würfels sind Quadrate. Die Bodenfläche eines Kegels ist ein Kreis, die ausgerollte Mantelfläche ist ein Teil eines Kreises (Kreissektor). Wenn man einen Kegel senkrecht zur Bodenfläche durch die Spitze aufschneidet, dann ist die Schnittfläche ein Dreieck. Boden und Deckel eines Zylinders sind Kreise, die ausgerollte Mantelfläche ist ein Rechteck. Wenn man einen Zylinder senkrecht zur Bodenfläche aufschneidet, dann ist die Schnittfläche immer ein Rechteck. Wenn man eine Kugel aufschneidet, dann ist die Schnittfläche immer ein Kreis.

→AB Rechenmauern: Addition und Subtraktion natürlicher Zahlen; Kopiervorlage S. 120 f.

→AB Rechendreiecke und Rechenhäuser: Addition und Subtraktion natürlicher Zahlen; Kopiervorlage S. 122 f.

→AB Rätsel zur Addition und Subtraktion natürlicher Zahlen; Kopiervorlage S. 124 f.

2 Rechengesetze und Rechenvorteile

A **Alternative zum Einstieg:** Würfelspiel: Kommutativ- und Assoziativgesetz;
Kopiervorlage S. 126
(Spieldauer: beliebig; mindestens 10 min; zusätzlich Zeit zum Würfel basteln)
Material: Schere, Klebstoff
Die Schüler berechnen zu zweit oder in Kleingruppen die Summe der Augenzahlen von vier speziellen Würfeln. Um möglichst schnell zu sein, werden die Schüler intuitiv Kommutativ- und Assoziativgesetz anwenden.

S. 35

1 Beide erhalten ihre Fahrkarten. Die Reihenfolge spielt keine Rolle.

2 Norbert hat zunächst 191 und 409 addiert, was leicht im Kopf zu bewältigen ist und dabei 600 erhalten. Dazu lässt sich nun 247 ebenfalls leicht zum Ergebnis 847 hinzuaddieren.

S. 36

3 a) 617 b) 846 c) 722 d) 586 e) 3500
f) individuelle Lösungen

4 a) 144 + (456 + 378) = 978 b) (212 + 227) + (188 + 173) = 800
c) 541 – 356 = 185 d) 1340 + (890 + 660) = 2890 Lösungswort „BUCH“

5 a) Addiere die Summe der Zahlen 188 und 465 zur Zahl 245
b) Subtrahiere 288 von 456
c) Addiere die Summe der Zahlen 168 und 673 zur Summe der Zahlen 465 und 342

6 a) Der Wert der Summe vergrößert sich um 16
b) Der Wert der Summe verkleinert sich um 15
c) Der Wert der Summe vergrößert sich um 4

7 a) 2090 b) 1900 c) 12 000

8

96	11	89	68
88	69	91	16
61	86	18	99
19	98	66	81

Die magische Summe beträgt 264.

9 Katrin hat zunächst 55 – 25 = 30 berechnet, anschließend 30 von 126 subtrahiert und 96 erhalten und schließlich 96 – 19 = 77 berechnet. Susanne hat von links nach rechts gerechnet: 126 – 55 = 71; 71 – 25 = 46; 46 – 19 = 27. Dies ist das richtige Vorgehen. Carla hat 55 – 25 = 30 und danach 30 – 19 = 11 berechnet und schließlich 11 von 126 subtrahiert und 115 erhalten.

10 62 km 1570 m = 63 km 570 m

11 Ein Beispiel für Elkes Strategie:
A: 3 E: 3 + 8 = 11 A: 11 + 1 = 12 E: 12 + 10 = 22 A: 22 + 7 = 29
E: 29 + 4 = 33 A: 33 + 10 = 43 E: 43 + 1 = 44 A: 44 + 2 = 46 E: 46 + 9 = 55.
Elke muss immer die Zahl addieren, die von Achims letzter Zahl auf 11 fehlt.
Sie erhält dann als Summe immer ein Vielfaches von 11 und erreicht so sicher zuerst 55.

12 a) 531 – (248 + 123) = 531 – 371 = 160; 531 – 248 – 123 = 283 – 123 = 160
355 – 78 – 169 = 277 – 169 = 108; 355 – (78 + 169) = 355 – 247 = 108
b) individuelle Lösungen
c) Man erhält das gleiche Ergebnis, wenn man von einer Zahl die Summe von zwei anderen Zahlen abzieht oder aber wenn man von der ersten nacheinander jeweils die beiden anderen abzieht.
d) 437 – (248 – 123) = 437 – 125 = 312;
437 – 248 – 123 = 66; 437 + 248 – 123 = 562;
437 – 248 +123 = 312; 437 + 248 + 123 = 808
Man sollte nach weiteren Beispielen feststellen, dass man das gleiche Ergebnis erhält, wenn man die Differenz von zwei Zahlen von einer anderen Zahl subtrahiert bzw. wenn man den Minuend der Differenz von der ersten Zahl subtrahiert und danach den Subtrahend zum Ergebnis addiert.

13 a) Ein cm entspricht jeweils 100; der Zahlenstrahl wird dann 12 cm lang.
b) Ein cm entspricht jeweils 1000; der Zahlenstrahl wird dann etwas mehr als 11 cm lang.

→ TB　Trainingsblatt: Addition und Subtraktion natürlicher Zahlen: Rechengesetze und Rechenvorteile; Kopiervorlage S. 127 f.

Die verzauberten Würfel; Kopiervorlage S. 129 f.
(Dauer: ca. 1 Unterrichtsstunde)
Materialien: 3 Zahlenwürfel zum Vorführen und je 3 Würfel pro Schülergruppe, Papier, Stift
Ablauf des Zaubertricks: Der Zauberer bittet eine Schülerin nach vorne, gibt ihr die Würfel und einen Zettel, dreht dem Geschehen den Rücken zu und gibt die Anweisungen der Kopiervorlage. Dann kann der Zauberer – ohne die Rechnung der Schülerin zu kennen – nur mit Blick auf die drei am Ende liegen gebliebenen Würfel das Ergebnis der Schülerin erraten (= Summe der liegen gebliebenen Augenzahlen + 21).

Den mathematischen Hintergrund können die Schüler mit der Kopiervorlage erarbeiten. Danach könnte anhand eines Beispiels das Kommutativ- und Assoziativgesetz vorgeführt werden:

Beispiel:

1. Wurf	3 + 5 + [6]
Umdrehen	4 + 2
2. Wurf	1 + [3]
Umdrehen	6
3. Wurf	[4]

Die Schülerin rechnet:
(3 + 5 + [6]) + (4 + 2) + (1 + [3]) + 6 + [4] =
= 14 + 6 + 4 + 6 + 4 = 34

Der Zauberer rechnet:
7 + 7 + 7 + ([6] + [3] + [4]) =
(3 + 4) (5 + 2) (1 + 6)
= 21 + 13 = 34

3 Terme

i Erst jetzt werden Aufgaben gestellt, bei denen mehrere Zahlen auf einmal abgezogen werden (vgl. *Schülerbuch S. 38*: Plus- und Minusglieder).

S. 37

1 480 – [(203 + 310) – 37)] = 480 – [513 – 37] = 480 – 476 = 4
Es können nur noch vier der wartenden Personen mitfliegen.

2 a) 45 + (37 – 12) = 45 + 25 = 70; 45 + 37 – 12 = 82 – 12 = 70
b) 68 – (13 + 9) = 68 – 22 = 46; 68 – 13 + 9 = 55 + 9 = 64
In a) wirkt sich die Klammer nicht auf das Ergebnis aus. In b) verändert die Klammernsetzung den Wert des Ergebnisses.

S. 38

3 a) 78

54 + (62 – 38)
Differenz
Summe

b) 40

86 – (64 – 18)
Differenz
Differenz

c) 331

(153 + 234) – (123 – 67)
Summe Differenz
Differenz

d) 35

(287 – 133) – (158 – 39)
Differenz Differenz
Differenz

e) 116

83 + [54 – (38 – 17)]
Differenz
Differenz
Summe

f) 41

[324 – (87 + 129)] – (123 – 167)
Summe Differenz
Differenz
Differenz

g) 98

(153– 12) – [(18 + 33) – 8)
Differenz Summe
Differenz
Differenz

4 a) Ü: 300 – (30 + 30) = 240; exakt: 231
b) Ü: 1700 – 600 = 1100; exakt: 1119
c) Ü: 900 + 600 – 400-300 + 700 – 200 = 1300; exakt: 1466
d) Ü: (4500 – 300) – 300 = 3900; exakt: 3883
e) Ü: 300 – 200 + 400 – 400 + 900 – 500 = 500; exakt: 456
f) Ü: 90 – 60 – 10 = 20; exakt: 8

S. 39

5 um 3 vergrößern:
a) +6 b) 0 c) +6 d) 0 e) +3 f) 0
um 2 verkleinern:
a) –4 b) 0 c) –4 d) 0 e) –2 f) 0

6

395
166 | 229
69 | 97 | 132
29 | 40 | 57 | 75
12 | 17 | 23 | 34 | 41

295
145 | 150
64 | 81 | 69
25 | 39 | 42 | 27
9 | 16 | 23 | 19 | 8

+ Finde selbst Rechentürme ähnlich denen im Buch.

7 a) (28 – 17) + (24 + 13) = 48
b) (64 + 23) – (31 – 13) = 69
c) 76 – (37 – 28) – (14 + 38) = 15
d) (57 – 23) – 28 = 6
e) (45 391 – 12 538) – (94 + 274) = 32 485
f) (3829 + 2754) – (3829 – 2754) = 5508
g) (285 420 – 185 738) + (57 264 – 29 978) = 129 968

8 a) Subtrahiere von der Differenz der Zahlen 519 und 112 die Differenz der Zahlen 225 und 87.
b) Addiere zur Differenz der Zahlen 624 und 423 die Differenz der Zahlen 396 und 134.
c) Subtrahiere von der Summe der Zahlen 714 und 83 die Summe der Zahlen 124 und 96.
d) Subtrahiere von der Zahl 825 die Differenz, deren Minuend die Zahl 413 und deren Subtrahend die Differenz der Zahlen 51 und 17 ist.
e) Addiere zur Zahl 831 die Summe der Zahl 215 und der Differenz der Zahlen 96 und 84.

9 a) 1186 b) 1878 c) 6406 d) 3002 e) 5309

10 a) 531 + 83 + 24 – (37 – 17) bzw. ohne oder mit wirkungsloser Klammer
b) 471 – 23 + 85 – (16 – 33) – 17 bzw. 471 – (23 + 85) – 16 – 33 – 17
c) ohne oder mit wirkungsloser Klammer bzw. 348 + 241 – (7 + 53) – 21

11 Die erste Rechnung lässt sich scheinbar nicht durchführen, wenn man von links nach rechts rechnet. Sortiert man Plus- und Minusglieder ist eine Berechnung möglich und man erhält 77. Unter Verwendung negativer Zahlen lässt sich auch von links nach rechts rechnen.

12 5 € 50 ct

+ Die Schüler sollen selbst einen Monat lang über ihre Einnahmen und Ausgaben Buch führen.

13 317 Plätze bleiben frei.

S. 40

14 102 Schüler

15 a) 467 € 35 ct
b) 260 €
c) Nein, es fehlen ihr 10 €.

16 155 + 30 – 45 + 56 + 32 – 134 + 99 – 10 + 14 = 197
Es sind noch 197 Fahrgäste im Zug.
Atlas empfehlenswert.

17 Hier sollen häufige Fehlermuster erkannt werden.
a) 2815; stellengerechtes Schreiben
b) 1234; Übertrag wurde zweimal nicht angeschrieben
c) 28 218; Zehnerübertrag fälschlicherweise an Hunderterstelle

18

1	3	6		9	7
4	3		6	9	9
1	3	9		5	5
	3	4	5	0	
9		4	2	0	9
6	0		0		5

19 a) 31 + 59 + 8 = 98 b) 2 + 96 + 84 = 182
c) 3 + 27 + 56 = 86 d) 46 + 57 + 4 = 107
e) 37 + 9 + 81 = 127

20 individuelle Lösungen, z. B. P(3|4)

21 a) Cedorf hat 1100 Einwohner, was sich auf Hundert gerundet ablesen lässt.
b) 2400 – 1400 = 1000. Destadt hat etwa 1000 Einwohner mehr.
c) 2100 + 1400 + 1100 + 2400 = 7000

→ TB Trainingsblatt: Addition und Subtraktion natürlicher Zahlen: Terme; Kopiervorlage S. 131 f.

Rezeptspiel; Kopiervorlage S. 133
(Spieldauer: 10 – 15 Minuten)

Spielbeschreibung:
Die Klasse wird in Zweier- oder Kleingruppen eingeteilt. Jede Gruppe erhält einen Spielbogen, auf dem „Zutaten" und „Speisen" mit Zahlen eingezeichnet sind.
Die Schüler sollen versuchen, durch Verknüpfung der „Zutaten" möglichst viele „Speisen" zu erstellen. Was an „Zutaten" verfügbar ist und zu welchen „Speisen" sie verarbeitet werden sollen, ist aus der Speise- und Vorratsliste (siehe Kopiervorlage) zu ersehen; dabei sollen die „Zutaten" durch Einbeziehung in Rechnungen im Hinblick auf die beabsichtigte „Speise" geschmacklich abgestimmt werden.

Spiel: Terme basteln; Kopiervorlage S. 134
(Spieldauer: beliebig)
Material: 1 Würfel für je 2 Schüler
Spielbeschreibung auf der Kopiervorlage

Thema: Pfiffige Summen

S. 41

1 a) $1 + 2 + 3 + \ldots + 18 + 19 + 20 = 1 + 2 + 3 + \ldots + 10 +$
$20 + 19 + 18 + \ldots + 11 =$
$21 + 21 + 21 + \ldots + 21 = 10 \cdot 21 = 210$
ebenso: $1 + 2 + 3 + \ldots + 99 + 100 = 50 \cdot 101 = 5050$
b) Es geht nicht ganz genauso, weil die Anzahl der Zahlen ungerade ist (eine Zahl bleibt bei der Paarbildung übrig)
1. Möglichkeit:
$1 + 2 + 3 + \ldots + 14 + 15 = 1 + 2 + 3 + \ldots + 7 + 8 +$
$15 + 14 + 13 + \ldots + 9 \quad = 7 \cdot 16 + 8 = 120$
2. Möglichkeit:
$1 + 2 + 3 + \ldots + 14 + 15 = 1 + 2 + 3 + \ldots + 7 +$
$14 + 13 + 12 + \ldots + 8 + 15 = 7 \cdot 15 + 15 = 8 \cdot 15 = 120$
3. Möglichkeit:
$1 + 2 + 3 + \ldots + 14 + 15 = (1 + 2 + 3 + \ldots + 14 + 15 +$
$15 + 14 + 13 + \ldots + 2 + 1) : 2 = (15 \cdot 16) : 2 = 120$
c) $1 + 2 + 3 + \ldots + 124 + 125 = 62 \cdot 125 + 125 = 63 \cdot 125 = 7875$

2 Die Muster kann man als Darstellung der Zahl 1 und der Summen $1 + 2 = 3$, $1 + 2 + 3 = 6$, $1 + 2 + 3 + 4 = 10$, $1 + 2 + 3 + 4 + 5 = 15$, und $1 + 2 + 3 + 4 + 5 + 6 = 21$ auffassen.
Auch die gesuchten Zahlen aus Aufgabe 1 könnte man als entsprechende Dreiecke darstellen. Man nennt die Zahlen 1, 3, 6, 10, 15, 21, ... , 120, ... , 210, ... , 5050, ... , 7875, ... deshalb auch Dreieckszahlen.

3 Links der gestrichelten Linie befindet sich ein Dreieck, das die Zahl $1 + 2 + 3 + 4 + 5 + 6$ darstellt, wobei die Punkte so verschoben wurden, dass die ersten Punkte jeder Reihe übereinander liegen. Rechts der gestrichelten Linie liegt ein zweites solches Dreieck, das auf den Kopf gestellt wurde und ebenso $1 + 2 + 3 + 4 + 5 + 6$ Punkte enthält. Zusammen bilden die beiden Dreiecke ein Rechteck mit $6 \cdot 7$ Punkten.
Also ist $6 \cdot 7$ doppelt so groß wie $1 + 2 + 3 + 4 + 5 + 6$, bzw. $1 + 2 + 3 + 4 + 5 + 6$ ist gleich $(6 \cdot 7) : 2 = 21$
Macht man das gleiche mit $1 + 2 + 3 + \ldots + 100$, so ist demnach

$$1 + 2 + 3 + \ldots + 100 = (100 \cdot 101) : 2 = 10\,100 : 2 = 5050$$

Da das mit jeder Dreieckszahl möglich ist, also mit einer beliebigen Summe von 1 bis zu einer größten Zahl n ergibt sich die allgemeine Formel.
Im Nachrechnen der Ergebnisse aus 1 sehen die Schüler genau, wie die Formel funktioniert, dass sie „immer" richtige Ergebnisse liefert, und das sowohl für gerades n als auch für ungerades n.

4 $1 + 3 + 5 + 9 + \ldots + 97 + 99 = 1 + 3 + 5 + \ldots + 49 +$
$99 + 97 + 95 + \ldots + 51 =$
$100 + 100 + 100 + \ldots + 100 = 25 \cdot 100 = 2500$

5 a) $1 + 3 = 4$
$1 + 3 + 5 = 9$
$1 + 3 + 5 + 7 = 16$
$1 + 3 + 5 + 7 + 9 = 25$

b) Die Muster stellen diese Summen dar. Die Punkte bilden immer ein Quadrat. Die ungerade Zahl, die von einem auf den nächsten Schritt hinzukommt ist jeweils um 1 größer als die doppelte „Seitenlänge" des Ausgangsquadrats.
Die Summe aufeinanderfolgender ungerader Zahlen ab 1 ergibt immer eine Quadratzahl.

c) $1 + 3 = 2 \cdot 2$; $1 + 3 + 5 = 3 \cdot 3$, $1 + 3 + 5 + 7 = 4 \cdot 4$, $1 + 3 + 5 + 7 + 9 = 5 \cdot 5$
Man erhält die rechts stehende Zahl jeweils, indem zum größten Summand 1 addiert und das Ergebnis halbiert wird.
Also: $1 + 3 + 5 + 7 + \ldots + n = ((n + 1) : 2) \cdot ((n + 1) : 2)$

d) Damit: $1 + 3 + 5 + \ldots + 99 = (100 : 2) \cdot (100 : 2) = 50 \cdot 50 = 2500$

6 a) Summe aller gerader Zahlen bis 100 = Summe aller Zahlen bis 100 minus Summe aller ungeraden Zahlen bis 100 = $5050 - 2500 = 2550$
Alternativ:
Summe aller gerader Zahlen bis 100 = $2 + 4 + 6 + \ldots + 48 + 50 +$
$100 + 98 + 96 + \ldots + 54 + 52 =$
$102 + 102 + 102 + \ldots + 102 + 102 = 102 \cdot 25 = 2550$

b) Summe aller Zahlen von 200 bis 400 = Summe aller Zahlen bis 400 minus Summe aller Zahlen bis 199 = $(400 \cdot 401) : 2 - (199 \cdot 200) : 2 = 80\,200 - 19\,900 = 60\,300$
Alternativ:
Summe aller Zahlen von 200 bis 400 = $(200 + 201 + 202 + \ldots + 400 +$
$400 + 399 + 398 + \ldots + 200) : 2 =$
$(600 \cdot 201) : 2 = 60\,300$

Thema: Zauberquadrate

S. 42 **1** 21; 45

2

6	**11**	10
13	9	5
8	7	**12**

24	**6**	**30**
26	20	14
10	**34**	16

3 a) rot: 42 grün: 57 gelb: 33 blau: 126
b) grün aus rot: Addition von 5 zu jeder Zahl
gelb aus rot: Subtraktion von 3 von jeder Zahl
blau aus rot: Multiplikation jeder Zahl mit 3
c) Die Zahlen des „chinesischen" Quadrats wurden um 2 vergrößert und dann verdoppelt (oder verdoppelt und dann um 4 vergrößert).

S. 43

4 a) 1514
b) 34; 5; (9)
c) Die Ecken 16, 4, 1, 13 oder das innere Quadrat 10, 6, 7, 11
i vgl. *Schülerbuch S. 34 Aufgabe 23*

5

4	11	6
9	7	5
8	3	10

11	18	13
16	14	12
15	10	17

96	103	98
101	99	97
100	95	102

6

3	**20**	7	**24**	11
16	8	**25**	12	**4**
9	**21**	13	**5**	17
22	14	**1**	18	**10**
15	**2**	19	**6**	23

7

3	20	7	24	**11**
16	8	25	12	4
9	21	**13**	5	17
22	14	1	18	10
15	2	19	6	**23**

Die magische Zahl ist 65.
Die Eckpunkte eines jeden Rechtecks mit dem Diagonalschnittpunkt über der 13 plus der 13.

III Die ganzen Zahlen; Addition und Subtraktion

1 Negative Zahlen

A Alternative zum Einstieg:
Thema: Zeitrechnung vor Christus und nach Christus *(Schülerbuch S. 60)*
Anhand der abgebildeten Zeitleiste kann die Erweiterung des Zahlenraumes motiviert und zur Fortsetzung des Zahlenstrahls zur Zahlengeraden hingeführt werden. Die Zahl Null muss bei den Überlegungen vorerst ausgeklammert werden (Es gibt kein Jahr 0.). Auch die Rechenregeln für Addition/Subtraktion ganzer Zahlen lassen sich motivieren.
Mögliche Fragestellungen:
Wie alt wurde jemand, der 8 n. Chr. geboren wurde und 43 n. Chr. starb?
Wie lange lebte derjenige, der 43 v. Chr. geboren wurde und 8 v. Chr. starb?

S. 46

1 a) Temperaturen unter null Grad; im roten Bereich bei 12
b) 10 dm unter null; im schwarzen Bereich

2 Mit „roten Zahlen" sind die 6 Mio. € gemeint, die mehr ausgegeben wurden, als Einnahmen erzielt werden konnten.

S. 47

3

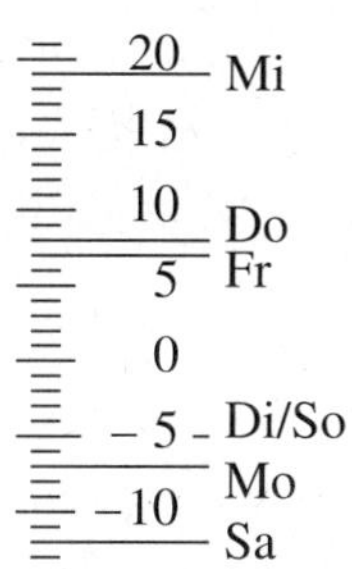

4 Großes Meer: 1,40 m unter null; Bansmeer: 1,10 m unter null;
Boekzeteler Meer: 0,70 m unter null; Sandwater: 0,40 m unter null;
Teltenmeer: 1 m über null.

Atlasarbeit möglich

5 Partei A: 2000 Stimmen Gewinn; Partei B: 1000 Stimmen Verlust
Partei C: 3000 Stimmen Gewinn; Partei D: 2000 Stimmen Verlust

6

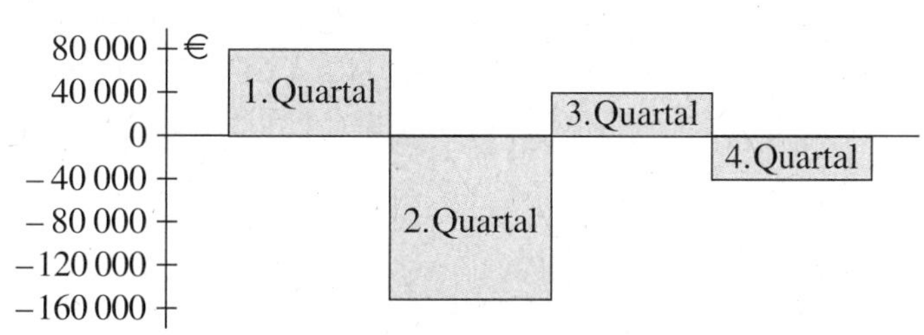

Eventuell Hilfestellung für das Erstellen des Diagramms geben.

7 a) Dose

Dose	1	2	3	4	5	6	7	8
Abweichung in g	−2	+1	−7	−3	+4	+6	−1	+2

b) Dosennummer:

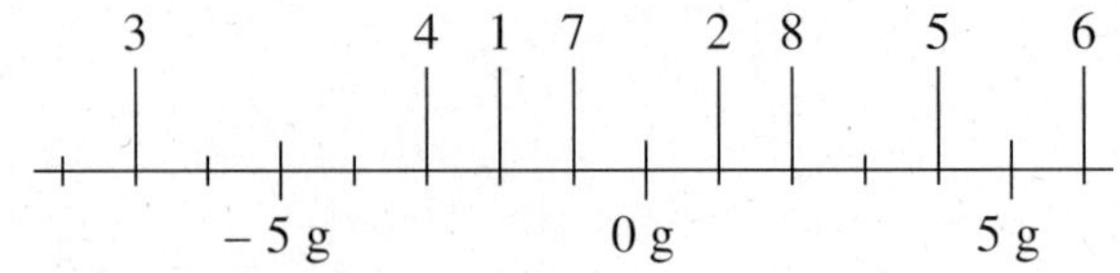

Eventuell Hilfestellung für die Darstellung an einer Skala geben.

8

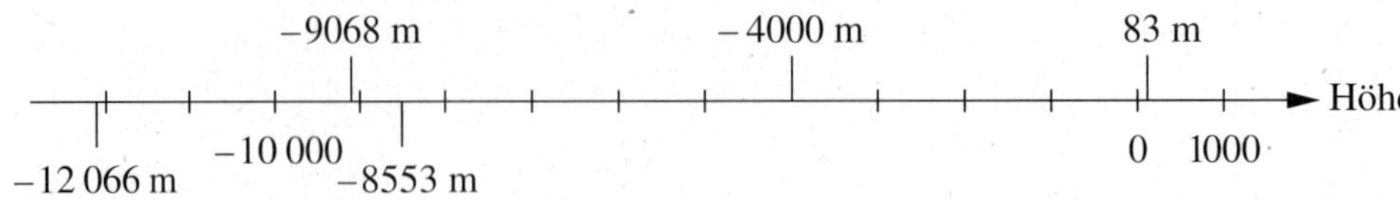

Nachschlagen im Atlas oder Lexikon möglich

9 a) Ost b) gefälscht Nordansicht:
c) Süd d) West

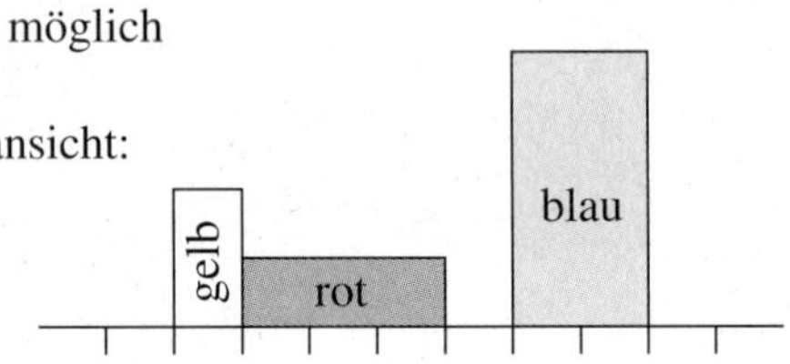

Modelle hilfreich
Kopiervorlage Quadernetze S. 150

10 T(100) = {1; 2; 4; 5; 10; 20; 25; 50; 100}

2 Vorzeichenschreibweise

S. 48

1 a) Weil im Januar Temperaturen über und unter null auftreten, im Juli dagegen nur über null.
b) −5°

2 a) +3 °C (−4 °C; −6 °C) b) 1. Untergeschoss (Keller) c) 20 cm unter Normal

S. 49

3 a) 28 m unter NN
b) 15 g zu wenig
c) 200 000 € mehr Umsatz bei Spanplatten; 50 000 € weniger Umsatz bei Massivholz.

4 a) −35; −22; −11; +15; +38
b) −1700; −1500; −600; −300; +500; +1400; +1700

5 a)

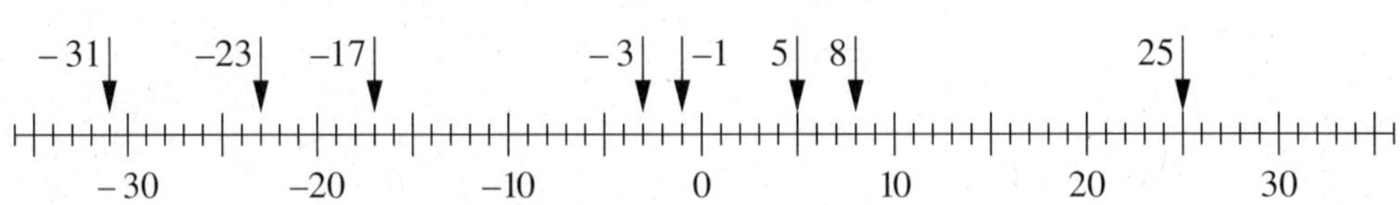

(Bei DIN A4-Format: Maßstab: 10 ≙ 2 cm!)

b)

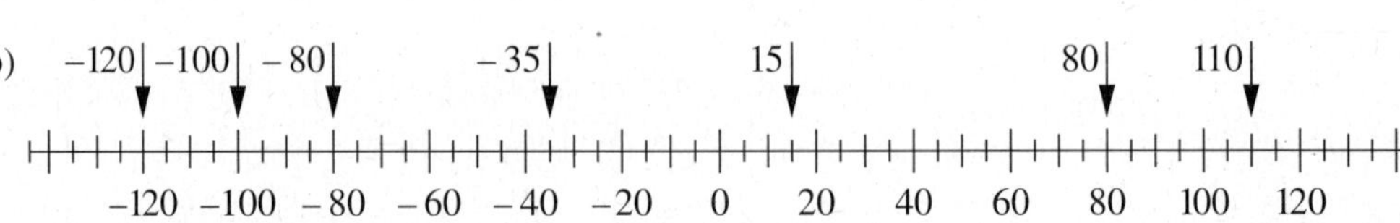

(Bei DIN A4-Format: Maßstab: 100 ≙ 5 cm!)

6 a) A(–3|–2) III. Qu.; B(–2|1) II. Qu.; C(1|0,5) I. Qu.; D(3|–2) IV. Qu.; E(–2|–1) III. Qu.; F(–3,5|0) x-Achse; G(0|1,5) y-Achse; H(3,5|0) x-Achse; I(0|–1,5) y-Achse

b) Siehe Fig.

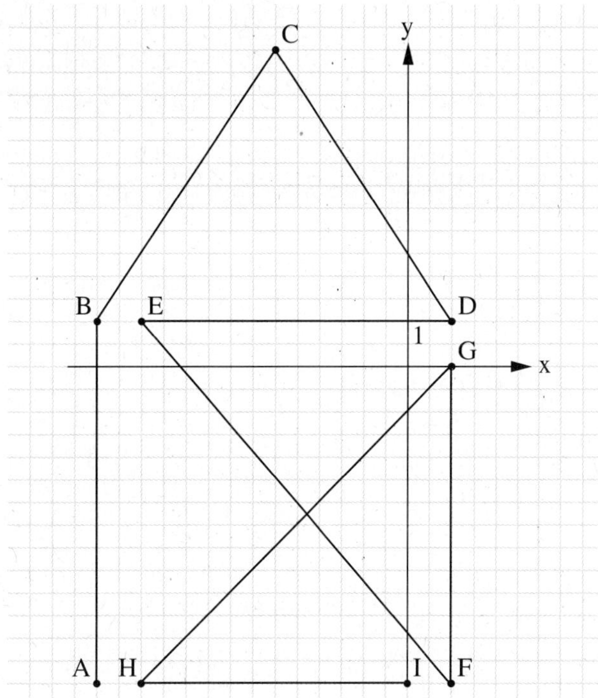

c) Individelle Lösung

3 Anordnung und Betrag

Zur Einführung des Betrages: Der Lehrplan lässt offen, ob für das Rechnen mit negativen Zahlen der Betrag einzuführen ist. Dies ist im Lehrbuch auf anschauliche Weise geschehen, um dem Schüler klare, auch weiterhin gültige Regeln an die Hand geben zu können.

Den Fachausdruck „absoluter Betrag" und die beiden senkrechten Striche führte 1841 Karl Theodor Wilhelm *Weierstrass* (1815–1897) ein. Er war einer der bedeutendsten Mathematiker des 19. Jh.s. 13 Jahre war er Gymnasiallehrer, bevor er als Professor nach Berlin an die Universität berufen wurde.

S. 50 **1** a)

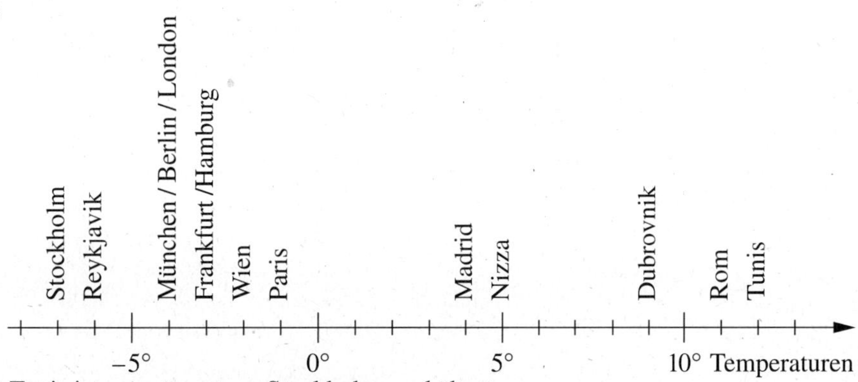

b) Tunis ist am wärmsten; Stockholm am kältesten

c) Berlin um 1° kälter als in Frankfurt
Madrid 5° wärmer als in Paris
Wien 2° wärmer als in London

2 Kattarasenke, Oase Siwa, Oase Farafra

S. 51

3 a) $6 > -4$ b) $-9 < 17$ c) $-19 < -7$ d) $-89 > -135$
e) $-27 > -72$ f) $-18 < 0$ g) $35 > -305$ h) $-121 < -112$

4 a) −32; −23; −8; 0; 5; 7 b) −480; −40; −5; −4; 2; 3; 84
c) −1111; −1010; −1001; −1000; −111 d) −99; −90: −9; 0; 9; 90; 99
+ Finde selbst positive und negative Zahlen und ordne sie.

5 Thales; Pythagoras; Plato; Euklid; Eratosthenes; Diophant; Hypatia; al-Hwarizmi; Regiomontanus; Leibniz; Euler; Agnesi; Germain; Gauß; Noether

6 a) 11; 13 b) −13; −11 c) −14; −12
d) −1; 1 e) −1000; −998 f) −1001; −999

7 a) $-6 < -4 < 0$ b) $0 < 4 < 6$ c) $-13 < 0 < 2$ d) $-3 < 0 < 28$
e) $-3 < 0 < 54$ f) $-8 < -5 < 0$ g) $-146 < 0 < 2$ h) $0 < 24 < 42$

8 a) −14; −13 ... 13 b) nein c) −25 d) nein

9 a) 25 b) −27 c) −8 d) 1

10 a) Eine ganze Zahl ist größer als ihre Gegenzahl, wenn sie größer als null ist, sie ist kleiner als ihre Gegenzahl, wenn sie kleiner als null ist.
b) 0

S. 52

11 a) 75 b) 34 c) 8 d) 12 560 e) 9578 f) 0

12 a) −37; 37 b) −49; 49 c) −100; 100 d) −9999; 9999
e) 0 f) −1; 1

13 a) für alle Zahlen $x \geq 0$,
für alle Zahlen $x < 0$
b) Für a ist der Abstand von 0 (der Betrag) größer als für b.

14 a) $|-6| = 6 = |+6|$ b) $|-3| < |+5|$ c) $|-8| > |-7|$

15

	a)	b)	c)	d)
größere Zahl:	10	9	101	0
größerer Betrag:	$\lvert 10 \rvert$	$\lvert -10 \rvert$	$\lvert -110 \rvert$	$\lvert -37 \rvert$

16 a) −43; −2; −1; 4; 9
b) $|-1|$; $|-2|$; $|4|$; $|9|$; $|49|$

17 a) 11 b) 81 c) 10 d) 63 e) 84 f) 9
g) 2 h) 46

18 a) 9 b) 19 c) 8

19 a)
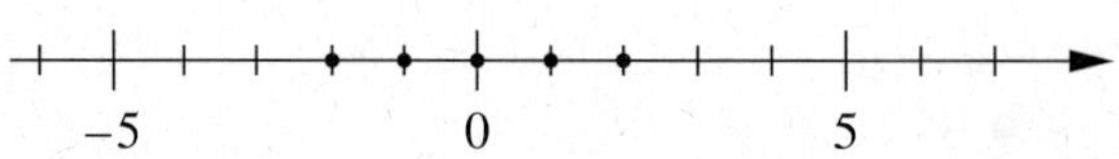

b)
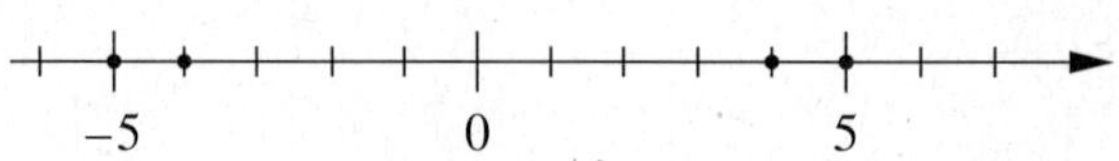

c)
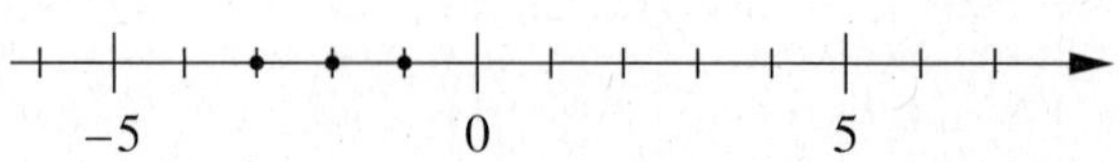

d)
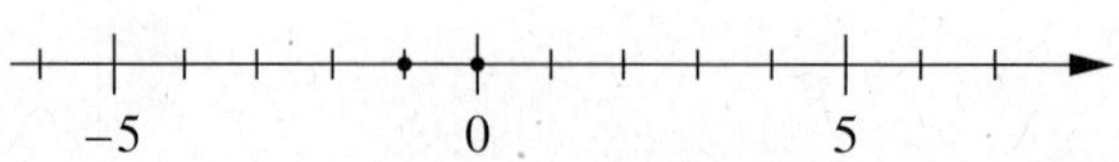

20 a)

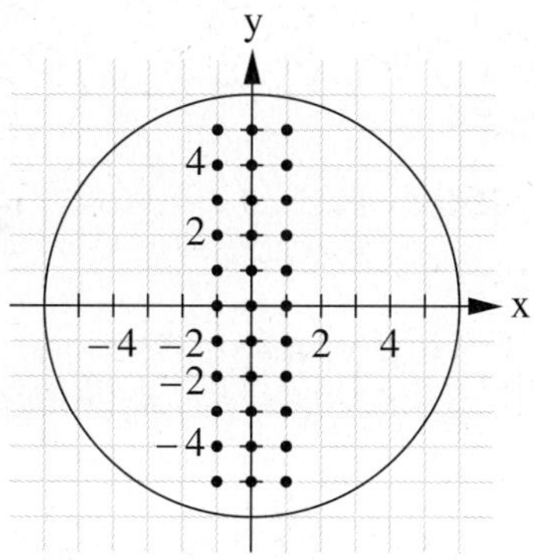

b)

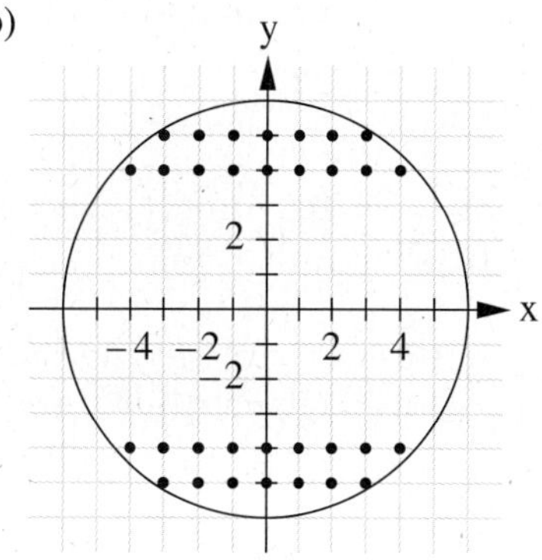

c)

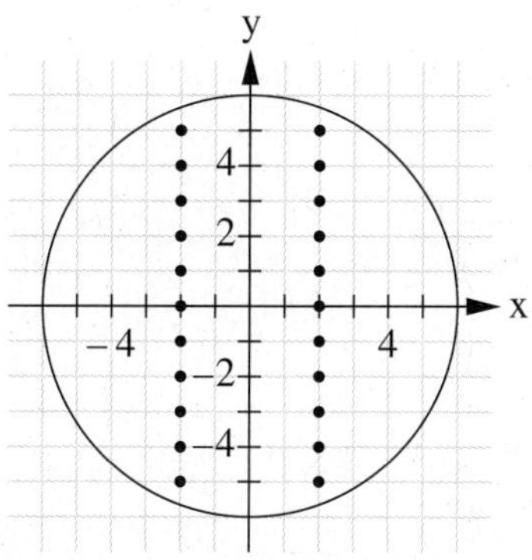

d)

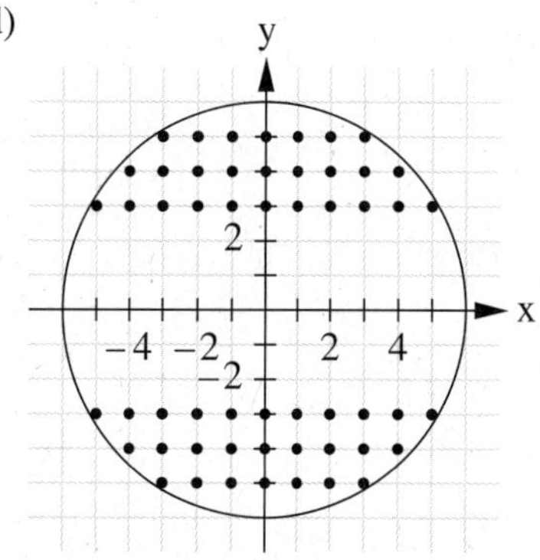

21 a) −9; −15; −21; −27; −33
b) −17; −12; −7; −2; +3
c) +2; −10; −23; −37; −52
d) −11; −20; −31; -44; −59
e) −11; −16; −22; −29; −37
\+ Finde selbst Zahlenfolgen

22 a) Er hätte nur den Kreis unten rechts streichen dürfen, da dann in jedem Fall noch drei zu streichende Reihen geblieben wären.
b) individuelle Lösungen

Spiel zur Anordnung negativer und positiver Zahlen.
Ein Schüler denkt sich eine (negative) Zahl. Die anderen Kinder versuchen diese zu erraten, indem sie nacheinander eine Zahl nennen. Dabei sagt der Schüler, der sich die Zahl ausgedacht hat, nur ob die genannte Zahl zu groß oder zu klein ist (eine Art Intervallschachtelung). Der Schüler, der die gedachte Zahl erraten hat, darf sich als nächster eine Zahl ausdenken.

4 Addieren

A **Alternative zum Einstieg:** Spiel: „Der lustige Portier" Kopiervorlage S. 135 ff.
(Spieldauer: 20–30 min)
Spiel zur Herleitung der Regeln zur Addition.

Spielbeschreibung/Vorbereitung:
Die Klasse wird in Kleingruppen eingeteilt, die jeweils
- ein Spielbrett
- einen Satz Stockwerkskärtchen
- einen Satz Spielkarten
- einen Würfel mit den Aufdrucken (Aufklebern) + 1, + 2, – 1, – 2, K, K und
- eine Spielfigur pro Schüler

erhalten.
Die Spielregeln sind auf der Kopiervorlage für das Spielbrett mit abgedruckt.

Spielvariante:
Jeder Schüler erhält zu Beginn des Spiels nur drei Stockwerkskärtchen. Sobald ein Stockwerk besucht wurde, erhält der Spieler einen Punkt. Das zugehörige Stockwerkskärtchen wird wieder unter den entsprechenden Stapel gelegt und eine neue Karte gezogen, so dass die Schüler immer drei Stockwerkskärtchen besitzen. Gewonnen hat der Schüler, der nach einer vorgegebenen Zeit die meisten Punkte sammeln konnte.

S. 53

1 a) um 4 °C b) + 2 °C c) – 6 °C

2 a) Der Betrag von 1500,00 € kommt zum alten Kontostand dazu.
Neuer Kontostand: 650,00 €
b) 4400 €

S. 54

3	a) – 3	b) – 4	c) 6	d) – 9	e) 18	f) 18
	g) – 26	h) 6	i) – 32	k) – 105	l) – 17	m) – 42
4	a) – 10	b) – 8	c) – 65	d) – 3	e) 12	f) – 16
5	a) – 134	b) – 309	c) – 9	d) 4	e) – 860	f) 0
	g) 287	h) – 1713	i) – 287	k) 400		
6	a) + 13	b) – 2				

7 50 m über NN

8 a) (– 2900) + (– 4400) = – 7300, exakt: – 7283
b) (– 7100) + (+ 200) = – 6900, exakt: – 6909
c) (– 8000) + (– 900) = – 8900, exakt: – 8950
d) (– 1000) + (+ 1100) = 100, exakt: 120
e) (– 5900) + (+ 800) = – 5100, exakt: – 5038
f) (+ 8400) + (– 9400) = – 1000, exakt: – 1033

9 a) – 3 b) – 397 c) 132 d) – 69 e) – 21 f) 11

10 Man erhält die gedachte Zahl, denn $2 \cdot x - x = x$.
+ Welche Zahl erhältst du, wenn du die gedachte Zahl verdreifachst, vervierfachst, ...?

11 Nein, das gilt nur für Summanden größer null.

12 a) dreiundzwanzig Millionen vierhundertachttausendzweihundertundneun
Vier Billionen Achtzig Millionen sechshundertdreitausendundzwei
b) $28 \cdot 10^7$; $3002 \cdot 10^3$; $724 \cdot 10^2$
c) $8 + 0 + 0$: 800;
$7 + 1 + 0$: 710, 701
$6 + 2 + 0 = 6 + 1 + 1$: 620, 602, 260, 206, 611, 161, 116
$5 + 3 + 0 = 5 + 2 + 1$: 530, 503, 350, 305, 512, 512, 251, 215, 152, 125
$4 + 4 + 0 = 4 + 3 + 1 = 4 + 2 + 2$: 440, 404, 431, 412, 341, 314, 143, 134, 422, 242, 224
$3 + 3 + 2$: 332, 323, 233
Es sind 34 Zahlen.

13 97 Primzahl; $98 = 2 \cdot 49$; $99 = 9 \cdot 11$

5 Subtrahieren

S. 55 **1** a) 160€ Soll (−160€); 420€ − 580€ = −160€
b) 280€ Haben; 45€ + 235€ = 280€

S. 56 **2** a) −4 b) −8 c) −6 d) −16 e) −12 f) −40
g) −42 h) −121 i) 1 k) 17 l) 38 m) 13

3 a) −2 b) −6 c) −7 d) −7 e) −19 f) −13
g) 7 h) −102 i) 31 k) 19 l) −84 m) 150

+ Die Schüler finden selbst solche Aufgaben und tauschen sie gegenseitig aus. Korrekturmöglichkeit durch den Lehrer muss gegeben sein.

4 a) $(+34) + (+25) = +59$ b) $(-48) + (+52) = +4$ c) $(-76) + (-31) = -107$
d) $(+128) + (+21) = +149$ e) $(-109) + (-65) = -174$ f) $(+75) + (+39) = +114$
g) $(-43) + (+106) = +63$ h) $(+89) + (+69) = +158$

5 a) 106; 106; 106 b) −34; 0, 0

6 a) Timbuktu: 16 °C, Tobolsk: 9 °C
b) Mittagstemperaturen: 48 °C; Nachttemperaturen: 41 °C
Atlasarbeit möglich (u. a. globale Klimazonen)

7 a) 13 b) 89 c) 129 d) 384

8 a) −71 b) 0 c) −107 d) 147

9 nein, Gegenbeispiel: $(-3) - (-4) = +1$

10 a) −1124€ b) 890€

11 −2 °C + (−11 °C) = −13 °C (Die Zugspitze liegt 2962 m über NN.)
Die Höhe der Zugspitze soll der Schüler selbst ermitteln (z. B. mit Hilfe eines Atlanten oder des Internets). Es sind unterschiedliche Höhenangaben veröffentlicht, die nur wenige Meter differieren. Für die Aufgabenlösung sind diese Unterschiede ohne Belang.

12 144; 138; 131; 123; 114; 104; 93; 81; 68; 54; 39; 23; 6
Nach der 13. Zahl geht es nicht mehr weiter.

13 32 460 auf Zehner (32 000 auf Tausender)

→ Rechentraining: Addition und Subtraktion ganzer Zahlen; Excel-Tabelle mit Zufallszahlen, downloadbar im Internetauftritt

→ TB Trainingsblatt: Anordnung, Addition und Subtraktion ganzer Zahlen; Kopiervorlage S. 138 f.

→ AB Arbeitsblatt: Die Plus- und Minus-Pyramide; Kopiervorlage S. 140
Lösungen:
Plus-Pyramide

0					
+1	**−1**				
−3	**+4**	**−5**			
+2	**−5**	**+9**	−14		
+12	**−10**	**+5**	**+4**	**−18**	
+46	**−34**	**+24**	**−19**	**+23**	**−41**

Minus-Pyramide

−111					
−79	**+32**				
−42	**+37**	**+5**			
−19	**+23**	−14	**−19**		
−11	+8	**−15**	**−1**	**+18**	
−8	+3	**−5**	+10	**+11**	−7

→ AB Arbeitsblatt: Betrag, Addition und Subtraktion ganzer Zahlen; Kopiervorlage S. 141 f.

6 Rechnen mit Summen und Differenzen

Am Ende dieser Lerneinheit würde sich eine *Freiarbeit* anbieten. Idealerweise erstellen die Schüler selbst Arbeitskarteien mit Aufgaben mit unterschiedlichem Schwierigkeitsgrad, verschiedenen Arbeitsweisen und mit der Möglichkeit der Selbstkontrolle jeweils auf der Rückseite.
Es wäre möglich, Aufgaben dafür aus dem Buch zu entnehmen oder selbst zu erfinden.

S. 57 **1** a) das Kommutativgesetz und das Assoziativgesetz
b) keine Änderung
c) Das Ergebnis ist stets – 10.

S. 58 **2** a) 48 – 17 = 31 b) 79 – 85 = –6 c) 47 + 38 = 85
d) –29 – 13 = –42 e) –37 – 92 = –129 f) –123 – 26 = –149
g) –38 + 72 = 34 h) –95 – 72 = –167

3 a) 23 + (–40) = –17 b) 124 + (–83) = 41 c) (–24) + (–45) = –69
d) (–78) + (– 95) = –173 e) 19 + 5 = 24 f) 83 + 42 = 125
g) (–16) + (–82) = –98 h) –37 + 25 = –12 i) 563 + (– 572) = –9
k) (–764) + (–728) = –1492

S. 59 **4** a) (37 + 53) – 18 = 72 b) 76 + (87 – 37) = 126
c) (–93 + 53) + 84 = 44 d) 14 + (726 – 26) = 714
e) 47 + (–18 + 8) – 3 = 34 f) (83 + 17) + (47 – 13) = 134
g) [–39 + (–11)] + (37 – 17) = –30 h) 31 + 29 – (42 + 18) = 0

5 a) 15 b) – 145 c) 7 d) 98 e) –65 f) 2
g) 28 h) 34 i) –18 k) –16 l) –37

\+ Erfinde ähnliche Aufgaben und lasse sie von deinem Nachbarn lösen.

6 a) – 148 b) 148 c) 0

7 a) (230 + 450 + 40) – (330 + 170 + 50) = 170, exakt:166
b) (90 + 110 + 320) – (120 + 70 + 30) = 300, exakt: 305
c) (3500 + 400) – (1300 + 1300 + 900) = 400, exakt: 386
d) (2300 + 400) – (2400 + 2300 + 200) = –2200, exakt: –2187

8 47€ Soll

\+ Die Kinder können mit ihren Eltern über die monatlichen Einnahmen und Ausgaben sprechen.

9 a) (49 + 23 + 64) – (57 + 48 + 25) = 6
b) (46 + 79 + 42) – (38 + 28 + 37) = 64
c) (125 + 73 + 17) – (76 + 81 + 19) = 39
d) (180 + 20) – (55 + 75 + 18 + 22) = 30
e) (185 + 316) – (413 + 407 + 195) = –514
f) 83 – (54 + 28 + 86 + 67) = – 152
g) 71 – (95 + 98 + 25 + 87 + 51) = –285
h) 124 – (28 + 22 + 198 + 23) = –147
i) (302 + 120) – (48 + 16 + 127 + 13) = 218

10 a) 58 b) 144 c) 895 d) 97

11 a) 46 b) – 126 c) –20 d) –83 e) 1300 f) 0
g) 29 h) 219

12 a) richtig, denn a + (–a) = 0 b) falsch, Gegenbeispiel: (– 2) – (+2) = –4

13 a) 84 b) 333

14 Die Uhr ging ursprünglich 10 Minuten nach.

15 individuelle Lösungen

16 individuelle Lösungen

→AB Arbeitsblatt: Rechnen mit Summen und Differenzen ganzer Zahlen; Kopiervorlage S. 143 f.

→ Spiel: Drei gewinnt; Kopiervorlage zum Selbstausfüllen S. 145
editierbare Kopiervorlage (WORD): downloadbar im Internet
(Spieldauer: 45 – 50 min.)
Material: ausgefüllte Kopiervorlage auf Folie kopiert, selbstklebende Papierzettel

Spielbeschreibung:
Auf einer Overheadfolie stehen, tabellarisch angeordnet, Rechenaufgaben. Zu Beginn des Spiels sind noch alle Aufgaben durch selbstklebende Papierstücke verdeckt.
Die Klasse wird in zwei Mannschaften eingeteilt. Die erste Mannschaft darf sich ein Feld auf der Folie aussuchen. Der Lehrer deckt die Aufgabe auf, und die Schüler müssen versuchen, diese in einer vorgegebenen Zeit zu lösen. Gelingt ihnen das, wird das Feld mit einem Zeichen der Mannschaft (z. B. Kreuz oder Kreis), andernfalls mit dem Zeichen der Gegenmannschaft versehen. Anschließend darf sich die zweite Gruppe ein Feld aussuchen. Wenn es einer Mannschaft gelingt, drei Felder in einer Reihe (waagerecht, senkrecht oder diagonal) zu belegen, erhält sie dafür einen Punkt. Sieger ist am Schluss die Mannschaft, die am meisten Punkte sammeln konnte. →

Die Spannung des Spiels lässt sich erhöhen, wenn man Jokerfelder unter die Fragen mischt. Bei einem Jokerfeld erhält die Mannschaft, die sich für das Feld entschieden hat, ohne Beantwortung einer Frage das Feld.

Spielvariante:
Die Schüler einer Gruppe müssen die Fragen einzeln (pro Runde ein Schüler) der Reihe nach beantworten.

Spiel: Terme basteln; Kopiervorlage S. 134
(Spieldauer: beliebig)
Material: 1 Würfel für je 2 Schüler
Spielbeschreibung auf der Kopiervorlage, wobei jetzt auch negative Zahlen (–100 bis 100) „gebastelt" werden können.

Thema: Zeitrechnung vor Christus und nach Christus

S. 60

1 27 v. Chr.

2 Schlacht im Teutoburger Wald: 762 a. u. c.
Aufstand der Gallier: 702 a. u. c.
Ermordung Cäsars: 710 a. u. c.
Brand von Rom: 817 a. u. c.

3 5 v. Chr. bis 2 n. Chr.
b) $755 - 749 = 6$ und $2 - (-5) = 7$. Das Jahr 0 fehlt.

4 a) 44 Jahre
b) 60 Jahre
c) 52 Jahre
d) 76 Jahre

5 23. 9. 63 v. Chr.; 691 a. u. c.

6 a) 2753 a. u. c.
b) 2747 a. u. c.

IV Geometrische Grundbegriffe

1 Geometrische Körper

i Auf die gesamten Inhalte dieser Lerneinheit sollte man zurückgreifen können, da sie im Grundschullehrplan vollständig enthalten sind. Die Lerneinheit eignet sich daher insbesondere, Vorkenntnisse aufzufrischen.

→ Netze werden ausführlicher in Lerneinheit 8 behandelt.

→ Daumenkino: Netze von Quader und Pyramide downloadbar im Internetauftritt

A **Alternative zum Einstieg:** Fotos von Körpern zur Projektion mit Beamer downloadbar im Internetauftritt

S. 64

1 Quader, Zylinder, Pyramiden, Kegel, Prismen

2 rund, eckig, hohl, rechteckig, sechsflächig, flach

3 a) *Quader:* Postpaket, Papierstapel, Keksverpackung
Würfel: Margarinewürfel, Würfelzucker, Spielwürfel
Pyramide: ägyptische Pyramiden, Kirchturmdach, Safttüte
Prisma: Käseecke, Toblerone-Verpackung, optisches Prisma
Zylinder: Konservendose, Besenstiel, runder unangespitzter Bleistift
Kegel: Eistüte, Verkehrskegel, Schultüte für Schulanfänger
Kugel: Ball, Kugellager-Kugel, Verschlusskugel einer Tintenpatrone
b) individuelle Lösung

S. 65

4 a) Mauerstein: Quader Dose: Zylinder
Verkehrskegel: Kegel Fußball: Kugel
b) individuelle Lösungen, z. B. Litfasssäule: Zylinder; Dachbalken: Quader; Holzkeil: Prisma; Pralinenschachtel „Edle Tropfen“: sechsseitiges Prisma; Spitze eines runden Bleistifts: Kegel; etc.

+ Ein Gang in die Turnhalle bietet sich an. Geometrische Formen finden sich in Hülle und Fülle, zum Beispiel bei den Sportutensilien oder auch bei den Feldmarkierungen auf dem Boden.

5 mögliche Netze:

a)

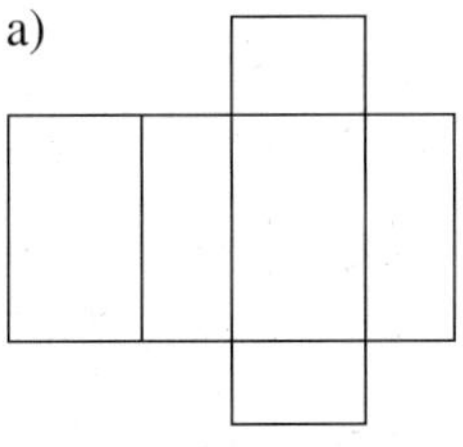

b)

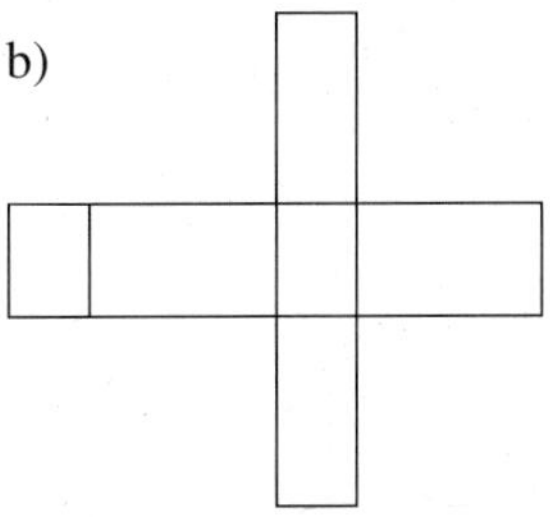

c)

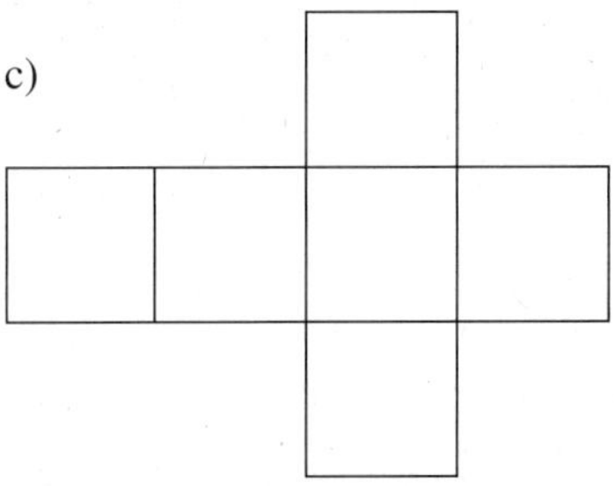

erforderliche Drahtlänge:
a) 40 cm b) 34 cm c) 48 cm

6 a) quadratische Pyramide und Würfel b) zwei quadratische Pyramiden
c) Würfel und Quader d) Zylinder und Quader
e) halbe Kugel und Zylinder f) halbe Kugel und Kegel

S. 66

7 individuelle Lösungen
Strohhalme, Garn, Schere, Klebstoff

8

	Flächen (F)	Anzahl der Ecken (E)	Kanten (K)
Quader	6	8	12
Würfel	6	8	12
quadr. Pyramide	5	5	8
Prisma (1)	5	6	9
Prisma (2)	8	12	18

Es sind jeweils F + E um 2 größer als K.

Leonhard Euler * 15.04.1705 Basel † 18.09.1783 St. Petersburg

9 a) 20 Sechsecke und 12 Fünfecke, zusammen 32 Flächen

b) $(20 \cdot 6 + 12 \cdot 5) : 2 = 90$ Kanten

$(20 \cdot 6 + 12 \cdot 5) : 3 = 60$ Ecken

$32 + 60 = 90 + 2$

Fußbälle aus der Sporthalle mitbringen.

10 Man zeichnet zunächst ein Netz; dabei gibt es (bis auf gleichwertige Fälle) 7 Möglichkeiten; davon kommen 4 Wege nicht als kürzeste in Betracht, bei denen die Spinne an einer Kante entlangkrabbelt.
Es bleiben:

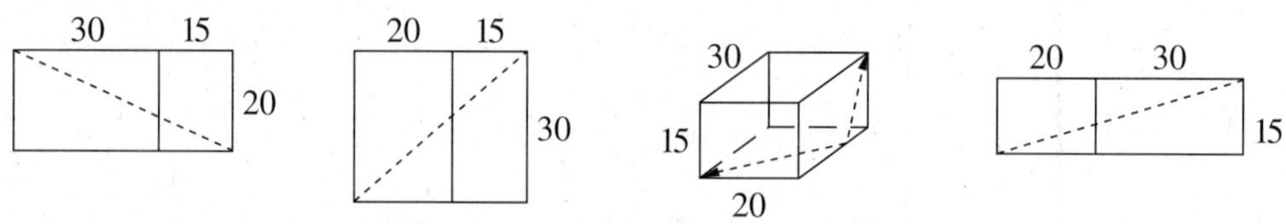

Der 2. Weg ist der kürzeste. Er beträgt ungefähr 46 cm.

11 a) Man zeichnet im Maßstab 1:10 die Grundfläche des Würfels und misst daraus die Länge der Diagonale. Die maximale Länge des Stabes auf dem Boden ergibt sich zu ungefähr 113 cm.

b) Man zeichnet maßstabsgetreu ein Rechteck mit der Diagonalenlänge aus a) als Länge der einen Seite und der Kantenlänge des Würfels als Länge der zweiten Seite und misst daraus die Länge der Diagonale. Die maximale Länge des Stabes schräg in der Kiste ergibt sich zu ungefähr 138,5 cm.

12 a) Quader, Würfel, Pyramide, Zylinder, Kegel

b) Der Zylinder rollt nur geradeaus; der Kegel rollt im Kreis; beides kann eine Kugel.

c) Die Kugel kann in jede Richtung gerollt werden.

13 a) $-190 < -109 < -91 < -19 < 19 < 901 < 910$

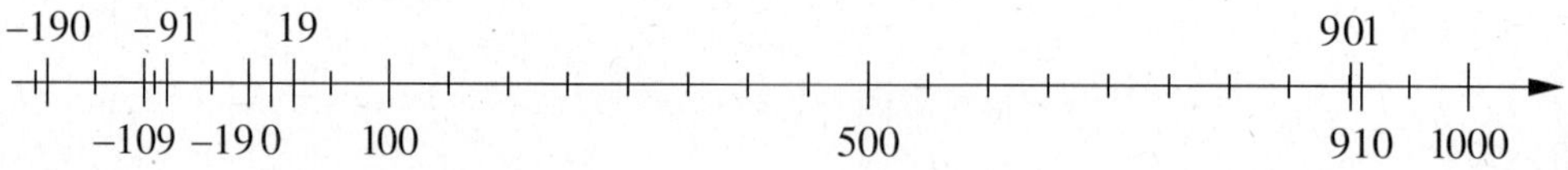

b) $-5 < -3 < -2 < -1 < 0 < 1 < 3$

→AB Arbeitsblätter: Quaderansichten I und II; Kopiervorlage S. 146 ff.
Die Arbeitsblätter trainieren das räumliche Vorstellungsvermögen.

→ Quadernetze; Kopiervorlage S. 150

→ weitere Netze im *Schülerbuch S. 91*

2 Geraden

→AB Arbeitsblatt: Schatzkarte; Kopiervorlage S. 151 f.
Das Arbeitsblatt könnte die in den Lerneinheiten 2, 3 und 6 zu erwerbenden Kenntnisse und Fähigkeiten motivieren.

S. 67 **i** Ziel der Aufgaben 1–3: Spielerische Erfahrung der Lagebeziehung von Geraden

1 Individuelle Lösungen

2 Die Faltlinien liegen zueinander senkrecht.

3 Es wird dreimal gefaltet, wobei beim 2. und 3. Mal so zu falten ist, dass jeweils beide Teile der ersten Faltlinie genau aufeinander fallen.

S. 69 **4** Geeignet ist zum Beispiel ein H-Milchkarton oder Schuhkarton.
Es müssen nur 3 geeignet gewählte Kanten gemessen werden.
Jeweils 4 Kanten sind zueinander parallel.

5 Die Strecken sind jeweils gleich lang.
Hier bieten sich weitere Beispiele zu optischen Täuschungen an.

6 Individuelle Lösungen

7 a)

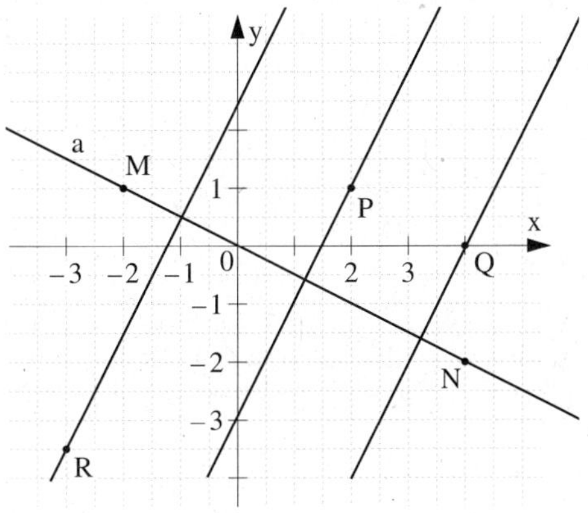

b) Die drei Geraden verlaufen zueinander parallel.

8 Diese Aufgabe enthält Aspekte kombinatorischer Geometrie.
a) Durch die vier Punkte lassen sich 6 Strecken zeichnen.
b) Es lassen sich weitere 4 Strecken zeichnen.

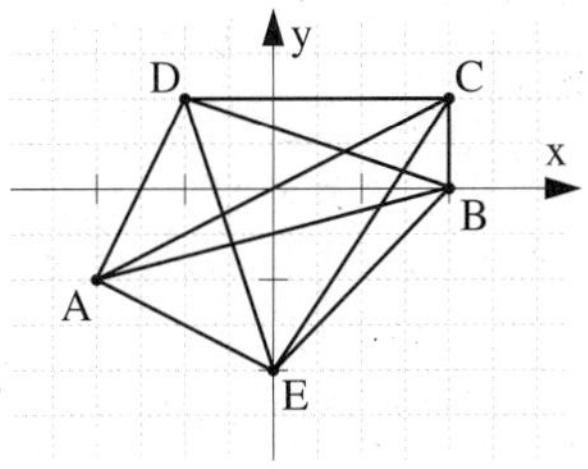

9 Diese Aufgabe enthält Aspekte kombinatorischer Geometrie.
a) höchstens 3 Schnittpunkte b) höchstens 6 Schnittpunkte c) höchstens 10 Schnittpunkte
Verlaufen alle Geraden zueinander parallel, so gibt es jeweils keinen gemeinsamen Punkt.
Bei den Skizzen ist zu beachten, dass jeweils zwei Geraden nie zueinander parallel verlaufen.

Alternativ können die Skizzen auch mit einer Geometriesoftware erstellt werden.
Dies erleichtert das spielerische Verschieben von Geraden.
Letzteres ist natürlich auch sehr schön mit Folien-Overlaytechnik möglich.

10 a)
b) S(–3|–1)
c) $P_1(0{,}5|-0{,}65)$ bzw. $P_2(0{,}7|-2{,}8)$
d) falsch, falsch, wahr
wahr, wahr, falsch

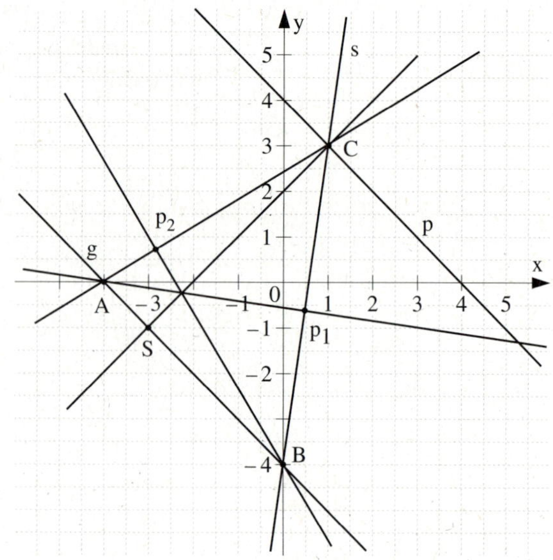

11 Individuelle Lösungen
Es wird unliniertes Papier benötigt.

12 Individuelle Lösungen. Spezialfälle sind: Drachen, Raute, Quadrat.

13 22-mal. Zwischen 3 Uhr und 4 Uhr sowie zwischen 9 Uhr und 10 Uhr gibt es nur jeweils einmal eine Stellung, in der die Zeiger einer Uhr aufeinander senkrecht stehen.

S. 70

14 Die beiden Geraden g und h sind senkrecht zu einer dritten Geraden, die durch das Lineal vorgegeben ist.

15 Je zwei gegenüberliegende Geraden verlaufen zueinander parallel, es entstehen also Parallelogramme.

16 Die Aufgabe enthält Aspekte kombinatorischer Geometrie.
a) 3 Geraden b) 6 Geraden c) 10 Geraden
Bei 10 Punkten sind es 1 + 2 + 3 + ... + 9 = 45 Geraden.

17 Es gibt 18 verschiedene Wege. Dabei gibt es 6 kürzeste Wege über je 2 Eckpunkte, 6 Wege über je 4 Eckpunkte und 6 Wege über alle 6 dazwischen liegenden Eckpunkte.

18 Die Aufgabe beginnt mit einer Phase des Probierens. Falls die erste Begegnung mit dem Problem keine Lösung bringt, wird man überlegen, wie groß die Summe in den Teilbereichen denn sein muss. Dazu bildet man die Summe der Zahlen von 1 bis 12. Der Summenwert 78 ist nicht durch 4 teilbar, woraus sich die meist zunächst nicht in Betracht gezogene Idee ergibt, dass die Geraden parallel über das Zifferblatt verlaufen, so dass nur drei Teile entstehen. Die Division des Summenwertes 78 durch 3 ergibt 26. Damit ist der entscheidende Lösungshinweis gefunden. Die Lösung 1 + 2 + 11 + 12 = 3 + 4 + 9 + 10 = 5 + 6 + 7 + 8 = 26 schließt sich an. Das geschickte Summieren einer Folge natürlicher Zahlen wird dabei verwendet. Vergleiche dazu das Thema: Pfiffige Summen *(Schülerbuch S. 41)*.

19 a) Jede Gerade, die durch eine Kante eines Quaders festgelegt ist, hat je vier windschiefe Geraden. Z. B. gibt es zur Geraden AB die windschiefen Geraden EH, FG, DH und CG.
b) Jede Gerade, die durch eine Kante einer quadratischen Pyramide festgelegt ist, hat je zwei windschiefe Geraden. Z.B. gibt es zur Geraden AB die windschiefen Geraden DS und CS.
c) Jede Gerade, die durch eine Kante eines dreiseitigen Prismas festgelegt ist, hat zwei oder drei windschiefe Geraden. Geraden in einer Grundfläche des Prismas haben drei windschiefe Geraden; Geraden, die durch eine Kante des Mantels bestimmt werden, haben nur zwei windschiefe Geraden.
d) vgl. 19 a) bzw. individuelle Lösungen

i Bei dieser Aufgabe – wie auch an anderen Stellen, wo es sich anbietet – werden Begriffe aus der ebenen Geometrie in den Raum hinein verallgemeinert bzw. auch im Raum problematisiert.

20

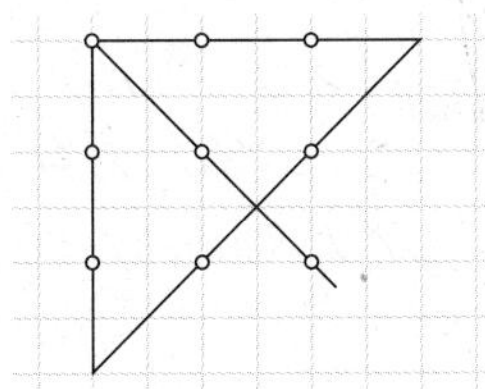

21 a) 100 cm = 1 m; 1000 m = 1 km
b) 60 s = 1 min; 60 min = 1 h

22

a) 15 + 35 = 50	b) 15 – 35 = –20	c) 15 – 35 = –20
d) 15 + 35 = 50	e) –27 + 13 = –14	f) –27 – 13 = –40
g) –27 – 13 = – 40	h) –27 + 13 = –14	

→TB Trainingsblatt: Umgang mit dem Geodreieck – Mikadostapel; Kopiervorlage S. 153
Als Lösungsbuchstabe ergibt sich ein Y.

3 Abstände

i Alle dynamischen Geometrieprogramme bieten die Abstandsmessung zwischen Objekten an. Besonders für das a priori nicht-eindeutige Problem des Punkt-Geraden-Abstands eignet sich ein dynamisches Modell, bei dem die Entfernung Punkt – beliebiger Geradenpunkt ermittelt werden kann.

→ Daumenkino: Abstand Punkt – Gerade

S. 71 **1** a) Individuelle Lösung
b) Es ist der Punkt der Bahnstrecke, der auf der Senkrechten zur Bahnstrecke durch den Berghof liegt.

→ DGS-Datei downloadbar im Internet

2 Man zeichnet eine senkrechte Gerade zu den beiden parallelen Geraden und misst den Abstand der beiden Schnittpunkte.

S. 72 **3** a) $\overline{PW} = 2{,}3\,cm$; $\overline{QW} = 1{,}4\,cm$
b) W bis a: 0,9 cm; W bis b: 1,4 cm; W bis c: 1 cm
c) 2,3 cm

4 a) Die Punkte liegen auf einer Parallelen in der Mitte der beiden parallelen Geraden, der sogenannten Mittelparallelen.
b) Die Punkte liegen auf dem sogenannten Parallelenpaar im Abstand 2 cm zur Geraden g.

5 Individuelle Lösungen
Es wird unliniertes Papier benötigt.

6 Mindestlänge: 52 m

7 a) 48 km b) Warnemünde–Gedser: 19 km ; Travemünde–Helsinki: 15 km

i Das Thema Maßstab findet sich explizit in Lerneinheit VII. 4.

8 a) Es gibt 4 Punkte .

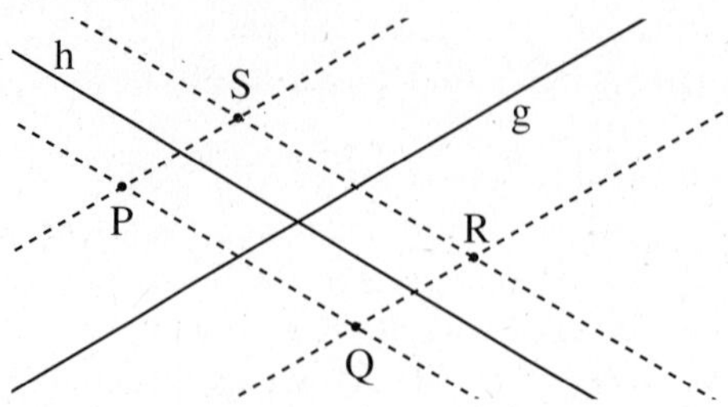

b)

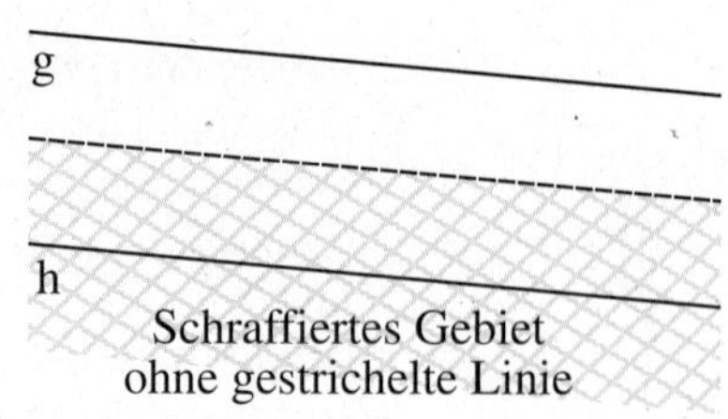

9 5, 10, 20, 25, 50, 100

10 a) 25 b) 25 c) –10 d) 42 e) 1 f) 3

11 Ein Rechteck ist ein Viereck mit vier gleich großen Winkeln.
Ein Quadrat ist ein Viereck mit vier gleich großen Winkeln und Seiten.
Ein Quadrat ist ein Rechteck mit vier gleich großen Seiten.

4 Sich schneidende Parallelenpaare – Parallelogramme

S. 73

1 a) Die Schnittkante verläuft parallel zu der Kante, die an der Schiene entlang geführt wird. Das Brett hat also eine feste Breite.
b) Es entsteht ein Parallelogramm. Wird die Schiene parallel verschoben, so ändert sich die eine Seitenlänge des Parallelogramms.

i Eine mögliche Frage für das Unterrichtsgespräch oder eine Diskussion könnte lauten, wie sich das Brett ändert, wenn die Kanten nicht aufeinander senkrecht stehen. Als Medien bieten sich transparente Farbstreifen auf einem Overheadprojektor an..

S. 74

2 Die gegenüberliegenden Seiten des Vierecks sind parallel und haben die gleiche Länge. Da jedes Gleis dieselbe Breite besitzt, entsteht ein Parallelogramm mit vier gleich großen Seiten, also eine Raute.

3 a) individuelle Lösung
Alle möglichen Parallelogramme sind zueinander kongruent.

b)

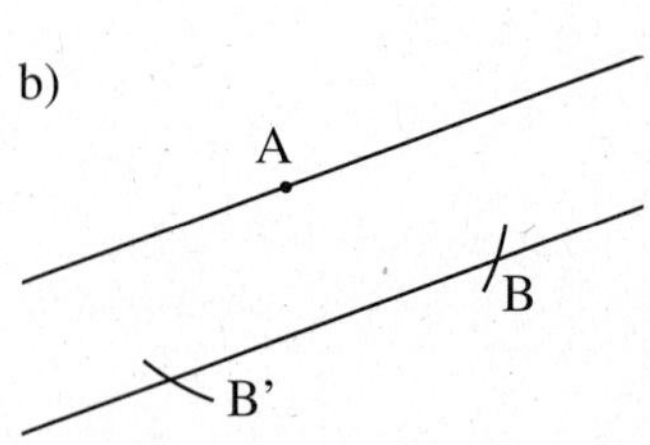

c) zum Beispiel:

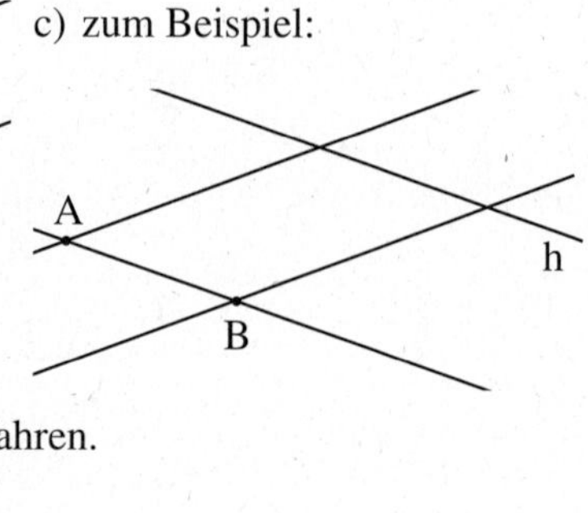

d) 15 cm

i Ein wichtiges didaktisches Ziel ist es,
die Nichteindeutigkeit in den Teilaufgaben b) und c) zu erfahren.

4 a) Im Heft hat das Rechteck die Maße 8 cm und 2,5 cm.
b) 210 m
c) Etwa 84 m

5 Rauten: Die vier Seiten sind gleich lang,
die Diagonalen sind zueinander senkrecht,
die Diagonalen halbieren sich.
Rechtecke: Benachbarte Seiten sind zueinander senkrecht,
die Diagonalen sind gleich lang,
die Diagonalen halbieren sich.
Parallelogramme: die Diagonalen halbieren sich.

6 Individuelle Lösungen
Es wird unliniertes Papier benötigt.

7 D(0|4)

8 Benötigt werden ein Papp-Quadrat, eine starke Lichtquelle, ggf. Abdunklung
Fallen alle Lichtstrahlen senkrecht auf das Quadrat, so entsteht als Schattenbild ein Quadrat.
Dreht man das Quadrat um eine Seite, so entsteht bei weit entfernter Lichtquelle ein Rechteck, bei geringerem Abstand zur Lichtquelle ein Trapez.
Dreht man das Quadrat beliebig um einen Punkt, so entsteht bei weit entfernter Lichtquelle ein Parallelogramm, bei geringerem Abstand zur Lichtquelle ein beliebiges Viereck.
Dreht man das Quadrat um eine Diagonale, so entsteht bei weit entfernter Lichtquelle eine Raute, bei geringerem Abstand zur Lichtquelle ein Drachen.

9 a) P(3|1), N(5|1); A(5|2); H(6|5); S(7|4) b) T(1|3)
c) (8|4); (9|4); (9|5); (8|5) d) Lindau

10 330 (4370; 0)

5 Kreise

i Neben den kognitiven Lerninhalten geht es in dieser Lerneinheit um das Vertrautwerden mit dem Zirkel als Werkzeug.

S. 75

1 Es liegt keine optische Täuschung vor; es sind Kreislinien. Man legt den Nullpunkt des Geodreiecks in den Kreismittelpunkt und dreht das Geodreieck um diesen Punkt.
Man kann aber auch einfach den Zirkel zum Überprüfen verwenden.

2 Der Platzwart schlägt einen Pflock in die Mitte des Feldes und bindet den Wagen mit einer Schnur an diesen Pflock. Beim Fahren muss er darauf achten, dass die Schnur immer straff gespannt ist.
\+ Finde heraus, wann ein Volleyball oder ein Fußball im Aus ist!

S. 76

3 Individuelle Lösung

4 Individuelle Lösung

5

S. 77

6 a) Innerhalb des Kreises liegt der Punkt B, A liegt auf der Kreislinie und die Punkte C und D liegen außerhalb des Kreises.
b) individuelle Lösungen (auf der Kreislinie liegt z. B. ungefähr $P(1|-3{,}6)$ oder $Q(2|-3{,}9)$).

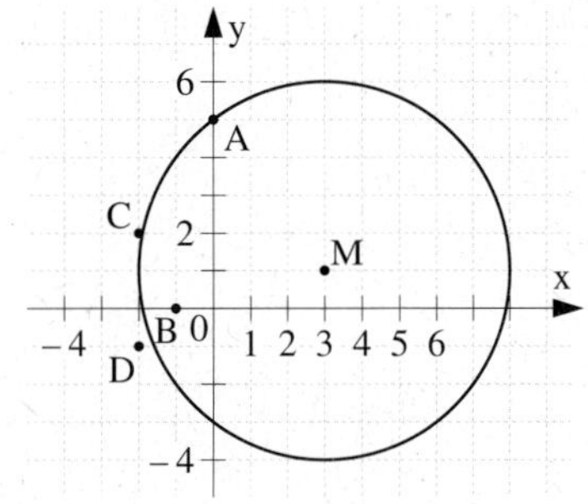

7 P und Q sind die Schnittpunkte der Kreise um A mit Radius 5 cm und um B mit Radius 4 cm. P liegt annähernd auf der y-Achse, Q liegt im 4. Quadranten. $P(0|1{,}6)$; $Q(2{,}9|-1{,}8)$

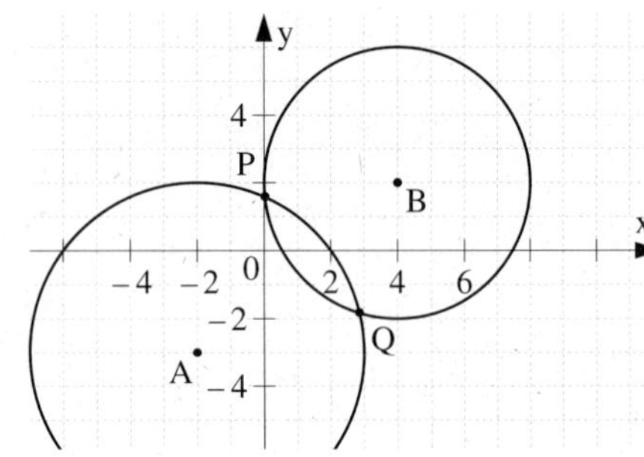

8

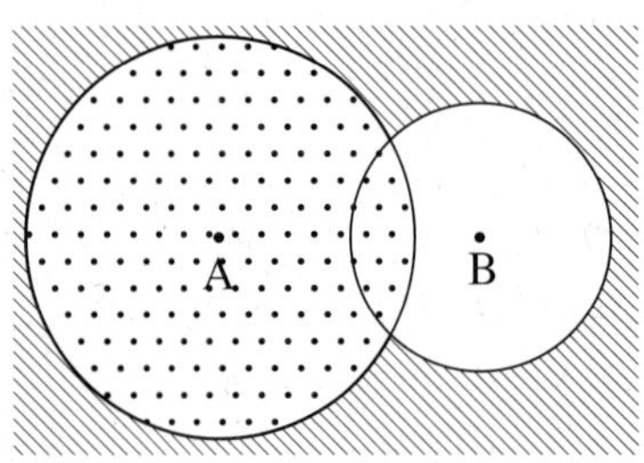

a) Fette Linie ohne Endpunkte
b) Punktierter Bereich ohne Ränder
c) Schraffierter Bereich ohne Ränder

9 2 cm

10 Individuelle Lösungen

11 Man zeichnet einen Kreis mit dem Durchmesser 10 cm und zeichnet den Durchmesser ein. Dann zeichnet man im Abstand von 2,5 cm vom Mittelpunkt eine senkrechte Gerade zum Durchmesser. Der Kreis schneidet aus dieser Geraden eine Strecke heraus, die den Durchmesser des gesuchten Breitenkreises darstellt. Der Radius ergibt sich zu etwa 4,3 cm.

12 a)

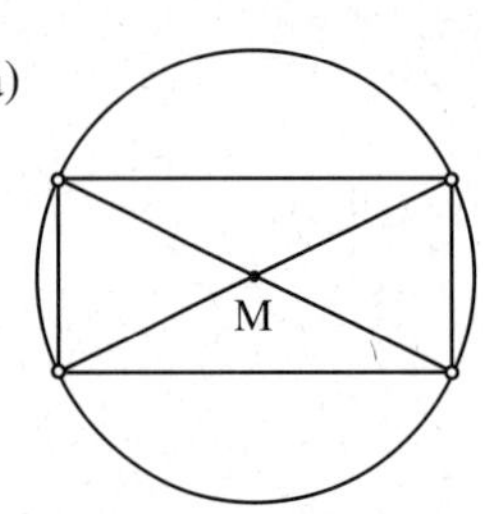

b)

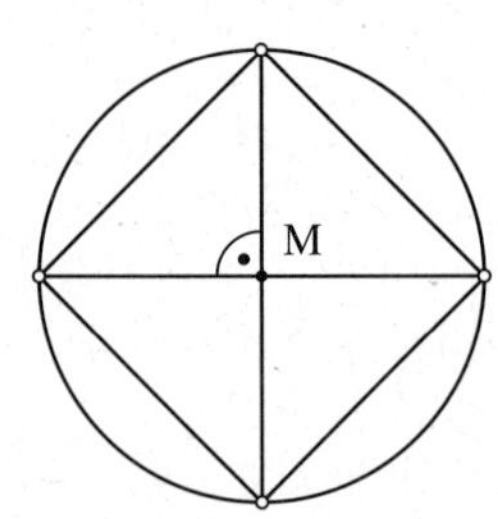

c) Man erhält ein Rechteck, indem man im Kreis zwei Durchmesser einzeichnet, die nicht aufeinander senkrecht stehen. Die Schnittpunkte mit dem Kreis ergeben das gesuchte Rechteck. Stehen die beiden Durchmesser aufeinander senkrecht, so erhält man ein Quadrat.

13 Der Sack bewegt sich nach oben.
Die Aufgabe ist zu lösen, wenn man die Figur abzeichnet und dann die Drehrichtungen mit Pfeilen einträgt.
Das mittlere Rad dreht sich mit der aufgesetzten Scheibe nach links. Da das zweite Band von oben nach unten ansetzt, ändert sich die Drehrichtung und die rechte Drehscheibe dreht sich nach rechts. Dabei rollt sich das Band des Lastsackes auf und der Sack bewegt sich nach oben.

14 900/1000/900/900

15 a) 48 b) –48 c) 48 d) –116 e) 52 f) –52

→TB Trainingsblatt: Umgang mit dem Zirkel; Kopiervorlage S. 154 f.
Das Trainingsblatt bietet weitere Übungen zum Umgang mit dem Zirkel.

→AB Mandala; Kopiervorlage S. 156

6 Winkel

A **Alternative zum Einstieg:** Fotos von Dreiecken zur Projektion mit Beamer downloadbar im Internetauftritt, geeignet für Winkelmessung an der Tafel

S. 78 **1** Zwischen 0 und 100 km/h

2 Die kleinere Schere hat den größeren Öffnungswinkel. Die Winkel zweier Scheren können durch Übereinanderlegen der Scheren verglichen werden. Die Länge der Schneidflächen hat keine Bedeutung für die Öffnung der Scheren.

3 Der Vogel hat sein Maul weiter aufgerissen. Würde man den Schnabel des Vogels auf die Größe des Krokodilmauls verlängern, könnte man die größere Aufweitung des Vogelschnabels deutlich erkennen.

S. 80 **4** a) 32°; 130°; 151°; 79° b) 360°

5 $\alpha = 61°$; $\beta = 91°$; $\gamma = 69°$; $\delta = 138°$

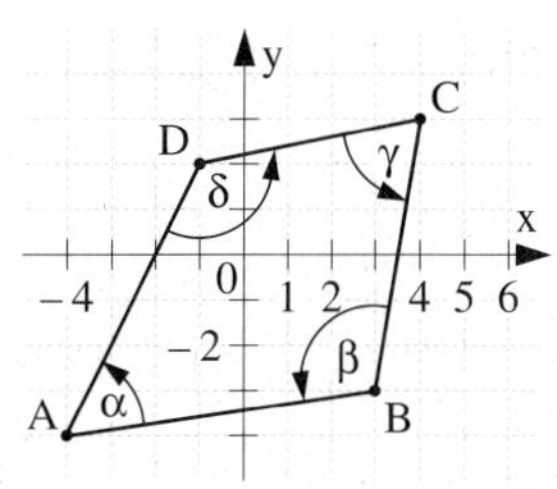

6 Individuelle Lösungen

7 Die Dachneigungen der drei Häuser mit sichtbarem Giebel betragen von links nach rechts etwa 55°, 60° bzw. 65°.

8 a) 45° b) 36° c) 30° d) 20°

9 Individuelle Lösungen

+ Spiel: Winkelschätzen.
Wer einen ohne Geodreieck gezeichneten Winkel präziser schätzt, bekommt einen Punkt. Dieses Spiel schult zum einen das Größengespür für Winkel und nebenbei auch das Kopfrechnen, bei der Entscheidung, wer besser geschätzt hat.

10 Individuelle Lösungen

11 Es gibt drei verschieden große Winkel: 36°, 72°, 108°

Das Pentagramm war das Geheimzeichen der Pythagoreer (Pythagoras * ~ 569 v. Chr. † ~ 475 v. Chr.).

12 Einer maßstabsgetreuen Skizze entnimmt man, dass der Treffwinkel ungefähr 37° beträgt.

S. 81

13 Quellen: Atlas, Globus, evtl. auch Internetrecherche
a) (1) z.B. München (11,5°ö|48,1°n), Berchtesgaden (13°ö|47,6°n), Aschaffenburg (9,2°ö|50°n)
(2) Rom (+12,5°|+42°) (3) Kapstadt (+18°|−34°)
(4) New York (−74°|+40,5°) (5) Rio de Janeiro (−22,5°|−43°)
(6) Tokio (+139,5°|+35,5°) (7) Sidney (+151°|−34°)
b) Lösung wie Aufgabe 11 auf *S. 77*. Die geografische Breite ergibt sich zu 30°.

14 Einer maßstabsgetreuen Skizze entnimmt man einen Radius von ungefähr 8 cm.

15 Quellen: Atlas, Globus, evtl. auch Internetrecherche
In Bayern ist der Weg zum Nordpol näher. Er beträgt zwischen 40° (Aschaffenburg) und 42,4° (Berchtesgaden).

16 a) 360° (180°; 120°; 6°; 24°) b) 360° (120°; 15°; 1°; 50°)

17 a) 180° b) 120° c) 30° d) 135° e) 15° f) 40°

18 a) Der Storch fliegt 20 000 km.
b) Vorteil: Man hat sofort einen Größenvergleich.
Nachteil: Es sind nur gerundete Werte ablesbar.

→TB Trainingsblatt: Umgang mit dem Geodreieck – Sternenhimmel; Kopiervorlage S. 157 f.
Das Trainingsblatt bietet weitere Übungen zum Umgang mit dem Geodreieck.

→AB Arbeitsblatt: Schatzkarte; Kopiervorlage S. 151 f.

7 Achsensymmetrie

Die Achsensymmetrie ist aus der Grundschule bereits bekannt.

A **Alternative zum Einstieg:** Neben den angebotenen Aufgaben kann man die Symmetrie auch sehr schön an Stationen erfahrbar machen. So können zum Beispiel die Stationen „Farbklecks“ (Wasserfarben), „Spiegelbild-Pantomime“ (zwei Personen sind abwechselnd Spiegelbild der anderen), „Malen über den Spiegel“ (man sieht seine eigene Arbeitsfläche nur über einen Spiegel), „Spiegeln von Fotos am PC“ oder ähnlich aussehen.

S. 82

1 Beim Wappen und bei den beiden Strecken im Karomuster kann man je eine Symmetrieachse einzeichnen. Der Scherenschnitt hat vier Symmetrieachsen, für das Parallelogramm findet man keine Symmetrieachse.

2 Bevor das Vervollständigen symmetrischer Figuren mit dem Geodreieck erläutert wird, sollte man mit den Schülern alternative Möglichkeiten diskutieren. Möglich sind die Verwendung von Pauspapier oder das Durchstechen entsprechender Punkte mit dem Zirkel.

S. 83

3 a) 1; 2; 4; 8
b) Individuelle Lösungen; Schere, Papier

4 a) Lage der Symmetrieachsen:
Dänemark: waagerecht
Frankreich: (unter Beachtung der Farben nur) waagerecht
Niederlande: (unter Beachtung der Farben nur) lotrecht
Schottland: lot- und waagerecht
Japan: lot- und waagerecht
Kanada: lotrecht
b) individuelle Lösungen

5 Schere, Papier
a) zwei Symmetrieachsen; Raute
b) vier Symmetrieachsen.
Wenn genau senkrecht zur Kante geschnitten wird, entsteht ein Quadrat.

6 a) 4 (4; 16) Möglichkeiten
b) z. B.

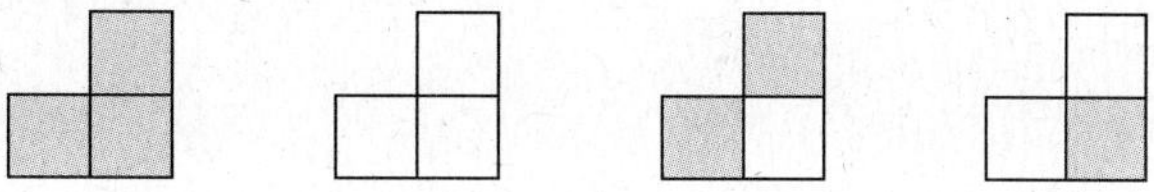

c) nur die mittlere Figur.

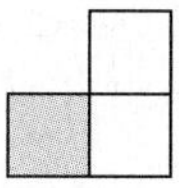

7

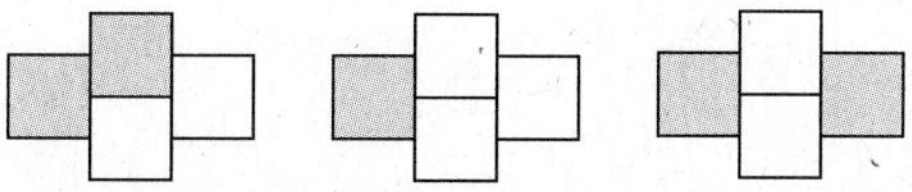

8 0.00 Uhr; 6.00 Uhr; 12.00 Uhr, 18.00 Uhr (24.00 Uhr)
Die Verwendung einer Analoguhr zur Erläuterung erscheint angebracht.

S. 84

9 a) HEIKO b) B, C, D, E, H, I, K, O, X
c) mit waagrechter Symmetrieachse
z. B. BOX; DIEB; HEIDI; BODO; DEICH; HOCKE; BOCK; DECKE

Spiegel

10 a) A'(1|–4); B'(–1|–5); C'(–3|–4); D'(1|–1) b) A'(–2|2); B'(0|4); C'(1|3); D'(1|–4)

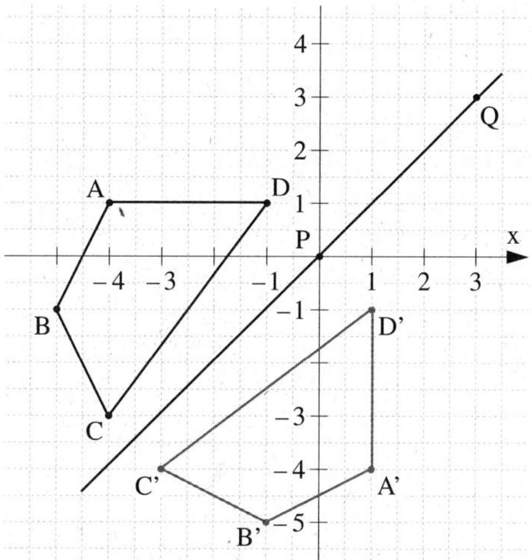

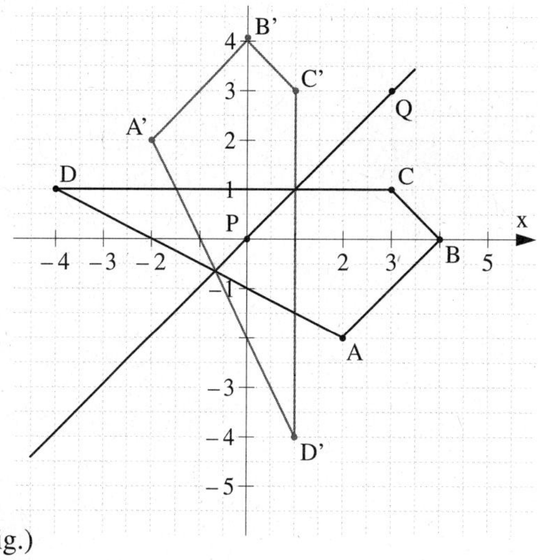

11 a) b) gestreifter Bereich (siehe Fig.)

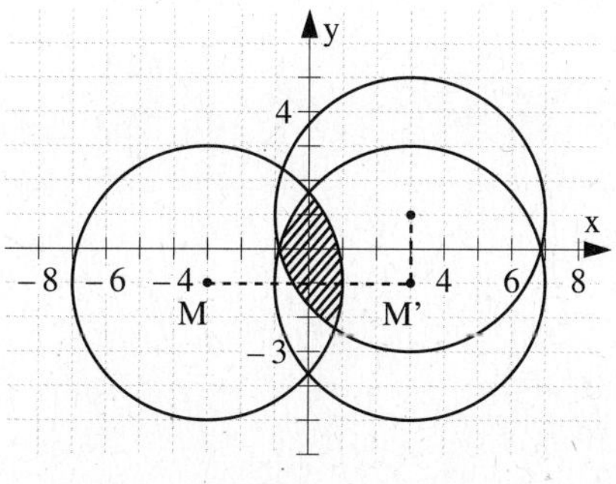

12 Schnittpunkte (0|4) bzw. (–2|0)

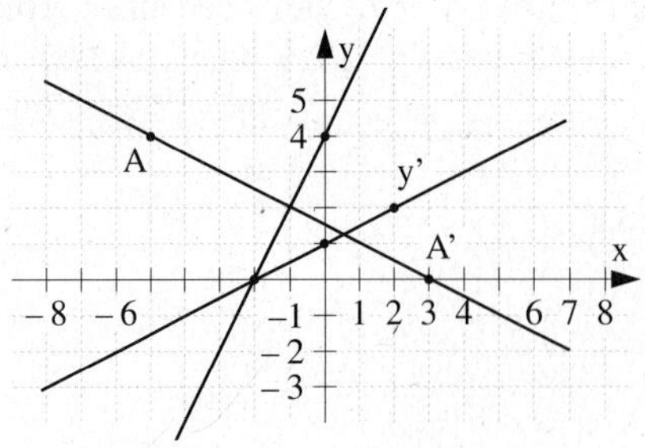

13 Jede Zahl wird auf ihre Gegenzahl gespiegelt.
Die Abstände vor und nach der Spiegelung bleiben also gleich.

14 Vier Symmetrieebenen

15 a) 2 Symmetrieebenen
b) 3 Symmetrieebenen
(Lässt man jedoch zu, dass die Ebenen auch Würfel teilen dürfen, so gibt es noch 6 weitere Symmetrieebenen.)
c) 1 Symmetrieebene
d) Hier gibt es nur eine Symmetrieebene, die auch Würfel teilt.

ggf. Holzwürfel verwenden.

16 a) 99 400   b) 1 000 499

17 a) (17 + 33) – (12 + 18) = 20   b) (21 + 29) – (45 + 15) = –10
c) (63 + 27) – (16 + 24 + 150) = –100   d) (28 + 72) – (97 + 103 + 39) = –139
f) (211 + 107 + 72) – (78 + 33 + 334) = –55

8 Netze geometrischer Körper

Interaktive Animation zur Entstehung von Körpernetzen downloadbar im Internetauftritt

Daumenkino: Netze von Quader und Pyramide downloadbar im Internetauftritt

S. 85 **1** a) quadratische Pyramide; dreiseitiges Prisma
b) individuelle Lösung

2 a) Die drei grün gefärbten „Sechslinge“ sind Würfelnetze.
b) individuelle Lösung

i Die Aufgabe ist insbesondere als Vorbereitung für Aufgabe 14 geeignet.

S. 86 **3** Individuelle Lösungen

4 6 cm lang und 6 cm breit

5 a) Individuelle Lösung   b)

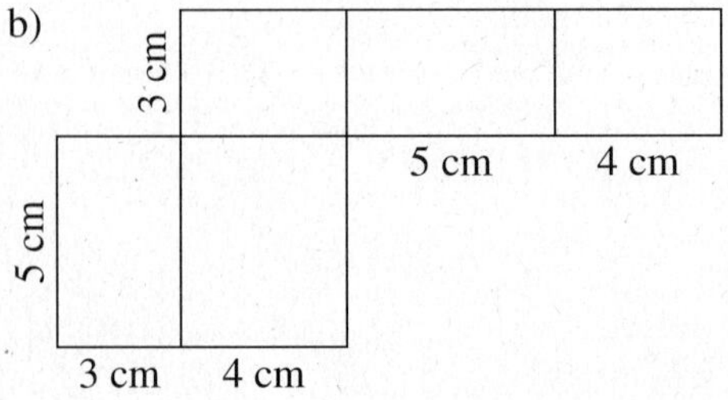

6 Kugel
Bei dieser Aufgabe soll der Schüler lernen, seine Gedanken schriftlich darzulegen. An vollständige Lösungen ist noch nicht gedacht. Die Erkenntnis, dass die Kugeloberfläche in jede Richtung gekrümmt ist, genügt. Z. B. lässt sich ein größeres Stück Orangenschale nicht plattdrücken, ohne dass es reißt.

7 a), b)

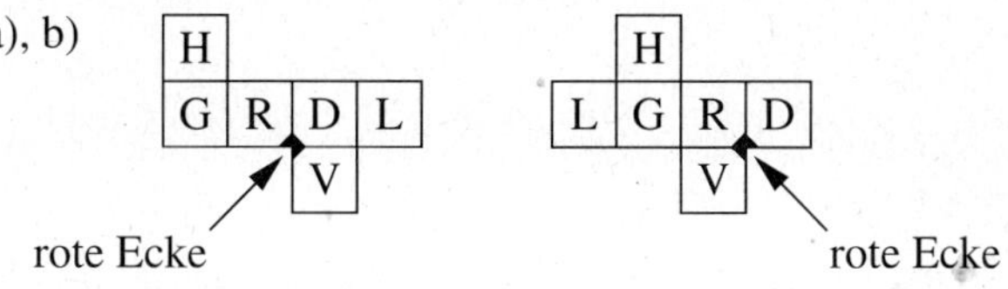

c) individuelle Lösungen

8

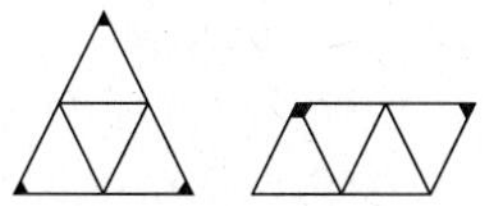

S. 87 **9** a)

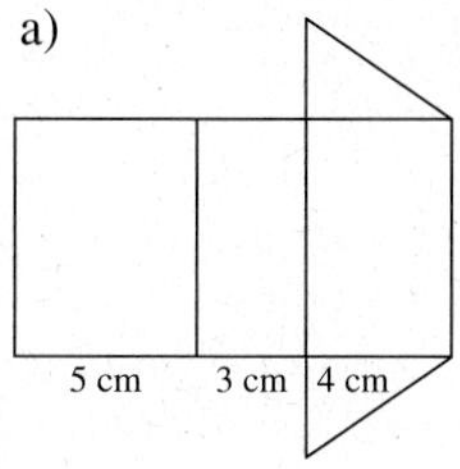

b)

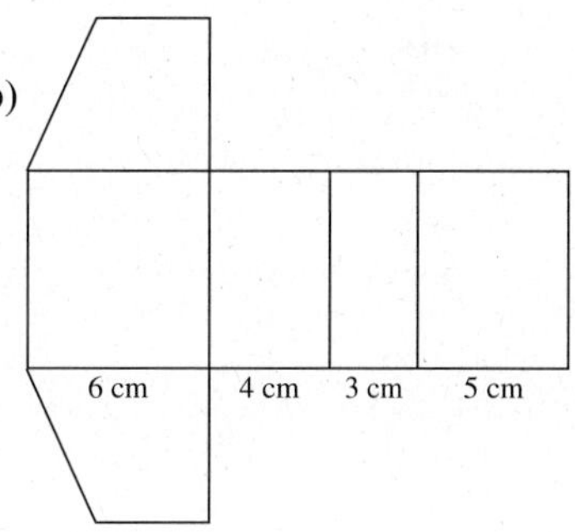

10 (1) und (3)

11 a) (links oben): $2 \cdot 32\,cm + 2 \cdot 24\,cm + 4 \cdot 16\,cm = 176\,cm$
(rechts oben): $4 \cdot 32\,cm + 4 \cdot 24\,cm + 4 \cdot 16\,cm = 288\,cm$
(links unten): $2 \cdot 32\,cm + 4 \cdot 24\,cm + 6 \cdot 16\,cm = 256\,cm$
rechts unten): $4 \cdot 32\,cm + 6 \cdot 24\,cm + 6 \cdot 16\,cm = 368\,cm$

b)

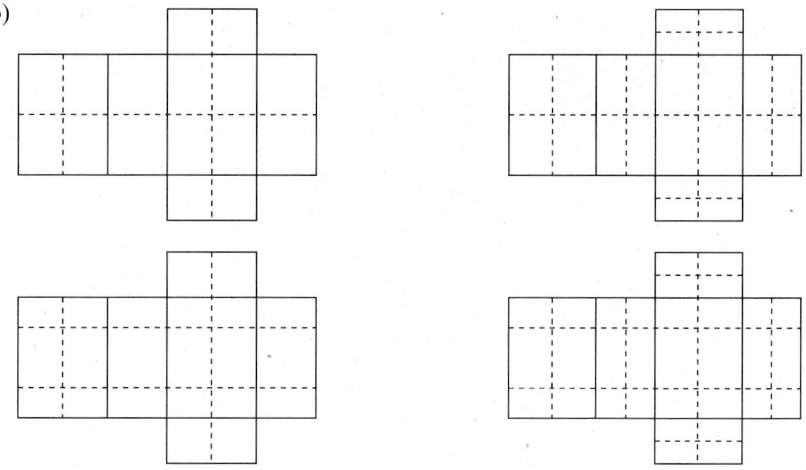

Maßstab verkleinert.

12 Die Höhe der Kegel wird (entsprechend der Anordnung im Schülerbuch) von links nach rechts kleiner.

→ Kegelnetze; Kopiervorlage S. 150

13 Die blaue Linie ist mit ca. 25,3 cm weniger als doppelt so lang wie die rote Linie mit ca. 14,4 cm.

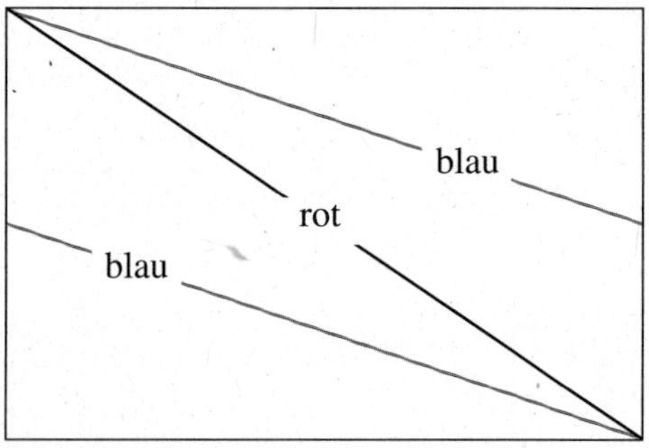

Maßstab verkleinert.

14 Die Aufgabe ist insofern offen, als es hier keinen Lösungsalgorithmus gibt. Aspekte kombinatorischer Geometrie fließen ein. Unter der Vereinbarung, dass zwei Netze als gleich gelten, wenn sie durch Drehen oder Umklappen zur Deckung gebracht werden können, gibt es 11 verschiedene Netze.

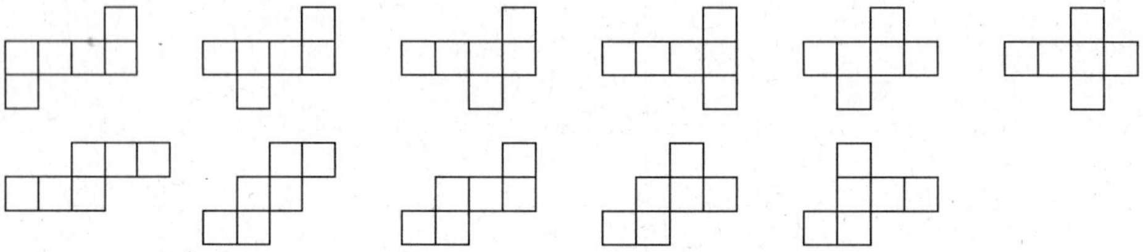

15 a) C(1|2)
b) Durch Messen ermittelt man den gesuchten Punkt auf der Strecke AB so, dass die Strecke im Verhältnis 2:1 geteilt wird.

16 a) Überschlag: 1200 – [2300 – (750 – 480)] = –830
b) Überschlag: 61 000 – (6000 + 4000 + 3000) = 48 000
c) Überschlag: 100 – (400 + 300 + 1100) = –1700

9 Schrägbilder

i Ein möglicher Diskussionspunkt im Unterrichtsgespräch könnte die Frage sein, ob eines der Schrägbilder (wie sie z. B. im *Schülerbuch S. 88 Beispiel 1* abgebildet sind) das „bessere", weil realistischere darstellt. Die Gleichwertigkeit der Schrägbilder zu erkennen, ist eines der Lernziele dieser Einheit.

Alternativen zum Einstieg

A1 Fotoserie zur Entstehung von Würfel- und Quaderschrägbild downloadbar im Internetauftritt

A2 Interaktive Animation zur Entstehung von Schrägbildern downloadbar im Internetauftritt

A3 Interaktive Animation zur Konstruktion von Schrägbildern downloadbar im Internetauftritt

S. 88 **1** a) Nur die Vorderfläche und die Hinterfläche haben die gleiche Form wie in Wirklichkeit.
b) eine Vorderkante und eine Seitenkante
c) nein

S. 89 **2**

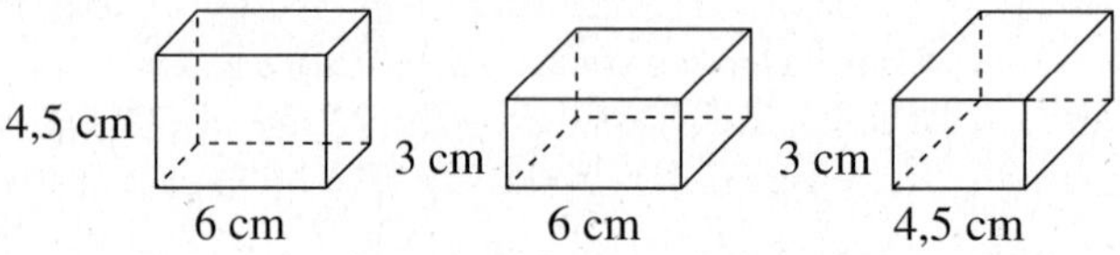

3 Eine Streichholzschachtel ist etwa 5 cm lang, 3,5 cm breit und 1 cm hoch.(Siehe Fig. 9.2)

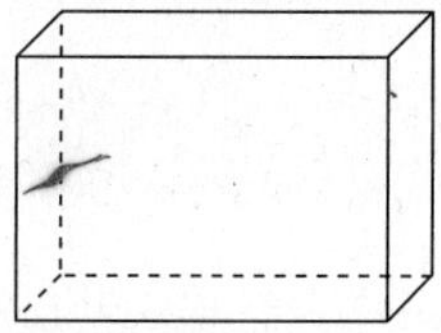

4

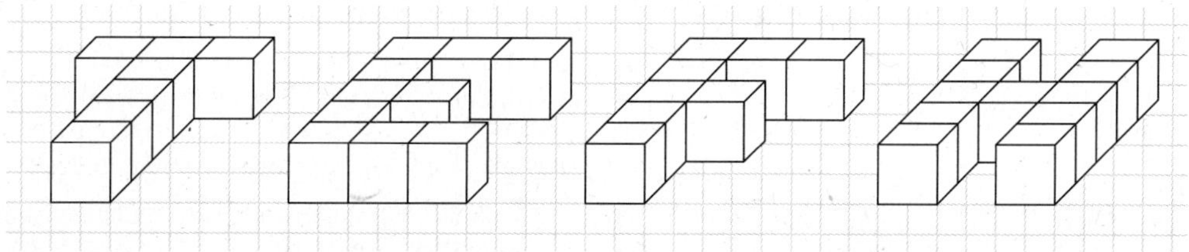

5 a) im Schrägbild: Parallelogramm
In Wirklichkeit: ein Rechteck mit den Seitenlängen 2,5 cm und 3,5 cm (gerundet)
b) die halbe Diagonale, also 1,8 cm (gerundet)

6 Der Körper hat 12 Kanten und 8 Seitenflächen.
Quadratische Doppelpyramide.

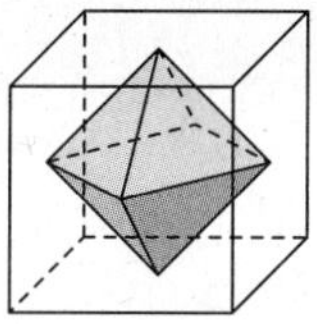

7

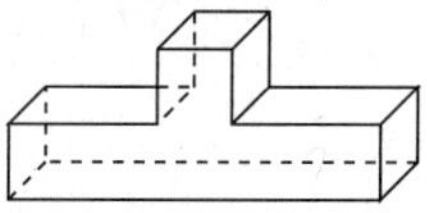

8 a) [– 57 – 103] – [43 + (–71)] = –132
b) – (–82 – 103] + [–46 – (–21)] = 160

→AB Arbeitsblatt: Körper aus Würfeln; Kopiervorlage S. 159 f.

→AB Punkteraster zum Zeichnen von Schrägbildern; Kopiervorlage S. 161

→AB Arbeitsblätter: Quaderansichten I und II; Kopiervorlage S. 146 ff.

Thema: Die platonischen Körper

Platon * 427 v. Chr † 347 v. Chr.

S. 90 **1** a), b), c)

Tetraeder:	4 Seitenflächen, gleichseitige Dreiecke, 3 Flächen
Würfel:	6 Seitenflächen, Quadrate, 3 Flächen
Oktaeder:	8 Seitenflächen, gleichseitige Dreiecke, 4 Flächen
Dodekaeder:	12 Seitenflächen, gleichseitige Fünfecke, 3 Flächen
Ikosaeder:	20 Seitenflächen, gleichseitige Dreiecke, 5 Flächen

2 individuelle Lösungen

Karton, Schere, Klebstoff

S. 91 **3** a) Mit fünf Dreiecken lässt sich eine Ecke eines Ikosaeders falten.
b) Mit vier (drei) Dreiecken lässt sich eine Ecke eines Oktaeders (Tetraeders) falten.

4 Mit drei Vierecken (Fünfecken) lässt sich eine Ecke eines Würfels (Dodekaeders) falten, mit drei Sechsecken lässt sich dagegen kein räumlicher Körper falten.
So lässt sich die Existenz von nur fünf platonischen Körpern erklären.
In jeder Ecke stoßen gleich große Winkel zusammen. Damit eine räumliche Ecke entsteht, muss es sich um mindestens 3 Winkel handeln, und sie müssen zusammen kleiner sein als 360°, da man sonst keine Faltung zustande bringt. Beachtet man nun, dass ein Innenwinkel beim gleichseitigen Dreieck 60°, beim Quadrat 90°, beim gleichseitigen Fünfeck 108°, beim gleichseitigen Sechseck 120° beträgt, so folgt: In einer Ecke können nur zusammentreffen:
3 Dreiecke (Tetraeder) oder 4 Dreiecke (Oktaeder) oder 5 Dreiecke (Ikosaeder)
oder 3 Vierecke (Würfel) oder 3 Fünfecke (Dodekaeder).

Thema: Würfelanordnungen

S. 92 **1**

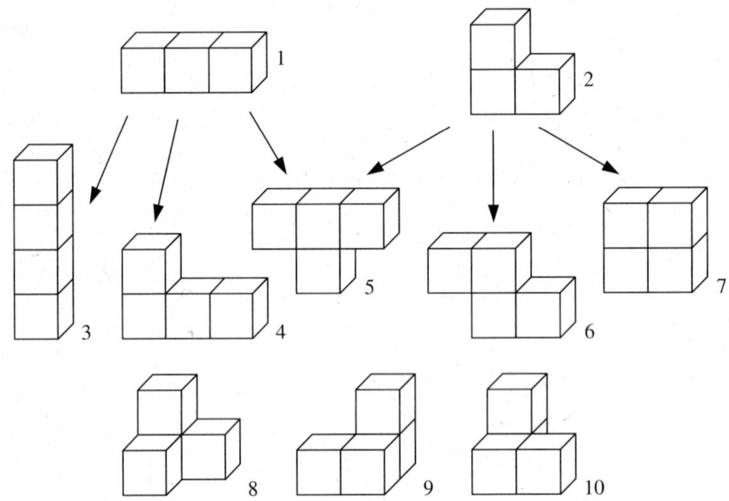

Zum Knobeln
Es sind die oben mit 2, 4, 5, 6, 8, 9 und 10 bezeichneten Teile zu verwenden.
Die Lösung bis auf den noch fehlenden Vierling 5 sieht so aus:

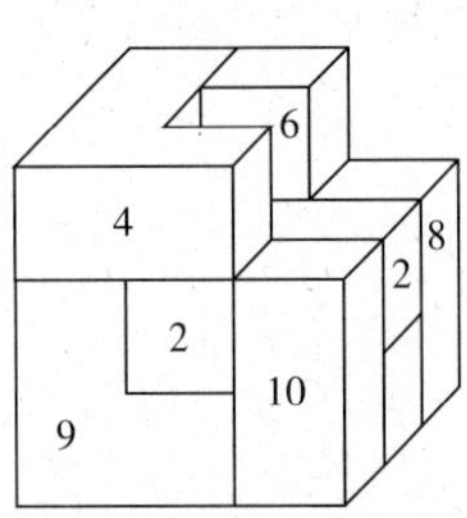

Holzwürfel in größerer Anzahl, Holzleim oder Steckverbindungen

2 a) (1) b) (3) c) (3) d) (1) e) (2) f) (2)

3 – um eine lotrechte Achse
– um eine waagerechte, quer liegende Achse
– um eine waagerecht liegende, in die Tiefe zeigende Achse
jeweils um eine „Vierteldrehung"

Thema: Das Geheimnis der Billardkugel

S. 93

1 Individuelle Lösung

2

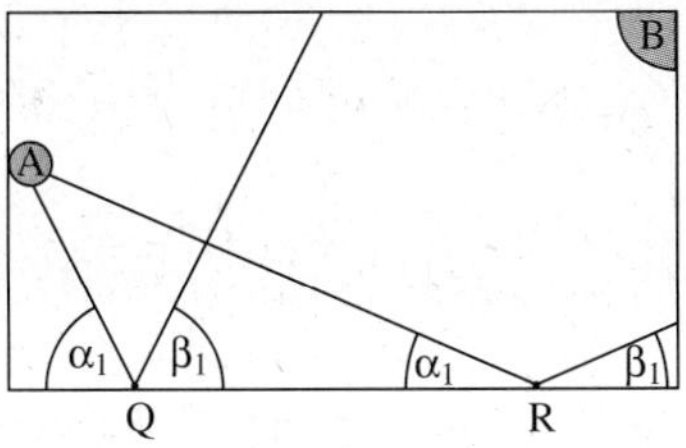

3 a) Auftreffwinkel und Abstoßwinkel müssten gleich groß sein. In diesem Fall würden AS und SB' eine einzige Gerade bilden.
P findet man also als Schnittpunkt der unteren Bande mit der Geraden AB'.
b) Die Länge des Weges von A über P nach B ist der kürzest mögliche Weg von A über die Bande nach B.

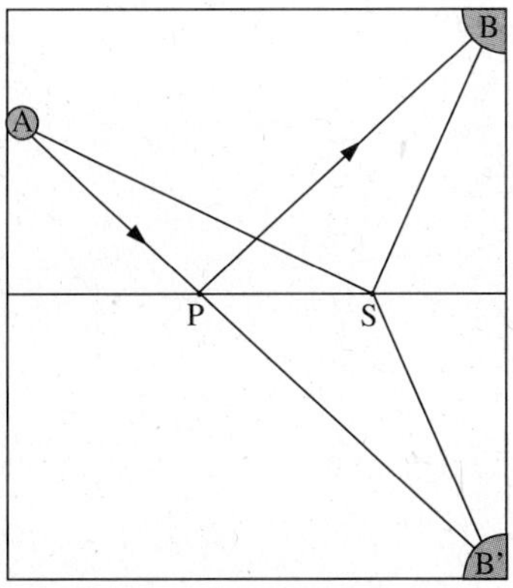

\+ Wenn man die Erdkugel (siehe z. B. im *Schülerbuch* auf *S. 76*) auf die Größe einer Billardkugel schrumpfen lassen würde – was wäre wohl glatter? Die erstaunliche Antwort: Auch bei unbespielten Kugeln und „optimaler" Produktion – es ist die Erde!

V Multiplikation und Division natürlicher Zahlen

1 Multiplizieren und Dividieren

Historisches zu den Fachausdrücken Multiplikation und Division; Kopiervorlage S. 162

S. 96

1 a) 60 cm + 3 · 50 cm = 210 cm b) 210 cm : 70 cm = 3

S. 97

2 a) 4 · 6 + 3 · 7 = 45 b) 4 · 12 + 2 · 15 = 78
c) 4 · 5 + 3 · 8 + 2 · 7 = 58 d) 4 · 4 + 3 · 3 + 2 · 6 + 8 = 45

3 a) 48 b) 60 c) 90 d) 8 e) 240 f) 120
g) 170 h) 100 000 i) 16 000 k) 10 000 l) 3700 m) 3 410 000
n) 10 000 o) 123 000 p) 1 210 000

4

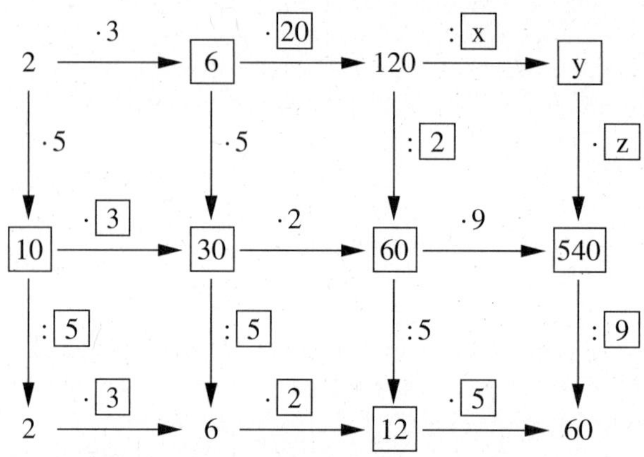

\+ Für die Platzhalter x, y und z ist die Belegung nicht eindeutig. Hier bietet es sich an, das systematische Finden aller Teiler einer Zahl (hier 120) zu besprechen. Es gibt aber nicht für jeden Teiler von 120 eine passende Belegung für z.
Folgende Zahlen sind möglich:

x	2	4	6	8	10	12	20	24	30	40	60	120
y	60	30	20	15	12	10	6	5	4	3	2	1
z	9	18	27	36	45	54	90	108	135	180	270	540

5 a) 36, 24, 18, 9, 8, 6, 2, 1
b) 42, 28, 14, 12, 7, 6, 4, 2
c) 51, 25 Rest 2, 20 Rest 2, 10 Rest 2, 5 Rest 2, 4 Rest 2, 2 Rest 2
d) 503 Rest 1, 251 Rest 3, 125 Rest 7, 8 Rest 7, 4 Rest 7, 2 Rest 7

6 6 · 6 · 3 Eier = 108 Eier

7 a) Der **Wert** wird verdoppelt (halbiert).
b) Der **Wert** wird vervierfacht (geviertelt).
c) Der **Wert** wird verneunfacht (vervierundsechzigfacht).
d) Der **Wert** wird versechsfacht.
e) Der **Wert** wird verdreifacht.

8 a) Der **Wert** wird verdoppelt (halbiert).
b) Der **Wert** wird halbiert (verdoppelt).
c) Der **Wert** ändert sich nicht (ändert sich nicht).
d) Der **Wert** wird verzwölffacht.
e) individuell.

S. 98

9 a) 5, 5, 16 b) 60, 40, 90 c) 70, 60, 90 d) 12 000, 400, 500

10 308 € : 28 = 11 €

11 a) 23 b) 51 c) 88 d) 429 e) 288 f) 144
g) 45 h) 2345

12 (960,62 € – 131,80 € – 8,20 €) : 6 = 136,77 €

13 a) T(18) = {1, 2, 3, 6, 9, 18}
b) T(54) = {1, 2, 3, 6, 9, 18, 27, 54}
c) T(72) = {1, 2, 3, 4, 6, 8, 9, 12, 18, 24, 36, 72}
d) T(120) = {1, 2, 3, 4, 5, 6, 8, 10, 12, 15, 20, 24, 30, 40, 60, 120}
e) V(12) = {12, 24, 36, 48, ...}
f) V(21) = {21, 42, 63, 84, ...}
g) V(36) = {36, 72 ,108, 144, ...}
h) V(125) = {125, 250, 375, 500, ...}

14 a) $7 \cdot 10 \cdot 20$ Flöhe = 1400 Flöhe. b) 1400 Flöhe : $(5 \cdot 7)$ = 40 Flöhe.

15 a) 8 b) 3 c) 5 d) 12 e) 3 f) 125
g) 9 h) 48 i) 9 k) 9

16 84 € bzw. 480 €

17 Geht man von natürlichen Zahlen aus, deren fünfter Teil wieder eine natürliche Zahl ist, so kommen als Lösung die Zahlen 5, 10, 15, 20, ... in Frage.

18 Herbert: 300 € : 6 = 50 €; Barbara: 50 € · 2 = 100 €; Hans: 50 € · 3 = 150 €.

19 a) 30 s brennt die Lampe, 15 s dauert eine Unterbrechung.
Beachte: Die Lampe brennt natürlich auch dann, wenn der Kontakt die grüne Fläche nur teilweise berührt.
b) 45 s brennt die Lampe, 15 s dauert eine Unterbrechung.

+ Warum ist die Angabe der Drehrichtung in diesen Fällen für die Aufgabenlösung überflüssig? (Regelmäßigkeit der Segmenteinteilung bzw. -färbung)

20 (86 € – 6 · 5 €) : 4 = 14 €. Die Erwachsenen zahlen für eine Fahrkarte 14 €, die Kinder 7 €.

21 **Anmerkung:** Hier ist nicht daran gedacht, Ziffern doppelt zu verwenden, sonst gibt es bei den Teilaufgaben c) und d) die (trivialen) Lösungen $7 \cdot 77$ bzw. $4 \cdot 44$.
a) $6 \cdot 45$ b) $6 \cdot 57$ c) $7 \cdot 65 = 455$ ($6 \cdot 75 = 450$ ist kleiner)
d) $4 \cdot 56 = 224$ ($5 \cdot 46 = 230$ ist größer)

S. 99

22 10er-Tische, da die Division von 49 durch 4, 6 und 8 jeweils den Rest 1 ergibt.
Das heißt, bei 4er-, 6er- bzw. 8er-Tischen würde der letzte Gast jeweils alleine an einem Tisch sitzen.

23 a) 18 600 € : 4 = 4650 € Jeder bekommt 4650 €.
b) 18 600 € : 5 = 3720 € Frau Roth bekommt 7440 €, jedes Kind 3720 €.
c) 18 600 € : 6 = 3100 € Frau Roth bekommt 9300 €, jedes Kind 3100 €.

24 17 000 ft = 5185 m; 31 000 ft = 9455 m

25 152 · 2 Liter = 304 Liter. 304 · 1,10 € = 334,40 €.

26 Die Aufgabe enthält elementare Kombinatorik.

a)

gn	ge	ge	rt	gn	rt
ge	gn	rt	ge	rt	gn
rt	rt	gn	gn	ge	ge
bl	bl	bl	bl	bl	bl

Hier könnten auch jeweils farbige Schrägbilder gezeichnet werden.

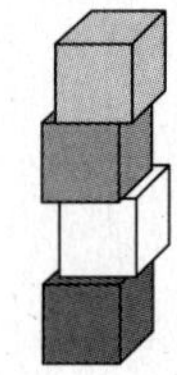

b) $4 \cdot 3 \cdot 2 \cdot 1 = 24$

27 a) 6 b) 720 c) 5040 d) 362 880 e) 3 628 800 f) 3
g) 10 h) 35 i) 28 k) 10
l) Offenbar beschreibt 4! genau die Anzahl der möglichen Anordnungen von 4 Objekten.

\+ Hier bietet es sich an, die Verallgemeinerung auf Objekte untersuchen zu lassen.

28 a) 638 Blätter : 58 = 11 Blätter b) $(11 \cdot 2)$ Seiten $\cdot\, 10 = 220$ Seiten

29 a) $14 \cdot 23 = 322$ oder $14 \cdot 28 = 392$ b) $17 \cdot 27 = 459$
c) $121 : 11 = 11$ d) $243 : 12 = 20$ Rest 3
e) individuell

30

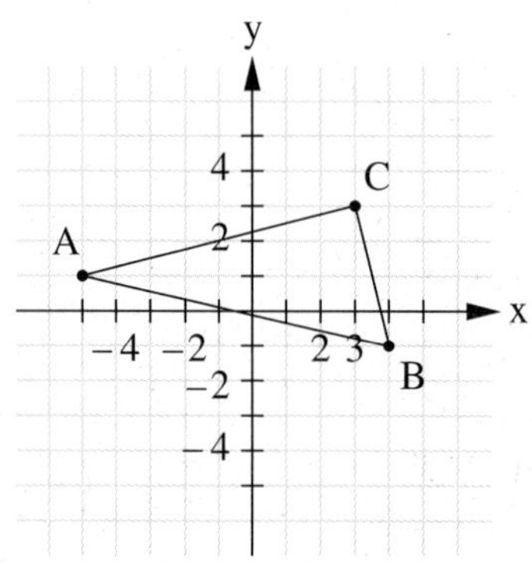

$\alpha = 26{,}6°$
$\beta = 63{,}4°$
$\gamma = 90{,}0°$

→ TB Trainingsblatt: Kreuzzahlrätsel: Multiplikation und Division natürlicher Zahlen; Kopiervorlage S. 163 f.

Spiel: Hau den Lukas; Kopiervorlage S. 165
Das Spiel kann zu zweit oder in der Kleingruppe gespielt werden.
(Spieldauer: beliebig)

Jede Gruppe benötigt ein Spielfeld, einen Dodekaederwürfel (mit den Zahlen 1 – 12) und für jeden Spieler 2 (oder mehrere) Spielfiguren.

\+ Zusatzfrage: In der Spirale sind nicht alle natürlichen Zahlen bis 156 verzeichnet. Warum? (Es genügen die Vielfachen bis 12 der Startzahlen.)

\+ Überprüfe, ob die Spirale die richtigen Zahlen enthält. (31, 67 und 102 sind überflüssig.)

\+ Die Dodekaederwürfel könnten auch selbst (mit Hilfe der Netze, im *Schülerbuch S. 91*) gebaut werden).

2 Rechnen mit Null und Eins

i Literaturtipp: Eine lesenswerte Fallstudie zum Zahlenverständnis insbesondere der Null bietet der Aufsatz von Dr. Lisa Hefendahl-Hebeker „Die Zahl Null im Bewusstsein von Schülern." (Quelle: JMD Journal für Mathematik-Didaktik 1/82, S. 45–65)

S. 100

1 $12317 \cdot 1 = 12317$
$6 \cdot 0 \cdot 328 = 0$ $(47 + 0) \cdot 1 = 47$
$37 : 1 = 37$
$0 : 212 = 0$
$(9 - 9) \cdot 13 = 0$

S. 101

2 a) 12345 b) 0 c) 542 d) 1 e) 1 f) 7
g) 4 h) –12

Anmerkung: Bei 2 g) gibt es noch die Lösungspaare (7, 1), (6, 2), (5, 3), (3, 5), (2, 6), (1, 7) und (0, 8), wenn man für die zwei Kästchen verschiedene Zahlen erlaubt.

3 Der erste, vierte und sechste Term kann nicht berechnet werden, weil der Divisor jeweils 0 ist.

4 a) 31 b) 180 c) 0 d) 0 e) 1

5 Der zweite und vierte Term sind nicht lösbar.

6 a) 0 b) 299 c) 345 oder –345 d) 100

Anmerkung: Bei 6 c) gibt es unendlich viele Lösungen, wenn man für die zwei Kästchen verschiedene Zahlen erlaubt.

7 a) – b) 45637 c) 0 d) – e) 0 f) –
g) 2335 h) 8352673 i) 0

8 511; 1000; 1; 0

9 a) 0 b) 12200 c) 12345 oder 12346 d) 7754 e) 3452
f) 43 g) 0 (Bemerkung: 10° wird im *Schülerbuch* auf *S. 14* eingeführt.)

10 b) $D_1\,(-3|3)$ bzw. $D_2\,(7|1)$

→ Wendekärtchen: Rechnen mit Null und Eins; Kopiervorlage S. 166f.
Die Kopien sind in der Mitte zu falten, zusammenzukleben (möglichst auch folieren) und zu zerschneiden.
Die Wendekärtchen zeigen auf der Rückseite die Lösung und eignen sich zur Freiarbeit der einzelnen Schüler.

3 Schriftliches Multiplizieren und Dividieren

S. 102

1 a) $4 \cdot 100 + 1 \cdot 10 + 1 \cdot 1 = 3 \cdot 100 + 11 \cdot 10 + 1 \cdot 1$
$= 3 \cdot 100 + 9 \cdot 10 + 21 \cdot 1$
b) Jede erhält $1 \cdot 100€ + 3 \cdot 10€ + 7 \cdot 1€ = 137€$
c) $3 \cdot 72€ = 216€ = 2 \cdot 100€ + 1 \cdot 10€ + 6 \cdot 1€$

S. 103

Randspalte: $987654312 : 8 = 123456789$
$364 : 7 = 52$. Trick: Drehe das Symbol „9" um 180°, so dass es zu einer „6" wird!

2 a) 3768, 9180, 12060, 18054, 270402
b) 76104, 119021, 338114, 3528266
c) 17758386, 23253300, 318681783
d) 31, 45 Rest 2, 108 Rest 2, 1242, 6860
e) 21, 71 Rest 2, 330, 908 Rest 2, 1460
f) 18 Rest 6, 31, 65 Rest 5, 571, 10450

3

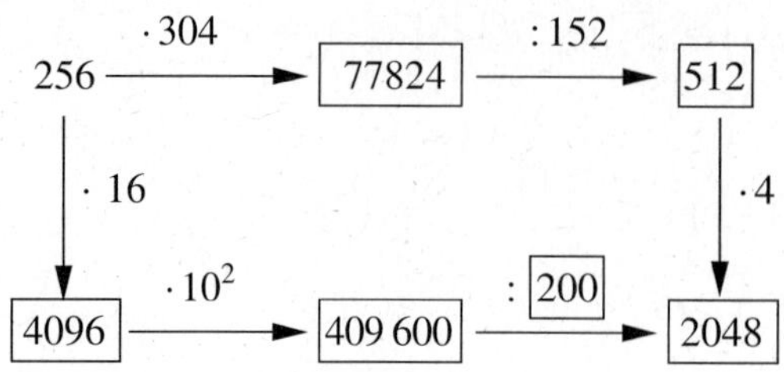

4

a) 6973	b) 69	c) 1302	d) –112	e) 40050	f) 117 R 49
g) 228760	h) 44 R 26	i) 403	k) 2619571	l) –58	m) 351
n) 55	o) 23 R 15	p) 8404200	q) 123	r) 20402000	s) 37873565

5 – Das Schreiben der Aufgabe in einer Kette ist mathematisch falsch, richtig $23 \cdot 71 = 1633$ $\quad 1633 \cdot 13 = 21229$.
– Die Zwischenergebnisse der zweiten Multiplikation stehen nicht richtig unter dem zweiten Faktor.

6

a) 3740	b) 34362	c) 72	d) 18879	e) 56	f) 75816
g) 204	h) 12397	i) –42			

7 a) $89 = \mathbf{8} \cdot 11 + \mathbf{1}$ b) $175 = 12 \cdot \mathbf{14} + \mathbf{7}$ c) $344 = \mathbf{114} \cdot 3 + \mathbf{2}$
d) $205 = 34 \cdot \mathbf{6} + \mathbf{1}$ e) $394 : \mathbf{30} = 13$ Rest **4** f) $534 : \mathbf{14} = 37$ Rest **16**

S. 104

8 a) $21 : 9 = 2$ Rest 3, also durchschnittlich 2 bis 3 Tore
b) individuell
Zeitung oder Internetausdruck mit entsprechenden Daten

9

	6	3	4	1	4
4	8	9	7		8
	9	8	6	5	4
6	5		1	5	8
9	7			6	0
6	2	5	8	6	

→ Kopiervorlage für das Kreuzzahlrätsel S. 168

Randspalte: 11, 1221, 123321, 12344321, 1234554321, 123456654321, 12345677654321, 1234567887654321, 123456789987654321, 12345678901 0987654321, ...

10

a) $323 \cdot 24$
646
1292
7752

b) $214 \cdot 304$
642
0
856
65 056

c) $412 \cdot 230$
824
1236
0
94 760

d) $210 \cdot 640$
1260
840
0
134 400

11

a) 56	b) 16	c) 22 Rest 1	d) 204	e) 44 Rest 75	f) 286
g) 3005	h) 789	i) 2431 Rest 5			

12 a) $3108 : 37 = 84$ b) $434 \cdot (837 : 27) = 13454$
c) $(4000 - 1504) \cdot 64 = 159744$ d) $(38 \cdot 49) : (65 + 68) = 14$

13 240 · 42 · 60 = 604 800

14 Er lebte (365 · 120 + 120 : 4 + 237) Tage = 44 067 Tage (Schaltjahre berücksichtigt).
Das macht 1 057 608 Stunden, also mehr als eine Million Stunden.

15 a) 8235 : 27 = 305

```
8235 : 27 = 305
81
 13
 00  ← die Null wurde vergessen
 135
 135 ← 27 passt fünfmal in 135
   0
```

b) 8924 : 46 = 194

```
8924 : 46 = 194
46
432
414
 184 ← Rest war falsch berechnet
 184
   0
```

16 a) 875 (3875; 45 625)
b) individuell

S. 105

Randspalte: Die Mutter hat 6 Kinder.

17 Für jede Kiste benötigt man: Dreikanthölzer: 4 · 25 cm = 1 m;
Holzlatten: 4 · (60 cm + 40 cm) = 4 m.
Vorhanden sind: 18 · 4 m = 72 m Dreikanthölzer;
57 · 5 m = 285 m Holzlatten.
Dreikantholz reicht für 72 Kisten; Holzlatten reichen für 71 Kisten.
Der Vorrat reicht für 71 Kisten.

18

→ Kopiervorlage für das Kreuzworträtsel S. 168

19

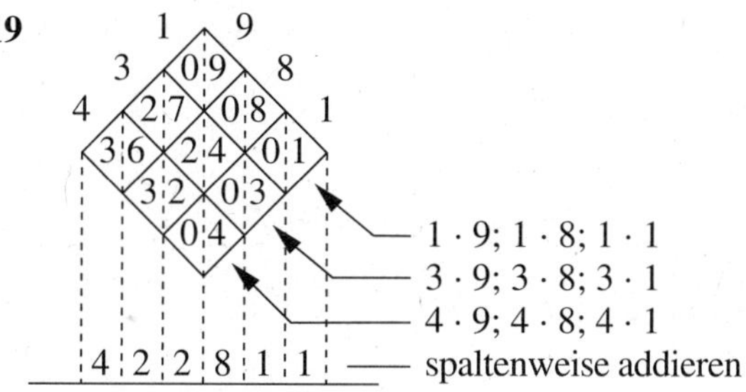

431 · 981 = 422 811
329 · 41 = 13 489
34 · 79 = 2686
666 · 666 = 443 556

Randspalte: 1, 121, 12321, 1234321, 123454321, 12345654321, 1234567654321, 123456787654321, 12345678987654321, 1234567890098765 4321, ...

20 a)

```
374 · 73
    2618
    1122
  27 302
```

b)

```
603 · 408
   24 120
     4824
  246 024
```

c)

```
6105 : 111 = 55
–555
  555
 –555
    0
```

d)

```
28 718 : 346 = 83
–2768
  1038
 –1038
     0
```

21 a) 4 b) 7 c) 6 d) 0 oder 5 e) 2 oder 7 f) 2 oder 8
g) 1 oder 6 h) 4 i) 2 oder 5 oder 8

22 $720\,g : (2 \cdot 3 + 2 \cdot 5) = 45\,g$
Eine Kiwi wiegt 45 kg, ein Apfel 135 kg, eine Orange 225 kg.

23 a) Die Zahlenfolge beschreibt die Primzahlen. Dazu gehören 29 und 31.
b) Die Zahlenfolge beschreibt die Zweierpotenzen. Dazu gehören 64 und 512.

24 b) $(3|0)$ und $(0|2)$
c) M' $(-2|-1)$

→ TB Trainingsblatt: Rechenmauern, -bäume und -netz; Multiplikation und Division natürlicher Zahlen; Kopiervorlage S. 169 f.

4 Verbindung der Grundrechenarten

→ @ **A** **Alternative zum Einstieg:** Aufgabe 19 (Prüfzifferberechnung bei Strichcodes) könnte die Verbindung der Grundrechenarten motivieren. Die Thematik eignet sich auch gut für ein kleineres Projekt.

S. 106

1
Schlange: z. B. $4 \cdot 6 + 3 = 27$
Schiff: z. B. $2 \cdot 9 + 5 + 3 + 1 = 27$
Sofa: z. B. $5 \cdot 5 + 2 = 27$
Schloss: z. B. $5 \cdot 5 - 1 + 3 = 27$
Turm: z. B. $7 \cdot 4 - 1 = 27$

2 Kai hat $8 + 12 = 20$ und dann $20 : 4 = 5$ gerechnet.
Eva hat $12 : 4 = 3$ und dann $8 + 3 = 11$ gerechnet.

S. 107

3 a) 3 b) 35 c) 96 d) 52 e) 19 f) −6
g) 84 h) −69 i) −14 k) 0 l) 74 m) −112

4 a) 48 b) 4 c) 21 d) −27 e) 401 920 f) 152 110
g) −17 h) 329 i) −12 k) −7

5 $8 \cdot (6 \cdot 10\,t + 7 \cdot 12\,t + 15 \cdot 15\,t) = 2952\,t$

6 a) 2 b) 18 c) 5 d) −4 e) 3 f) 6
g) −7 h) 4

S. 108

7
Goldquelle: $12 \cdot (0{,}30 + 0{,}15) + 1{,}50 = 6{,}90$
Silberquelle: $12 \cdot (0{,}25 + 0{,}15) + 1{,}50 = 6{,}30$

8
$5 + 3 \cdot 5 + 12 = 32$; $(5 + 3) \cdot 5 + 12 = 52$; $5 + 3 \cdot (5 + 12) = 56$.
$72 : 2 + 2 - 1 = 37$; $72 : (2 + 2) - 1 = 17$; $72 : (2 + 2 - 1) = 24$.
$2 \cdot 25 - 3 \cdot 5 = 35$; $(2 \cdot 25 - 3) \cdot 5 = 235$; $2 \cdot (25 - 3 \cdot 5) = 20$; $2 \cdot (25 - 3) \cdot 5 = 220$.
$5 \cdot 12 - 2 \cdot 3 + 15 = 69$; $(5 \cdot 12 - 2) \cdot 3 + 15 = 189$; $5 \cdot (12 - 2) \cdot 3 + 15 = 165$;
$5 \cdot (12 - 2 \cdot 3) + 15 = 45$; $5 \cdot (12 - 2 \cdot 3 + 15) = 105$; $5 \cdot 12 - (2 \cdot 3 + 15) = 39$;
$5 \cdot 12 - 2 \cdot (3 + 15) = 24$.
$2 \cdot 3 + 4 \cdot 6 = 30$; $(2 \cdot 3 + 4) \cdot 6 = 60$; $2 \cdot (3 + 4) \cdot 6 = 84$; $2 \cdot (3 + 4 \cdot 6) = 54$.
$80 - 2 \cdot 5 + 3 \cdot 5 = 85$; $(80 - 2) \cdot 5 + 3 \cdot 5 = 405$; $(80 - 2 \cdot 5 + 3) \cdot 5 = 365$;
$80 - (2 \cdot 5 + 3) \cdot 5 = 15$; $80 - (2 \cdot 5 + 3 \cdot 5) = 55$; $80 - 2 \cdot (5 + 3) \cdot 5 = 0$;
$80 - 2 \cdot (5 + 3 \cdot 5) = 40$.

9 $(11-8)\cdot 15\text{ km} + (18-11-3)\cdot 12\text{ km} = 93\text{ km}$

10 a) $(4-1)\cdot(2+1)=9$; $4-(1\cdot 2+1)=1$; $4-1\cdot(2+1)=1$.
b) $(3+3)\cdot 3-3=15$; $(3+3)\cdot(3-3)=0$.
c) $(5-3)\cdot(8+7)=30$; $5-3\cdot(8+7)=-40$.
d) $(7\cdot 8-2)\cdot 3=162$; $7\cdot(8-2\cdot 3)=14$.
e) $(2\cdot 9-4)\cdot 2=28$; $2\cdot(9-4\cdot 2)=2$.
f) $(9-2)\cdot(7+3)=70$; $9-2\cdot(7+3)=-11$.

11 Beispiele:

a)
$-3=2-5=5-4\cdot 2$
$-2=2-4=5-(5+2)$
$-1=4-5=2+5-2\cdot 4$
$0=2-2=2\cdot 2-4$
$1=5-4=2+4-5$
$2=4-2=5+2-5$
$3=5-2=2\cdot 4-5$
$4=2+2=4+(5-5)$
$5=5+(2-2)=2\cdot 4+2-5$
$6=4+2=2\cdot 5-4$
$7=5+2=2\cdot 5+2-5$
$8=2\cdot 4=5+5-2$
$9=5+4=5+2\cdot 2$
$10=5+5=2\cdot 5$
$11=5+4+2=2\cdot 4-2+5$
$12=5+5+2=(5-2)\cdot 4$
$13=2\cdot 4+5=4\cdot 5-(2+5)$
$14=5+5+4=(5+2)\cdot 2$
$15=2\cdot 5+5=(5-2)\cdot 5$
$16=2\cdot 5+4+2$
$17=4\cdot 5-5+2$
$18=4\cdot 5-2$
$19=(5-2)\cdot 5+4$
$20=4\cdot 5$
$21=5\cdot 5-4$
$22=4\cdot 5+2$
$23=5\cdot 5-2$
$24=4\cdot 5+2+2$
$25=5\cdot 5$
$26=(5+2)\cdot 4-2$
$27=5\cdot 5+2$
$28=(5+2)\cdot 4$
$29=5\cdot 5+4$
$30=5\cdot(4+2)$
$31=5\cdot(5+2)-4$
$32=5\cdot(4+2)+2$
$33=5\cdot(5+2)-2$

b)
$34=4\cdot(5+5-2)+2$
$35=5\cdot(5+2)$
$36=4\cdot(5+2+2)$
$37=5\cdot(5+2)+2$
$38=4\cdot(5+5)-2$
$39=5\cdot(5+2)+4$
$40=4\cdot(5+5)$
$41=5\cdot(5+2+2)-4$
$42=4\cdot(5+5)+2$
$43=5\cdot(5+4)-2$
$45=5\cdot(5+4)$
$46=4\cdot(5+5+2)-2$
$47=5\cdot(5+4)+2$
$48=4\cdot(5+5+2)$

c)
$-4=2-(2+4)=2+4-(5+5)$
$-5=2-(2+5)=5-2\cdot 5$
$-6=2-2\cdot 4=2+2-(5+5)$
$-7=2-(4+5)=5-2\cdot(2+4)$
$-8=2-(5+5)=2-2\cdot 5$
$-9=2-(2+4+5)=5-(2\cdot 5+4)$
$-10=2-(2+5+5)=4-2\cdot(2+5)$
$-11=2-(2\cdot 4+5)=4-(2\cdot 5+5)$
$-12=2-(4+5+5)=2-(2\cdot 5+4)$
$-13=2-(2\cdot 5+5)=2+5-4\cdot 5$
$-14=4-2\cdot(5+5)+2$
$-15=5-4\cdot 5=5-(2+2)\cdot 5$
$-16=2-2\cdot(5+4)=4-5\cdot(2+2)$
$-17=5-2\cdot(2+4+5)=2-5\cdot 5+2+4$
$-18=2-2\cdot(5+5)$
$-20=4-2\cdot(2+5+5)$
$-21=4-5\cdot 5$
$-23=2-5\cdot(2+4)+5$
$-25=5-5\cdot(4+2)$
$-26=2-4\cdot(2+5)$
$-28=2-5\cdot(2+4)$
$-29=2-5\cdot(2+5)+4$
$-31=4-5\cdot(2+5)$
$-33=2-5\cdot(2+5)$
$-35=5-5\cdot(2+2+4)$
$-36=2-4\cdot(5+5)+2$
$-38=2-4\cdot(5+5)$
$-41=4-5\cdot(2+2+5)$
$-43=2-5\cdot(5+4)$
$-46=2-4\cdot(2+5+5)$
$-53=2-5\cdot(2+4+5)$

12 a) 6 b) -12 c) -16 d) 360 e) -133

13 $18\cdot 45\,€ - 722\,€ = 88\,€$

14 a) $7\cdot 14-3+13=108$
b) $88-12\cdot(15-5)=-32$
c) $2\cdot 7\cdot 3\cdot(6-4)-9\cdot 11=-15$
d) $3+12-5+4-2\cdot 5+52=56$
e) $(45-3\cdot 13)\cdot(67+2\cdot 6)=474$
f) $(31-4\cdot 7)\cdot 5-3\cdot 5\cdot 6\cdot 2+71=-94$

15 $(16{,}67\,€ + 5{,}88\,€ + 3{,}85\,€ + 20\,€):(5\cdot 12) = 0{,}77333\ldots\,€$
Für ein Stück Kuchen müssen 78 ct verlangt werden.

16 a) $5 \cdot (3 + 5)$ b) $3 \cdot (7 + 2)$ c) $(16 - 12) \cdot 9$
d) $24 - 9 \cdot 3$ e) $7 \cdot (34 - 23)$ f) $4 \cdot 6 - 13$

S. 109

17 a) $2 \cdot (521 + 808) - 41 \cdot 12 = 2166$
b) $[3 \cdot 38 \cdot 81 - 4 \cdot (263 + 391)] \cdot 31 = 205\,158$

18 a) 231 b) –72 c) 279 d) –65 e) 0 f) –72
g) –14

19 a) Zum Beispiel:
- Tippfehler bei der Preiseingabe werden vermieden (dies nützt natürlich nur dann etwas, wenn für den entsprechenden Artikel der richtige Preis eingespeichert ist…).
- Die Waren müssen nicht gesondert ausgezeichnet werden (ein Sammelpreisschild am Regal reicht aus) bzw. die Angestellten an der Kasse müssen die Preise nicht auswendig lernen (wiederum: Vermeidung einer Falschpreiseingabe).
- Der (theoretische) Warenbestand ist per Computer jederzeit abrufbar:
  - notwendige Nachbestellungen können angezeigt werden und damit zeitig durchgeführt werden,
  - stichprobenartige Überprüfungen dessen, ob der theoretische Warenbestand auch dem tatsächlichen entspricht, können problemlos von statten gehen (Diebstahl...).
- Verkaufsstatistiken können problemlos erstellt werden (in welchen Zeiträumen laufen bestimmte Artikel gut oder schlecht) und Rückschlüsse darüber, welche Artikel eventuell aus dem Sortiment zu nehmen wären.

b) Kennziffern für andere Länder (z. B. bei www.strichcodeservice.at):
Beispiele: 00-13 für USA und Kanada, 30-37 für Frankreich, 45 und 49 für Japan,
50 für GB, 76 für Schweiz, 80-83 für Italien, 84 für Spanien,
90-91 für Österreich, 859 für Tschechische Republik, 978 und 979 für Bücher.
Bedeutung der übrigen Ziffern (z. B. bei www.activebarcode.de):
Die ersten beiden Ziffern kennzeichnen das Herstellerland, die nächsten fünf Stellen den Hersteller, die folgenden fünf Stellen das Produkt des Herstellers. Die letzte Ziffer ist die Prüfziffer. Die Prüfziffer wird berechnet, indem man die Summe aus der 1. Ziffer und dem Dreifachen der 2. Ziffer und der 3. Ziffer und dem Dreifachen der 4. Ziffer ... und der 11. Ziffer und dem Dreifachen der 12. Ziffer bildet. Die Differenz aus 10 und der Einerziffer dieser Summe ergibt die Prüfziffer.

c) Bedeutung der Ziffern (z. B. bei www.activebarcode.de):
Der EAN 13-Code für Bücher beginnt mit 978 oder 979 anstelle der Länderkennziffer. Die folgenden 9 Ziffern ergeben zusammen mit einer eigenen ISBN-Prüfziffer die ISBN-Nummer. Die ISBN-Prüfziffer (zehnte Ziffer der ISBN-Nummer) wird wie folgt errechnet:
1. Multipliziere die erste Ziffer mit 10, die zweite mit 9, die dritte mit 8 usw. und die neunte mit 2.
2. Addiere diese Produkte.
3. Bilde den Elferrest dieser Summe (d. h. den Rest der bei Division durch 11 entsteht).
4. Ziehe den Elferrest von 11 ab.
5. Bilde den Elferrest dieser Differenz.

Dies ist die Prüfziffer. Für das Ergebnis 10 wird die Prüfziffer X notiert.

20 Plattenanzahl: $20 \cdot 20 + 10 \cdot 10 = 500 \rightarrow 25$ Päckchen werden benötigt.
$25 \cdot 40$ € = 1000 €
Kleber und sonstige Materialien: 90 € + 60 € = 150 €
Überschlagene Kosten: 1150 €
Ersparnis: 1980 € – 1150 € = 830 € (oder 2000 € – 1150 € = 850 €)

\+ Zusätzlich könnte man hier noch die exakte Lösung berechnen lassen.

Die Aufgabe birgt eventuell Diskussionsstoff, auf den man hinweisen könnte:
Z. B. könnte man überlegen, ob es bei einer benötigten Plattenzahl von exakt 468 vielleicht sinnvoll ist, nicht nur 24 sondern 25 Päckchen zu kaufen (Verschnitt, Bruch, spätere Reparaturen). Oder: Welche sonstigen Materialien könnten gemeint sein? (Werkzeug) Warum ist das Angebot der Firma um so viel höher? (Arbeitsstunden)

21 a) 16 und 4 Jahre
b) In 8 Jahren
c) individuell

22 Anne ist 18.

23 Die oberen beiden Zeichen haben eine vertikale Symmetrieachse. Das untere linke Zeichen hat zwei Symmetrieachsen, das untere rechte keine.

24 Angewendet werden das Assoziativ- und das Kommutativgesetz der Addition.
a) 113 b) 37 c) 70

5 Rechengesetze und Rechenvorteile

S. 110

1 a) Asterix: 12 Reihen mit 6 hintereinander stehenden Römern
Obelix: 6 Reihen mit 12 nebeneinander stehenden Römern
Majestix: 20 plus 4 Römer und das dreimal
Miraculix: 3 Gruppen mal 20 Römer plus 3 Gruppen mal 4 Römer
Verleihnix: 6 mal 4 Römer und das dreimal
Methusalix: 3 mal 6 Reihen mal 4 Römer
b) Asterix: $12 \cdot 6 = 72$
Obelix: $6 \cdot 12 = 72$
Majestix: $3 \cdot (20 + 4) = 72$
Druide: $3 \cdot 20 + 3 \cdot 4 = 72$
Verleihnix: $3 \cdot (6 \cdot 4) = 72$
Methusalix: $(3 \cdot 6) \cdot 4 = 72$

S. 112

2

a) $(2 \cdot 5) \cdot 17 = 170$b)	$4 \cdot 25 \cdot 36 = 3600$	c) $17 \cdot (125 \cdot 8) = 17\,000$
d) $14 \cdot 5 \cdot 7 = 490$	e) $3 \cdot (2 \cdot 25) \cdot 3 = 450$	f) $125 \cdot 8 \cdot 7 \cdot 3 = 21\,000$
g) $29 \cdot (25 \cdot 2 \cdot 2) = 2900$	h) $87 \cdot (5 \cdot 10 \cdot 2) = 8700$	i) $39 \cdot (4 \cdot 2 \cdot 125) = 39\,000$
k) $(2 \cdot 500) \cdot (39 \cdot 3) = 117\,000$	l) $(2 \cdot 3 \cdot 5) \cdot (4 \cdot 25) = 3000$	m) $170 \cdot (5 \cdot 4 \cdot 5) = 17\,000$

3

a) 115	b) 208	c) 143	d) 30	e) 90	f) 3990
g) 350	h) 300	i) 22	k) 180	l) 2000	m) 141

4

a) 248	b) 608	c) 152	d) 288	e) 343	f) 539
g) 465	h) 648	i) 801	k) 979	l) 560	m) 1199

5 Das Mädchen, da der Subtrahend nicht berechnet werden muss.

6 $3 \cdot (50 + 35 + 25) = 330$. Die Kleidung kostet 330 €.

7

a) 275	b) 780	c) 380	d) 810	e) 84	f) 322
g) 297	h) 99				

8 Tüten: $5 \cdot 235 \cdot (18 + 36 + 54) = 126\,900$ Riegel: $5 \cdot 235 \cdot (24 + 48 + 72) = 169\,200$

S. 113

9 Punktrechnung vor Strichrechnung.
$23 \cdot 8 + 2 = 184 + 2 = 186$
Klammerrechnung hat Vorrang und Fehler bei der Subtraktion.
$5 \cdot (13 - 7) = 5 \cdot 6 = 30$

10

a) 90	b) –13	c) –40	d) 200	e) –235	f) 77
g) –2	h) 195				

11 $(345 - 307) \cdot 20 + 1 = 761$

12 a) 390 b) –5 c) –248 d) 950 e) 320 f) 686
g) 130 h) 230

13 a) 143 b) 410 c) 380 d) 203 e) 900 f) 53
g) 255 h) 3100

14 (16 + 12 + 20) : 4 + (14 + 17 + 11) : 3 = 12 + 14 = 26

15 a) 3100 b) 410 c) 200 d) 13 000 e) 0 f) 650
g) –330 h) 5000

16 Das Ergebnis ist das 50fache der gemerkten Zahl.

17 a) 45 ≈ 50 ≈ 100
b) 45 ≈ 0
c) Der Abstand zwischen 0 und 45 ist kleiner als der Abstand zwischen 45 und 100. Rundet man zunächst auf Zehner, so bewegt man sich hierdurch von der 0 weg und „verfälscht" die Ausgangszahl fürs Runden auf Hunderter und damit das Ergebnis.
d) Man sollte gleich auf die gewünschte Zehnerpotenz runden.
e) 45, 46, 47, 48, 49; 145, 146, 147, 148, 149; 245, 246, 247, 248, 249; usw.;
also alle Zahlen, die auf 45, 46, 47, 48, 49 enden.

18 a) 0 b) –51 c) –42 d) –100 e) 5143

6 Potenzieren

→AB **A** **Alternative zum Einstieg:**
Einen anschaulichen Einstieg in das Thema (rasch wachsende Zahlen beim Potenzieren) bietet auch das Arbeitsblatt: Potenzieren und Faktorisieren; Kopiervorlage S. 171 f.

S. 114

1

Nach Tagen	2	4	6	8	10	12	14	16	18	20
Anzahl	2	4	8	16	32	64	128	256	512	1024

2 a) 2; 4; 8; 16 Lagen
b) 8-mal; Dicke: 16 mm
Anmerkung: In der Praxis wird sich ein Blatt nicht 8-mal falten lassen.
Alternativ könnte man schneiden.

S. 115

3 a) 9; 8; 64; 81 b) 10; 100 000; 10 000 000; 100 000 000 000 000
c) 100; 1024; 1; 7 d) 3000; 256; 1250
e) 270; 1 000 000; 7 f) 162; 1024; 800

2^2 a) $7^4 \cdot 5^3$ b) $9^3 \cdot 2^4$ c) $5^4 \cdot 6^2$ d) $2^3 \cdot 3^2 \cdot 5^2$ e) $7^3 \cdot 8^3 \cdot 9^2$ f) $2 \cdot 5^2 \cdot 10^3$

5^1 Nach 30 Stunden (6 mal 5 Stunden):
a) $100 \cdot 2^6 = 6400$ b) $25 \cdot 2^6 = 1600$ c) $20 \cdot 2^6 = 1280$
Nach 2 Tagen und 2 Stunden (10 mal 5 Stunden):
a) $100 \cdot 2^{10} = 102\,400$ b) $25 \cdot 2^{10} = 25\,600$ c) $20 \cdot 2^{10} = 20\,480$

6 a) 100 → 1 → F b) 3375 → 18 → E c) –2500 → 7 → R
d) 15 876 → 27 → I e) 91 125 → 18 → E f) 1389 → 21 → N
g) 2 → 2 → T h) 6 → 6 → A i) –83 → 11 → G
Lösungswort: FERIENTAG

7 a) $4^3 = 64$; $4^5 = 1024$
b) $40 \cdot 8$ Lagen = 320 Lagen > 4^4 Lagen.
Hans muss 5-mal zusammenlegen und erhält damit 1024 Lagen mit 6,4 cm Dicke.

2^3 a) 16 und 8 b) 25 und 10 c) 64 und 12 d) 81 und 12 e) 1000 und 30
f) 8 und 9 g) 100 und 1024 h) 1 und 5

3^2 Urenkel: $5^3 = 125$
Nachkommen: $5 + 5^2 + 5^3 = 155$

S. 116

10 a) Urgroßeltern: $2^3 = 8$
Ururgroßeltern: $2^5 = 32$
b) $2^8 = 256$
c) $1 + 2 + 4 + 8 + 16 + 32 + 64 + 128 + 256 = 511 = 2^9 - 1$

11 a) $7 \cdot 10^4$ b) $61 \cdot 10^7$ c) $105 \cdot 10^6$ d) $2003 \cdot 10^7$ e) $5 \cdot 10^7$ f) $4 \cdot 10^4$
g) $23 \cdot 10^6$ h) $18 \cdot 10^{11}$

$2^2 \cdot 3$ $180\,000 : 2^6 = 2812$ Rest 32. Die Milch enthielt etwa 3000 Keime.

13 a) Nach zwei Schritten: $3 \cdot 4 \cdot 4 = 48$
Nach vier Schritten: $3 \cdot 4^4 = 768$
Nach sechs Schritten: $3 \cdot 4^6 = 12\,288$
b) Allgemein gilt: $U_{n+1} = U_n \cdot \frac{4}{3}$
Mit $U_2 = 288$ mm ist dann $U_0 = 162$ mm, $U_1 = 216$ mm und $U_3 = 384$ mm.

14 a) 32 → 5 → H b) –225 → 9 → I c) 2400 → 6 → T
d) 1538 → 17 → Z e) 17496 → 27 → E f) 32260 → 13 → F
g) –11 → 2 → R h) 734832 → 27 → E i) –126 → 9 → I
Lösungswort: HITZEFREI

15 *1. Frage:* Ist deine Zahl größer als 512?
2. Frage: Ist deine Zahl größer als 256? bzw. Ist deine Zahl größer als 768?
3. Frage: Ist deine Zahl größer als 128? bzw. Ist deine Zahl größer als 384?
Ist deine Zahl größer als 640? bzw. Ist deine Zahl größer als 896?
usw.
Für eine Zahl zwischen 1 und 4096 braucht Anke 12 Fragen.

2^4 $2^3 + 4^3 = 72$ $(2 + 4)^2 = 36$
$2^3 + 4^3 + 6^3 = 288$ $(2 + 4 + 6)^2 = 144$
$2^3 + 4^3 + 6^3 + 8^3 = 800$ $(2 + 4 + 6 + 8)^2 = 400$
Der linke Rechenausdruck ist doppelt so groß wie der rechte Ausdruck.
$2 \cdot (2 + 4 + 6 + 8 + 10)^2 = 1800$
$2 \cdot (2 + 4 + 6 + 8 + 10 + 12)^2 = 3528$

17 a) 2 (3, keine, 5)
b) V(n) enthält genau dann eine Primzahl, wenn n eine Primzahl ist.
Ausnahme: V(1) enthält unendliche viele Primzahlen.
Außer T(1) enthält jede Teilermenge mindestens 1 Primzahl.

$2 \cdot 3^3$ $\alpha = 180° - 32° = 148°$
$\gamma = 90° - 32° = 58°$
$\beta = 180° - \gamma = 122°$

7 Faktorisieren von Zahlen

i Eine Vielzahl moderner Verschlüsselungsverfahren (→ RSA-Algorithmus, Internet) setzt die Schwierigkeit, Produkte großer (Prim-)Zahlen zu faktorisieren, ein.

S. 117

1 a) T(24) = {1; 2; 3; 4; 6; 8; 12; 24}
Also gibt es folgende Möglichkeiten: $1 \cdot 24$, $2 \cdot 12$, $3 \cdot 8$, $4 \cdot 6$, $6 \cdot 4$, $8 \cdot 3$, $12 \cdot 2$, $24 \cdot 1$
b) T(32) = {1; 2; 4; 8; 16; 32}. Also gibt es 6 Möglichkeiten.
T(48) = {1; 2; 3; 4; 6; 8; 12; 16; 24; 48}. Also gibt es 10 Möglichkeiten.

2 Mit möglichst vielen Faktoren ist $210 = 2 \cdot 3 \cdot 5 \cdot 7$.
Hier sind alle Faktoren Primzahlen; dafür gibt es nur eine Möglichkeit.
Anmerkung: Dabei darf der Faktor 1 nicht zugelassen werden.

S. 118

3 a) $2 \cdot 3^2$ b) 43 c) $2^4 \cdot 3^2$ d) 3^4 e) $2^5 \cdot 3 \cdot 5$ f) $2^3 \cdot 3^2$
g) $2 \cdot 3 \cdot 5^2 \cdot 7$ h) 89 i) $2^3 \cdot 5 \cdot 7^2$ k) $2^3 \cdot 7$ l) 101 m) $2^3 \cdot 5^4$
n) $2 \cdot 5 \cdot 11^2$ o) $2 \cdot 3^2 \cdot 5^3$ p) $2^{10} \cdot 5^2$

4 a) $60 = 1 \cdot 60 = 2 \cdot 30 = 4 \cdot 15 = 5 \cdot 12 = 6 \cdot 10$
b) $79 = 1 \cdot 79$
c) $490 = 1 \cdot 490 = 2 \cdot 245 = 5 \cdot 98 = 7 \cdot 70 = 10 \cdot 49 = 14 \cdot 35$
d) $361 = 1 \cdot 361 = 19 \cdot 19$
e) $103 = 1 \cdot 103$
f) $324 = 1 \cdot 324 = 2 \cdot 162 = 3 \cdot 108 = 4 \cdot 81 = 6 \cdot 54 = 9 \cdot 36 = 12 \cdot 27 = 18 \cdot 18$
g) $360 = 1 \cdot 360 = 2 \cdot 180 = 3 \cdot 120 = 4 \cdot 90 = 5 \cdot 72 = 6 \cdot 60 = 8 \cdot 45 = 9 \cdot 40 = 10 \cdot 36 =$
$= 12 \cdot 30 = 15 \cdot 24 = 18 \cdot 20$
h) $625 = 1 \cdot 625 = 5 \cdot 125 = 25 \cdot 25$
i) $256 = 1 \cdot 256 = 2 \cdot 128 = 4 \cdot 64 = 8 \cdot 32 = 16 \cdot 16$
k) $1000 = 1 \cdot 1000 = 2 \cdot 500 = 4 \cdot 250 = 5 \cdot 200 = 8 \cdot 125 = 10 \cdot 100 = 20 \cdot 50 = 25 \cdot 40$
l) $225 = 1 \cdot 225 = 3 \cdot 75 = 5 \cdot 45 = 9 \cdot 25 = 15 \cdot 15$
m) $1024 = 1 \cdot 1024 = 2 \cdot 512 = 4 \cdot 256 = 8 \cdot 128 = 16 \cdot 64 = 32 \cdot 32$

5 a) $2^2 \cdot 3^2 \cdot 5^2$ b) $2^2 \cdot 3 \cdot 5^2$ c) $2^3 \cdot 3 \cdot 5^2$ d) $2^3 \cdot 3 \cdot 5$ e) $3^2 \cdot 5^2$ f) $2^3 \cdot 5$
g) $2^2 \cdot 3 \cdot 5$ h) $2 \cdot 3^2 \cdot 5^2$ i) $2^2 \cdot 3^3 \cdot 5$

6 a) $3 \cdot 8 \cdot 25 \cdot 13 = 12 \cdot 25 \cdot 26$
b) Mit $2 \cdot 3 = 6$

7 a) 56 enthält den Faktor 2;
105 enthält 3 und 5; 550 enthält 2 und 5; 144 enthält 2, 3 und 9; 3510 enthält 2, 3, 5 und 9;
765 enthält 3, 5 und 9; 847 enthält keinen davon; 1242 enthält 2, 3 und 9; 8100 enthält 2, 3, 5 und 9.
b) Eine Zahl enthält den Faktor 4, wenn die aus den letzten beiden Ziffern gebildete Zahl durch 4 teilbar ist.
Eine Zahl enthält den Faktor 6, wenn sie die Faktoren 2 und 3 enthält.
c) Die Quersumme dieser Zahl beträgt $0 + 1 + ... + 9 = 45$.
Somit ist die Zahl durch 9 teilbar, also keine Primzahl.

8 a) 4 Rechtecke: $1 \cdot 24$, $2 \cdot 12$, $3 \cdot 8$, $4 \cdot 6$
b) 4 Quader: $1 \cdot 1 \cdot 24$, $1 \cdot 2 \cdot 12$, $1 \cdot 3 \cdot 8$, $1 \cdot 4 \cdot 6$, $2 \cdot 2 \cdot 6$, $2 \cdot 3 \cdot 4$

9 a) $105 = 3 \cdot 5 \cdot 7$; $T(105) = \{1; 3; 5; 7; 15; 21; 35; 105\}$; insgesamt 8 Teiler.
b) Allgemein gilt für die Anzahl z der Teiler einer Zahl mit der Primfaktorzerlegung
$a_1^{n_1} \cdot a_2^{n_2} \cdot \ldots \cdot a_k^{n_k}: z = (n_1 + 1) \cdot (n_2 + 1) \cdot \ldots \cdot (n_k + 1)$.
Somit sind folgende Fälle zu unterscheiden:
Vier verschiedene Primfaktoren: $z = 2 \cdot 2 \cdot 2 \cdot 2 = 16$
Ein doppelter Primfaktor: $z = 3 \cdot 2 \cdot 2 = 12$
Zwei doppelte Primfaktoren: $z = 3 \cdot 3 = 9$
Ein dreifacher Primfaktor: $z = 4 \cdot 2 = 8$
Vier gleiche Primfaktoren: $z = 5$

10 a) Ja, denn das große Zahnrad hat 48, das kleine 12 Zähne und $48 = 12 \cdot 4$
b) 12; 18; 24; 36

11 a) $(12 + 7) \cdot 7 = 133$
b) $(12 + 7) \cdot 7 = 19 \cdot 7 = (20 - 1) \cdot 7 = 20 \cdot 7 - 1 \cdot 7 = 140 - 7 = 133$.
Dabei wird das Distributivgesetz angewendet.

12 Die bekannten geometrischen Grundkörper findet der Schüler auf *S. 64* im *Schülerband:*
Quader (12 Kanten), Würfel (12), 3seitiges Prisma (9), 6seitiges Prisma (18),
4seitige Pyramide (8), Zylinder (2), Kegel (1), Kugel (0).
Ein 5seitiges Prisma hat 15 Kanten.

→AB Arbeitsblatt: Potenzieren und Faktorisieren; Kopiervorlage S. 171 f.

8 Terme

Diese Lerneinheit legt neben dem sicheren Anwenden der Rechengesetze auch Wert auf das Beherrschen der in diesem Zusammenhang notwendigen Vokabeln.

S. 119 **1** $3 + 3 - 5 = 1$; $3 \cdot 3 - 5 = 4$; $3 \cdot 5 - 3 = 12$; $3 \cdot 3 + 5 = 14$

S. 120 **2**

a) Summe; 22	b) Quotient; 60	c) Produkt; 224
d) Differenz; 2,5	e) Quotient; 1	f) Summe; −8
g) Differenz; −7	h) Produkt; 0	

3 a)

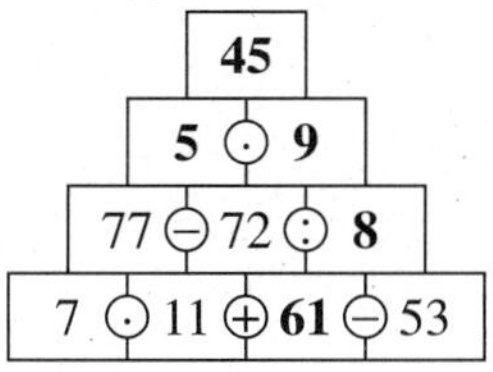

$45 = [(7 \cdot 11) - (11 + 61)]$
$[(11 + 61) : (61 - 53)]$

b)

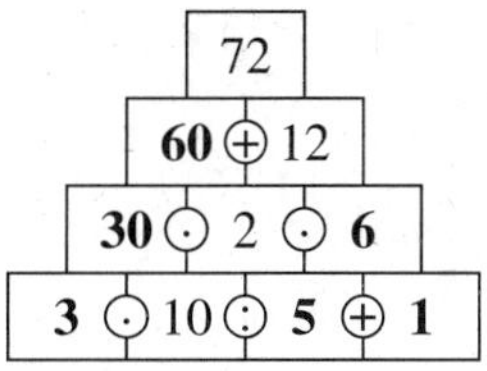

$72 = [(3 \cdot 10) \cdot (10 : 5)]$
$+ [(10 : 5) \cdot (5 + 1)]$

c)

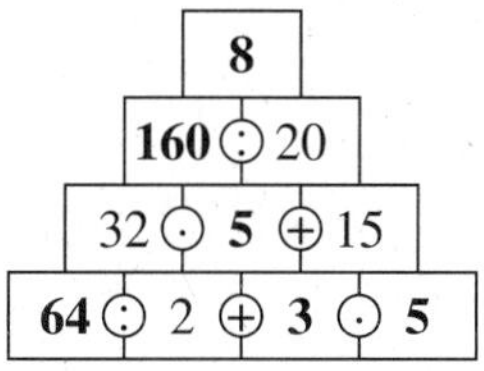

$8 = [(64 : 2) \cdot (2 + 3)]$
$[(2 + 3) + (3 \cdot 5)]$

4
$0 = (4 - 4) \cdot (4 + 4 + 4)$
$4 = 4 + 4 + 4 - 4 - 4$
$8 = 4 + 4 + (4 - 4) \cdot 4$
$16 = 4 \cdot 4 + (4 - 4) \cdot 4$
$32 = 4 \cdot (4 + 4) + 4 - 4$
$64 = 4 \cdot 4 \cdot 4 + 4 - 4$
$256 = 4 \cdot (4 + 4) \cdot (4 + 4)$
$512 = 4 \cdot 4 \cdot 4 \cdot (4 + 4)$
$1024 = 4 \cdot 4 \cdot 4 \cdot 4 \cdot 4$

5 a) $7 \cdot 8 + 84 : 21 = 60$
b) $(51 : 17) \cdot (51 - 17) = 102$
c) $(2543 - 2463) : 4^2 = 5$
d) $324 : 9 - 4 \cdot (-6 + 23) = -32$
e) individuell

6 a) 21 b) 57 c) 10 d) 3 e) –124 f) 2320
g) 8

7 $(455 - 439)^2 : [(-12 + 20) \cdot 8] = 4$

S. 121

8 a) Produkt; 196 b) Produkt; 0 c) Quotient; 1
d) Quotient; 0 e) Summe; 111 f) Quotient; 28
g) Summe; 44 h) Differenz; –9

9 Jörg: $(2 \cdot 28 + 8 \cdot 32 + 2 \cdot 33 + 6 \cdot 35 + 2 \cdot 36) : 20 = 33$
Klaus: $(6 \cdot 28 + 3 \cdot 31 + 4 \cdot 32 + 4 \cdot 33 + 1 \cdot 35 + 5 \cdot 36) : 23 = 32$

10 a) 2000 b) 5600 c) 418 400 d) –18 e) 1 f) –18
g) 2000
Lösungswort: EISTÜTE

11 individuell

12 Überschlag: $5 \cdot 0{,}40 + 3 \cdot 1{,}30 + 3 \cdot 0{,}70 + 2 \cdot 1{,}00 = 10{,}00$
Da 1 € im Einkaufswagen steckt, reichen 10 € nicht.

13 Sieger: $(451 - 23) : 2 - 8 = 206$
2. Kandidat: $206 : 2 + 12 = 115$
3. Kandidat: $451 - 23 - (206 + 115) = 107$

14 Heidi: $(70\,\text{min} + 25\,\text{min} + 60\,\text{min} + 45\,\text{min} + 70\,\text{min}) : 5 = 54\,\text{min}$
Ina: $(60\,\text{min} + 45\,\text{min} + 75\,\text{min} + 35\,\text{min} + 50\,\text{min}) : 5 = 53\,\text{min}$

15 a) $(27 + 2 \cdot 2) \cdot (2{,}50\,€ + 1{,}60\,€) = 127{,}10\,€$
b) 9,10 €

16 a) 2. Faktor ist 0 d) 1. Faktor ist 10
e) Dividend ist das Zehnfache des Divisors

S. 122

17 Zeit: $3 \cdot 52 \cdot 15\,\text{min} + 365 : 5 \cdot 20\,\text{min} + 20 \cdot 12 \cdot 10\,\text{min} = 6200\,\text{min}$
Kosten: $620 \cdot 2\,\text{ct} = 12{,}40\,€$

18 a) $402 \cdot 25\,€ \approx 400 \cdot 25\,€ = 10\,000\,€$
b) Überflüssig: Maximale Kartenvergabe im Vorverkauf, sämtliche Preisangaben, Aufteilung der im Vorverkauf ausgegebenen Karten auf die Kategorien.
c) $1200 - 402 - 122 - 2 \cdot 244 + 27 = 215$
d) Nötige Zusatzinformation: Zu welchen Kategorien gehören die zurückgegebenen Karten?
Überschlag (Beispiel): $400 \cdot 25\,€ + 120 \cdot 30\,€ + 240 \cdot 25\,€ + 240 \cdot 20\,€ - 28 \cdot 25\,€ = 23\,700\,€$

19 a) Überschlag: Blätter: $(500 : 2 \cdot 5) : 20 \approx 60$
Deckel: $5 \cdot 2 \cdot 4 = 40$
zusammen: 100 Tage, also mehr als 3 Monate
b) $(504 : 2 \cdot 5) : 21 + 2 \cdot 5 \cdot 4 = 100$

20 a) 2544 b) 123 000 c) 5 340 000 d) 3876

21 a) $x + 100 - 20 - x + 5 = 85$. Das Ergebnis ist von der gedachten Zahl unabhängig.
b) individuell

22

(1) 1	(2) 4	(3) 4	(4) 8	4	(5) 1
3	(6) 1	9	4	(7) 3	2
(8) 3	4	(9) 3	(10) 1	2	5
1	(11) 2	1	(12) 6	0	(13) 1
(14) 4	3	2	2	(15) 2	7
(16) 2	4	(17) 5	5	5	5

Das Rätsel ist nicht eindeutig: bei 4 waagerecht ist auch 42 möglich; bei 10 waagerecht ist auch 121 oder 128 möglich.

→ Kopiervorlage für das Kreuzzahlrätsel S. 168

S. 123

23 a) 1. Schritt: Fass 1: $120:2$
Fass 2: $40 + 120:2$
2. Schritt: Fass 1: $120:2 + (40 + 120:2):2$
Fass 2: $(40 + 120:2):2$
3. Schritt: Fass 1: $[120:2 + (40 + 120:2):2]:2$
Fass 2: $(40 + 120:2):2 + [120:2 + (40 + 120:2):2]:2$
b) Fass 1: 55 Liter
Fass 2: 105 Liter
c) Fass 1: 45 Liter Wasser und 10 Liter Konzentrat
Fass 2: 75 Liter Wasser und 30 Liter Konzentrat

24 a) 56 b) 0 oder 5342 c) 351 d) 9351

25
$1 - 3 + 5 + 7 - 9 = 1$
$1 - 3 \cdot 5 + 7 + 9 = 2$
$[(1 + 3) \cdot 5 + 7]:9 = 3$
$(1 + 3) \cdot 5 + 7 - 9 = 4$
$1 - 3 + 5 - 7 + 9 = 5$
$1 \cdot (3 + 5) + 7 - 9 = 6$
$1 + 3 + 5 + 7 - 9 = 7$
$1 - 3 + 5 \cdot (-7 + 9) = 8$
$1 - 3 - 5 + 7 + 9 = 9$
$1 \cdot (3 + 5) - 7 + 9 = 10$

26 Beispiele:
$160 = 12^2 + 4^2$
$161 = 12^2 + 4^2 + 1^2$
$162 = 9^2 + 9^2$
$163 = 9^2 + 9^2 + 1^2$
$164 = 10^2 + 8^2$
$165 = 10^2 + 8^2 + 1^2$
$166 = 11^2 + 6^2 + 3^2$
$167 = 11^2 + 6^2 + 3^2 + 1^2$
$168 = 10^2 + 8^2 + 2^2$
$169 = 13^2$
$170 = 13^2 + 1^2$
$171 = 13^2 + 1^2 + 1^2$
$172 = 10^2 + 6^2 + 6^2$
$173 = 13^2 + 2^2$
$174 = 13^2 + 2^2 + 1^2$
$175 = 13^2 + 2^2 + 1^2 + 1^2$
$176 = 12^2 + 4^2 + 4^2$
$177 = 13^2 + 2^2 + 2^2$
$178 = 13^2 + 3^2$
$179 = 13^2 + 3^2 + 1^2$
$180 = 12^2 + 6^2$

27 a) 12 (14; 16; 20)
Das Ergebnis ist das Doppelte der gedachten Zahl.
$[(x + 5) \cdot 4 - 20]:2 = 2x$
b) 21
c) z. B.: Denke dir eine Zahl. Subtrahiere 8, multipliziere das Ergebnis mit 9, addiere dazu 72 und dividiere danach durch 3.
$[(x - 8) \cdot 9 + 72]:3 = 3x$

28 a)

Höhe der Treppe	1	2	3	4	5	6	7	8
Würfel in der Reihe	1	3	5	7	9	11	13	15
Gesamtzahl der Würfel	1	4	9	16	25	36	49	64

b) 23; 144
c) $2 \cdot n - 1$; n^2

29 a) 3 Billionen 413 Milliarden 30 Millionen 9 Tausend und zweihundert sieben
Quersumme: 32
b) 113 Milliarden 12 Tausend und vierhundert
Quersumme: 12

30 a) 177 b) 403 c) 4397 d) 9589 e) 5 332 114 f) 20 107

→ TB Trainingsblatt: Terme; Kopiervorlage S. 173 f.

→ Termquartett; Kopiervorlage S. 175 ff.
(Spieldauer: 15 – 30 min)
Die Kopien sind in der Mitte zu falten, zusammenzukleben (möglichst auch folieren) und zu zerschneiden.
Die Schüler sollen alleine, zu zweit oder in der Kleingruppe zueinandergehörende Karten finden.
Das Muster auf der Rückseite der Karten ist auf zusammenpassenden Karten gleich und dient der Lösungskontrolle.

→ Weitere Termquartette mit unterschiedlichem Schwierigkeitsgrad downloadbar im Internet. Werden mehrere Termquartette parallel eingesetzt, empfiehlt es sich, diese auf verschiedenfarbiges Papier zu kopieren (Verwechslungsgefahr!)

→ Spiel: Terme basteln; Kopiervorlage S. 134
(Spieldauer: beliebig)
Material: 1 Würfel für je 2 Schüler
Auf die Rückseiten der „+“ und „–“-Kärtchen müssen noch Mal- bzw. Divisionspunkte ergänzt werden.
Spielbeschreibung auf der Kopiervorlage.

9 Abzählen mit Baumdiagrammen

Mit dieser Lerneinheit erhalten die Schülerinnen und Schüler einen ersten Einblick in elementare Kombinatorik. Dabei ist aber nur an solche Problemstellungen gedacht, die sich noch mit einem nicht allzu aufwändigen Baumdiagramm darstellen lassen. Es ist zu bedenken, dass noch ohne Variablen auszukommen ist.

S. 124

1 a) RLR oder RRL
b) $2 \cdot 2 \cdot 2 = 8$

2 a) $1 \cdot 3 \cdot 2 \cdot 1 = 6$
b) $4 \cdot 3 \cdot 2 \cdot 1 = 24$

S. 125

3

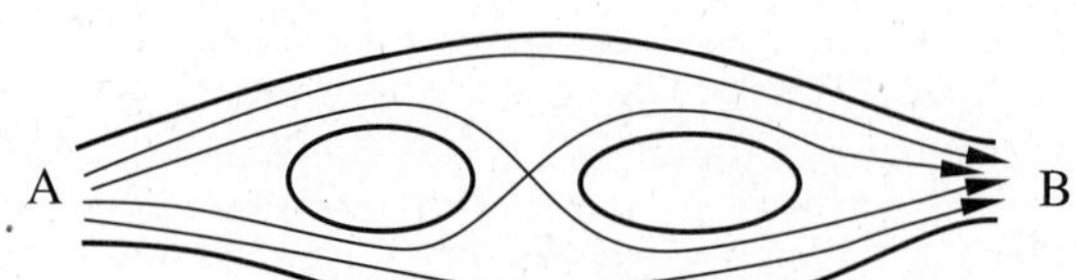

4 Möglichkeiten

4 $3 \cdot 2 \cdot 1 = 6$

5 a) 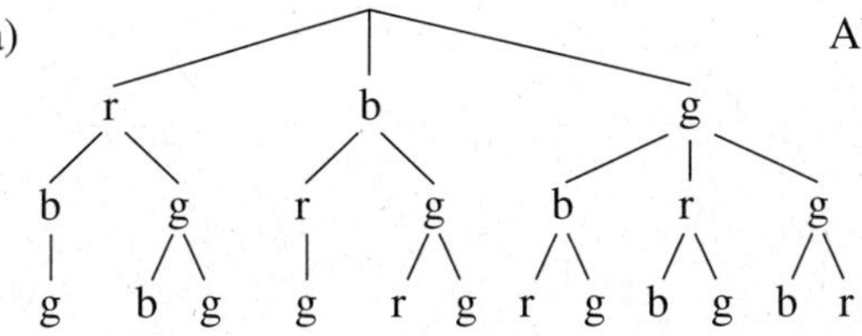

Abzählen ergibt 12 Möglichkeiten.

b) Da er jeweils genau einen Stein übrig hat, sind es ebenso 12 Möglichkeiten.

6 a) $2 \cdot 3 \cdot 3 = 18$
b) $2 \cdot 2 \cdot 2 = 8$

7 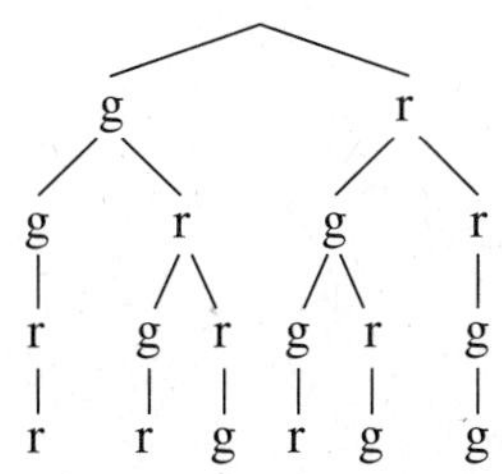

Abzählen ergibt 6 Möglichkeiten.

S. 126

8 $3 \cdot 2 \cdot 2 = 12$

9 $3 \cdot 2 \cdot 3 = 18$

10 $2 \cdot 2 = 4$ ($2 \cdot 2 \cdot 2 = 8$, $2 \cdot 2 \cdot 2 \cdot 2 = 16$)

Das Morsealphabet ist nach Samuel F. B. Morse (1791–1872) benannt. Morse war Maler (!) und Erfinder. Er entwickelte den ersten brauchbaren elektro-magnetischen Schreibtelegrafen und errichtete die erste Telegrafenlinie von Washington nach Baltimore (USA).

i
A ·- B -··· C -·-· D -·· E · F ··-· G --· H ···· I ·· J ·--- K -·- L ·-·· M --
N -· O --- P ·--· Q --·- R ·-· S ··· T - U ··- V ···- W ·-- X -··- Y -·-- Z --··

11 a) $2 \cdot 2 \cdot 2 = 8$
b) $3 \cdot 3 \cdot 3 = 27$

12 a) rg, rs, gg, gs, ss. 5 Farbkombinationen sind möglich.
b) In 2 Fällen haben die Socken gleiche Farbe.
c) Im ungünstigsten Fall nimmt sie zunächst 3 verschiedene Socken. Wenn sie also mindestens 4 Socken nimmt, sind sicher 2 gleiche dabei.

13 a) $6 \cdot 6 \cdot 6 \cdot 6 = 1296$
b) Es sind verschiedene Bäume denkbar; der folgende hält sich im Aufbau genau an die Reihenfolge im Text.

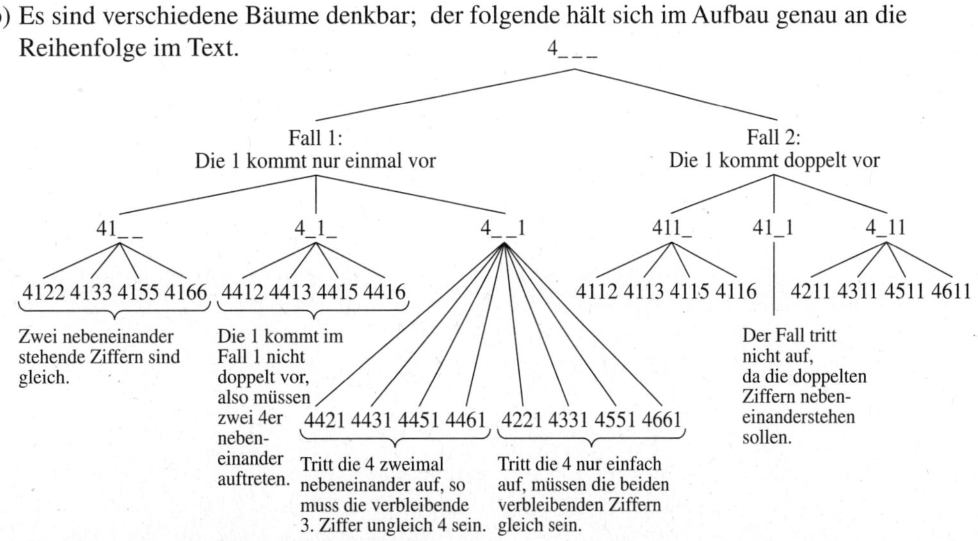

Es gibt also 24 verschiedene Möglichkeiten.

14 a) −6; −5; −4; −3; 3; 4; 5; 6
b) $|z|$ ist stets eine nicht negative Zahl.

Thema: Bienen

Ziel der Aufgaben: Informationen aus einem Text herauslesen.

S. 129

1 a) Königin: 2,2 cm lang; Arbeitsbiene: 1,5 cm lang; Drohne: 1,9 cm lang
b) 1500 : 6 = 250. Für 1500 m braucht eine Biene 250 s = 4 min 10 s.

2

Anzahl der Bienen	10	20	100	200	1000	5000
Anzahl der Flüge	200	400	2000	4000	20 000	100 000
gesammelter Nektar	10 g	20 g	100 g	200 g	1000 g	5000 g
verbrauchter Nektar	4 g	8 g	40 g	80 g	400 g	2000 g
entstandener Honig	2 g	4 g	20 g	40 g	200 g	1000 g

3 Hier soll eine plausibel begründete Schätzung vorgenommen werden.
Vorschlag: ca. 200 Rotkleeköpfe, also ca. 1,5 g Nektar; daraus entstehen 300 mg Honig.

4 a) Eine Biene fliegt im Idealfall 10 Tage lang 20 mal aus, sammelt dabei 10 g Nektar, aus dem 2 g Honig entsteht. Realistischer dürfte im Durchschnitt die Hälfte, also 1 g Honig, zu erwarten sein.
b) Wenn 500 g Honig 3,50 € kosten, kostet 1 g Honig 0,7 Cent ≈ 1 Cent.
c) 500 Bienen müssen für 500 g Honig ihr Leben lang arbeiten.
d) Individuell. Der Schüler könnte z. B. das Honigglas vor und nach dem Brotaufstrich wiegen.

5 a) Die Zahl der Drohnen kann bei der großen Zahl vernachlässigt werden. In einem Sommerbienenvolk leben ca. 60 000 Arbeitsbienen.
b) Eine Generation von Bienen lebt 40 Tage. 10 Tage lebt sie als Sammelbiene. Ein Viertel der Arbeitsbienen sammelt also Nektar. Das sind 15 000 Bienen.
c) Die Zahl der Flüge an einem guten Sammeltag: $15\,000 \cdot 20 = 300\,000$.
Bei 100 Flügen wird 1 g Honig gesammelt, bei 300 000 Flügen also 3000 g = 3 kg.
d) $6 \cdot 3{,}50 € = 21 € \approx 20 €$.
e) Unter der Annahme, dass ein Bienenvolk im Jahr etwa den Ertrag von 100 guten Sammeltagen einbringt, erhält der Imker etwa 2000 €.

VI Multiplikation und Divison ganzer Zahlen

1 Multiplizieren

→AB **A** **Alternative zum Einstieg:**
Arbeitsblatt: Multiplikationstabelle und Anleitung; Kopiervorlage S. 183 f.
(Bearbeitungsdauer: 25 min)
Material: Schere, Klebstoff
Die Schüler basteln sich allein oder in Kleingruppen eine (mit dem Koordinatensystem korrespondierende) Multiplikationstabelle und füllen diese aus. Hierbei erfahren die Schüler das Vertauschen des Vorzeichens bei einem Faktor unmittelbar als Spiegelung des Produktes an der Koordinatenachse.

Am Ende der Beschäftigung mit der Multiplikationstabelle könnten die Schüler die gefundenen Regeln in die entsprechenden Quadranten des Koordinatensystems eintragen:

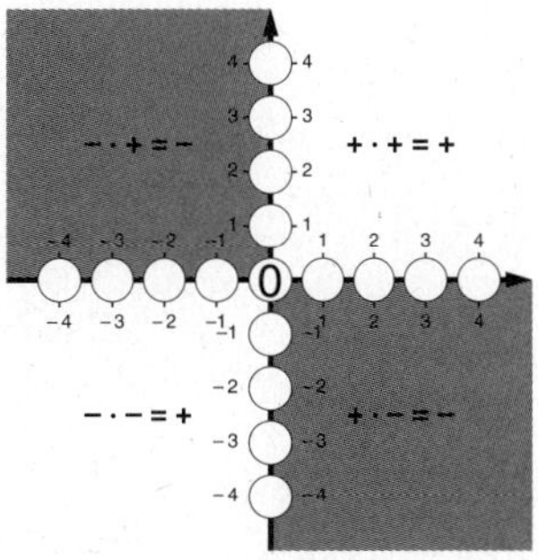

Für leistungsfähige Schüler könnte auch der Hinweis auf die korrespondierende Struktur bei der Addition gerader/ungerader Zahlen sinnvoll sein:

ungerade + gerade = ungerade	gerade + gerade = gerade
ungerade + ungerade = gerade	gerade + ungerade = ungerade

S. 132 **1** a) $2 \cdot 0 = 0$
b) Das Doppelte einer negativen Zahl ist kleiner als die Zahl selbst, der Angeklagte hat also mehr Schulden als früher.

2 $(-1)\cdot(+3) = -3$ $(-2)\cdot(+3) = -6$

S. 133 **3** a) –6 b) –36 c) 72 d) –12 e) –1 f) –2
g) 20 h) 35 i) –81

4 a) –36 b) –75 c) –77 d) –96 e) 9 f) 119
g) –69 h) –26

5 a) –750 b) –420 c) 600 d) –61 e) 64 f) –475

6 Beispiele:
a) $(+5)\cdot(+6)$ b) $(+4)\cdot(-6)$ c) $(-7)\cdot(-8)$ d) $(-5)\cdot(+12)$ e) $(+5)\cdot(-7)$
f) $(-6)\cdot(+7)$ g) $(+8)\cdot(+9)$ h) $(+6)\cdot(-8)$ i) $(-4)\cdot(-17)$ j) $(-7)\cdot(+12)$
k) $(+8)\cdot(-12)$ l) $(+15)\cdot(+7)$

7 a) –300 b) –2009 c) –896 d) 1102 e) 432 f) –200
g) –133 h) 2331

8 a) $(-800)\cdot 20 = -16\,000$ b) $1500\cdot(-50) = -75\,000$ c) $(-50)\cdot(-200) = 10\,000$
d) $(-200)\cdot 100 = -20\,000$ e) $100\cdot(-700) = -70\,000$ f) $750\cdot(-1000) = -750\,000$

9 a) 72 b) 9 c) 77 d) –24 e) 252 f) 130
g) –360 h) 39

10 a) 6 b) 10 c) –120 d) 720

11 a) keine b) 0 c) jede d) 5 e) –1 f) 0

12 a) Mit (–1) b) Das Doppelte der Gegenzahl

13 a) Das Produkt ist positiv, wenn alle drei oder genau einer der Faktoren positiv ist und die übrigen negativ (also ungleich 0!).
Das Produkt ist negativ, wenn keiner oder genau zwei der Faktoren positiv sind und die übrigen negativ.
b) Das Produkt ist positiv, wenn alle vier oder genau zwei oder keiner der Faktoren positiv ist und die übrigen negativ.
Das Produkt ist negativ, wenn genau drei oder genau einer der Faktoren positiv ist und die übrigen negativ.

14 a) –4 b) –8 c) –60 d) –5 e) –11 f) –8

S. 134 **15** a) 4 b) 9 c) –18 d) –625 e) 144 f) –144
g) 144 h) –144

16 a) 1 b) –1 c) –1 d) –1 e) 0 f) 0
g) 1 h) 0 i) 0 j) –1 k) –2 l) 1

17 –1; +1; +1; –1 Bei geradem Exponenten ergibt sich +1, bei ungeradem –1.

18 a) $(+87)\cdot(+9) = 783$ oder $(-87)\cdot(-9) = 783$
b) $(+24)\cdot(+1) = 24$ oder $(-24)\cdot(-1) = 24$
c) $(+24)\cdot(-1) = -24$ oder $(-24)\cdot(+1) = -24$
\+ Wähle selbst Ziffern und Vorzeichen.

19 a) $(-35)\cdot 24 = -840$ b) $(-18)\cdot(-45) - 888 = -78$ c) $(-60)\cdot 42\cdot(-5) = 12\,600$

20 a) Jede Zahl kommt als magische Zahl in Frage.
Beispiel mit der magischen Zahl –7:

–1	–1	**–7**
+1	**+7**	–1
+7	+1	**–1**

b) Die magische Zahl ist –24, also negativ.
Einzig mögliche Lösung:

2	–1	**12**
–4	–6	–1
3	**–4**	2

c) Aus $a\cdot(-1)\cdot(+1) = a\cdot(+1)\cdot(+1)$ folgt $a = 0$
und somit lautet die magische Zahl 0.
Beispiel für eine Lösung:

–1	**37**	**0**
0	+1	+1
+1	**0**	**59**

Vgl. dazu im *Schülerbuch S. 42* das Thema „Zauberquadrate“.
\+ Alternativ können die Schüler allein oder in Kleingruppen selbst unvollständig gefüllte multiplikative Zauberquadrate erfinden und vom Partner/einer anderen Kleingruppe vervollständigen lassen.
Zusätzlich könnte gefordert werden, nur eindeutig lösbare Aufgabenstellungen zu finden.
Es sollte darauf geachtet werden, dass stets auch negative Zahlen auftreten.

21 a) Nein (–7 = 7) b) Ja c) Nein (2 = –1)
\+ Weitere Aufgaben könnten von den Schülern erfunden und vom Nachbarn gelöst werden.

22

	–25	+50	–75	+100
20	–500	1000	–1500	2000
–35	875	–1750	2625	–3500
–55	1375	–2750	4125	–5500
–75	1875	–3750	5625	–7500

Geheimnis:
FERIEN SIND SPITZE

23 a) Siehe Aufgabe 12. b) Bei einer positiven Zahl ist diese Aussage falsch.

24 Eiskristall: 60° Windmühle: 36°

25 a) Kommutativgesetz, Assoziativgesetz, Distributivgesetz
b) KG: Addition und Multiplikation
AG: Addition und Multiplikation
DG: Verbindung von Multiplikation oder Division mit Addition oder Subtraktion
c) KG: Vertauschen von Gliedern: $3 \cdot 5 = 5 \cdot 3$; $2 + 4 = 4 + 2$
AG: Umklammern von Gliedern: $(1 + 2) + 3 = 1 + (2 + 3)$;
$(2 \cdot 3) \cdot 4 = 2 \cdot (3 \cdot 4)$
DG: Verteilen des Faktors (Divisors): $(4 - 3) \cdot 2 = 4 \cdot 2 - 3 \cdot 2$;
$(6 + 8) : 2 = 6 : 2 + 8 : 2$

2 Dividieren

S. 135 **1** $(-36) : 12 = -3$ $(-36) : 24 = -1{,}5$

2 +2; −6

S. 136 **3** a) 6 b) −11 c) −100 d) 154 e) −12 f) −71
g) 9 h) −4 i) −9 j) 44 k) 8 l) 243

4 a) −11 b) −9 c) −8 d) −9 e) −120 f) 8
g) −6 h) 13 i) −5 j) 11 k) 528 l) −9

5 a) −22 b) −48 c) −11 d) −29 e) −17 f) −16 188
g) 13 h) 13 833

6 a) −235 298 b) −82 c) −21 d) 42 e) 41 f) 61
g) −499 851 h) −29

7

+	−3	+4	+28	−42
+84	81	88	112	42
−252	−255	−248	−224	−294
+504	501	508	532	462
−672	−675	−668	−644	−714

−	−3	+4	+28	−42
+84	87	80	56	126
−252	−249	−256	−280	−210
+504	507	500	476	546
−672	−669	−676	−700	−630

·	−3	+4	+28	−42
+84	−252	336	2352	−3528
−252	756	−1008	−7056	10 584
+504	−1512	2016	14 112	−21 168
−672	2016	−2688	−18 816	28 224

:	−3	+4	+28	−42
+84	−28	21	3	−2
−252	84	−63	−9	6
+504	−168	126	18	−12
−672	224	−168	−24	16

+ Erfinde selbst eine solche Tabelle und löse sie.

8 a) −8 b) −84 c) 8 d) −84 e) −5 f) 84
g) 81 h) 84

9 a) $(-128) : (+16) = -8$ b) $72 : (+4) = +18$c) $(+105) \cdot (-10) = -1050$
d) $(-300) : 25 = -12$ e) $+15 : (-3) = -5$ oder $-15 : (-3) = +5$
f) $(+2) \cdot (-6)$ oder $(-2) \cdot (+6)$ oder $(+3) \cdot (-4)$ oder $(-3) \cdot (+4)$ oder mit vertauschten Faktoren.

10 a) 0　b) –　c) –　d) –　e) 0　f) –
g) 0　h) – 1　i) – 3　j) – 1

11

– 15 →	– 3 →	75
↓	↓	↓
5 →	– 30 →	5
↓	↓	↓
– 1 →	15 →	– 45

6 verschiedene Arten (Kombinatorischer Aspekt).

12 a) (– 36) : 9 = – 4　b) (– 96) : 3 = – 32　c) (– 69) : 3 = – 23
+ Suche dir selbst drei Ziffern und rechne Teilaufgabe a) und b).

13 a) [(– 48) : (+ 6)] · (– 13) = 104　b) [(– 35) : (+ 5)] : [(+ 49) : (– 7)] = 1

14 a) – 589　b) – 299　c) 789　d) 701　e) 13 645 520　f) – 888
g) – 333　h) – 320 922

S. 137

15 a) (– 75) : (– 5) = 15　b) (– 216) : (+ 12) = – 18
c) 945 : (– 35) = – 27　d) [(– 224) : (– 8)] : (– 4) = – 7

16 a) [(– 15) – (– 24) : (– 3) = – 3　b) [(– 14) + (– 16) : [(– 3) – (– 6)] = – 10
c) [189 : (– 3)] : [117 : (– 13)] = 7　d) [60 – (– 8) · (– 5)] : (– 15 + 35) = 1
e) $264 : (-2)^3 = -33$　f) $512 : [-(-2)^4] : (-2)^3 = 4$

17 a) Falsch. Man erhält – 1.　b) Wahr. a · 8 : 4 = a · 2.
c) Falsch. – 0 = + 0.　d) Falsch. Die beliebige Zahl darf nicht 0 sein.
e) Wahr. $1^n : 1^m = 1 : 1 = 1$.　f) Falsch. Durch 0 darf nicht dividiert werden.
g) Falsch. Für gerades n erhält man + 1.

18 a) – 350　b) 0　c) – 28　d) – 3969　e) 2 oder – 2

19 Beispiele:
a) (2 · 4) : (– 8)　b) $1^2 + 7^2$　c) 48 : 8 + 2 · (– 3)　d) 5 : 0
e) [2 + (– 2)] · (2 – 2 : 2)

20 a) B (0|– 2), C (4|0), D (0|8), E (– 16|0), F (0|– 32), G (64|0), H (0|128)
b) A_1: 25 cm; A_2: $12\frac{1}{2}$ cm; A_3: $6\frac{1}{4}$ cm; A_4: $3\frac{1}{8}$ cm

---

→ AB　Rechennetze: Multiplikation und Division ganzer Zahlen; Kopiervorlage S. 185 f.

→ AB　Zauberschlangen: Rechnen mit ganzen Zahlen; Kopiervorlage S. 187
Lösungen zu h) Antwort: Nein z. B. mit Startzahl 50
i) fehlende Rechenanweisung: (: 2)

→ TB　Trainingsblatt: Rechenbäume: Rechnen mit ganzen Zahlen; Kopiervorlage S. 188 f.

→　Trimono mit ganzen Zahlen; Kopiervorlage S. 190
(Spieldauer: 10 – 20 min)
Spielvorbereitung: Vorlage auf DIN A3 vergrößert kopieren, laminieren und zerschneiden.
Spielablauf: Die Schüler legen allein oder in Kleingruppen die Dreieckskärtchen so zusammen, dass jeweils Rechnung und richtiges Ergebnis aneinanderstoßen. Sind alle Kärtchen richtig zusammengelegt, so ergibt sich aus den Buchstaben ein Lösungssatz.

3 Rechengesetze und Rechenvorteile

Falls in Kapitel III/6 Freiarbeitskärtchen angelegt wurden, könnte man nun zum Abschluss der Arithmethik diese mit Aufgaben zur Multiplikation und Division ergänzen.

S. 138

1 $(-2)\cdot 177\cdot 5 = (-2)\cdot 5\cdot 177 = -10\cdot 177 = -1770$.
Dabei werden das Assoziativ- und das Kommutativgesetz der Multiplikation verwendet.

2 Statt in 3 Rechenschritten kann man in 2 Rechenschritten rechnen:
$5\cdot(-18) + 5\cdot(-2) = 5\cdot(-20) = -100$

S. 139

3 a) –70 000 b) –1 800 000 c) 300 000 d) –54 000 e) 21 000

4 a) –18 000 000 b) 2475 c) –39 000 d) –1 259 874 e) –12 177

S. 140

5 Jede Gruppe benötigt 3 Ikosaeder- und 2 gewöhnliche Würfel.
Für die abgebildeten Würfel lauten die Lösungen:
a) $15\cdot 12 - 7 = 173$ b) $7 - 12\cdot 15 = -173$ c) $7\cdot 12 - 15 = 69$
\+ Mit Hilfe des im *Schülerbuch S. 91* abgebildeten Netzes können die Ikosaederwürfel selbst gebaut werden.

6 a) –180 b) –1260 c) 1900 d) –54 000 e) –3465 f) –1
g) –120

7 a) –450 b) –46 046 c) –74 400 d) –127 e) 1735 f) 214

8 Die Gleichungen c, d, e und f sind wahr.
\+ Weitere Aufgaben könnten von den Schülern selbst erfunden und vom jeweiligen Nachbarn gelöst werden.

9 a) 11 b) 0 c) 6 d) –456 e) 7 f) –66
g) –66 h) –37

10 a) –90 b) 3 c) –280 d) –120 e) 7 f) 101
g) –12

11 a) 143 b) –120 c) 12 d) –3

12 a) 26 b) 385 c) 125 d) –426 e) – f) –9

13 a) Klammer um $3\cdot 4$
(wegen „Punkt vor Strich")
b) Klammer um $(2-3)\cdot 4$ und Klammer um $2\cdot 3$
(wegen „Punkt vor Strich" bzw. Assoziativgesetz)
c) Klammer um -3 und Klammer um $(-3)\cdot(-4) + (-1)$
(da Minuszeichen vor 1. Zahl ein Vorzeichen und kein Rechenzeichen ist bzw. wegen Assoziativgesetz)
d) Klammer um $2 - 3\cdot 4$ und Klammer um $3\cdot(-4)$
(da ohnehin von links nach rechts gerechnet wird bzw. wegen „Punkt vor Strich")
e) Klammer um $3\cdot 4$ und Klammer um $(-3)\cdot 2$
(wegen „Punkt vor Strich")

14 a) $4\cdot(7+3)\cdot 2 = 80$ b) $(-3)\cdot(4+5)\cdot(-6) = 162$
c) $4 + [2\cdot(-5)] - 3 = -9$ d) $(-6-4)\cdot 3\cdot(-5) = 150$

15 $987654321\cdot(-36) = -35555555556$ u.s.w.
$987654321\cdot(-81) = -80000000001$

S. 141

16 a) -8 b) -5 c) -26 d) -20 e) 24 f) 0
g) 17 h) -11

17 a) 3 b) 153 c) -9 d) 405 e) -421 f) -1
g) 50 h) -2

18 a) $[(-3)+(-8)]\cdot(8-5)=-33$ b) $[8+(-7)]\cdot(3-5)=-2$
c) $\{[(-3)+(-8)]\cdot 34-7\}:(-3)=127$ d) $-3-(34\cdot 56+69\cdot 47)=-5150$
e) $[-7-(-5)]\cdot[121:(-11)]=22$ f) $(-25)\cdot(-3)+(-100):20+(-12-5)=53$

19 $(12\,\text{min}+10\,\text{min}+20\,\text{min}):3=14\,\text{min}$

20 a) $100\,°C=212\,°F$; $0\,°C=32\,°F$; $50\,°C=122\,°F$; $-20\,°C=-4\,°F$
b) $(\square-32)\cdot 5:9$
$95\,°F=35\,°C$; $140\,°F=60\,°C$; $14\,°F=-10\,°C$

→ Rechentraining: Rechnen mit ganzen Zahlen; Excel-Tabelle mit Zufallszahlen, downloadbar im Internetauftritt.

→ TB Trainingsblatt: Rechnen mit ganzen Zahlen; Kopiervorlage S. 191 f.

→ AB Arbeitsblatt: Rechnen mit ganzen Zahlen; Kopiervorlage S. 193 f.

→ Grundrechendomino mit ganzen Zahlen; Kopiervorlage S. 195
(Spieldauer: 20–30 min)
Spielregel für 2 oder mehrere Spieler (Mit dem Domino können Schüler sich auch alleine beschäftigen):
Die Kärtchen werden gleichmäßig auf die Mitspieler verteilt.
Der jüngste Spieler darf das erste Domino-Kärtchen legen.
Reihum versucht nun jeder, aus seinem Kartenvorrat eine Karte passend anzulegen.
Gelingt dies nicht, ist der nächste Spieler an der Reihe.
Bei fehlerhaftem Anlegen muss diese **und** die letzte Karte zurück in den eigenen Kartenvorrat genommen werden.
Gewonnen hat derjenige Schüler, der am Ende die wenigsten Kärtchen übrig hat.

→ Spiel: Drei gewinnt; Kopiervorlage zum Selbstausfüllen S. 145; editierbare Kopiervorlage (WORD) downloadbar im Internetauftritt.
(Spieldauer: 30–45 min)
Material: ausgefüllte Kopiervorlage auf Folie kopiert, selbstklebende Papierzettel
Spielanleitung s. S. 39 (Kapitel III, LE 6)

→ Termquartette: Kopiervorlagen downloadbar im Internet.
Anleitung s. S. 74 (Kapitel V, LE 8)

→ Spiel: Terme basteln; Kopiervorlage S. 134
(Spieldauer: beliebig)
Material: 1 Würfel für je 2 Schüler
Auf die Rückseiten der „+“ und „–“-Kärtchen müssen noch Mal- bzw. Divisionspunkte ergänzt werden.
Spielbeschreibung auf der Kopiervorlage, wobei jetzt auch negative Zahlen (– 100 bis 100) „gebastelt“ werden können.

VII Größen

Da die Größen bereits aus der Grundschule bekannt sind, werden sie bereits durchgängig im Buch verwendet. Komplexere Rechenaufgaben blieben aber bisher ausgeklammert. In den Lerneinheiten 2, 5, 6 und 7 dieses Kapitels werden die Größen mit ihren Einheiten systematisch behandelt. Nachdem in Lerneinheit 3 exemplarisch für die Längen das Rechnen mit Größen vertieft wird, folgen dann auch kompliziertere Berechnungen mit Größen.

→AB Alternativ oder ergänzend zur systematischen Erarbeitung dieses Kapitels Größen könnte auch der Lernzirkel „Größen" – downloadbar im Internetauftritt – eingesetzt werden.
Hierbei vertiefen die Schüler den Umgang mit den (aus der Grundschule bekannten) Größen, beschäftigen sich mit dem Umrechnen in verschiedene Einheiten sowie mit Größenangaben in Kommaschreibweise.
Der Lernzirkel könnte auch schon früher im Schuljahr eingesetzt werden, da er auf weitergehende Berechnungen verzichtet. Anspruchsvollere Aufgaben zum Rechnen mit Größen sind dann dem Schülerbuch zu entnehmen (Lerneinheiten 2 und folgende).

1 Messen

A **Alternative zum Einstieg:** Sportlicher Wettkampf auf dem Schulhof (falls zeitlich passend auch Bundesjugendspiele):
Gemeinsam werden Wettkämpfe ausgesucht und vorbereitet. Die Schüler messen jeweils die erzielten Weiten, Höhen, Zeiten etc. und tragen sie in einen Laufzettel ein.
Die Größe Masse könnte beim Weitwurf mit verschiedenen Bällen oder bei der Auswertung nach Körpergewicht ins Spiel kommen.

S. 144

1 a) Beide prüfen, wie oft die Spannbreite zwischen Daumen und Zeigefinger in der Länge bzw. Breite des Tisches enthalten ist
b) Das Problem besteht darin, dass die Spannweite der beiden nicht unbedingt gleich ist, beide also unterschiedliche Ergebnisse bei ihrer Messung erzielen.
c) Sie können z. B. feststellen, wie oft die Länge eines Bleistiftes in der Länge und Breite des Tisches enthalten ist.

2 Die Maßeinheit soll der zu messenden Größe angepasst sein, damit die Maßzahl nicht zu groß wird. Deshalb gibt es für eine Größe in der Regel mehrere Maßeinheiten. In diesem Fall wären die Einheiten Minute bzw. Stunde für das Vorstellungsvermögen wesentlich geeigneter.

S. 145

3 Einheiten: Tüte, Flasche, Päckchen, Kilogramm, Scheibe, Gramm
+ Achte beim nächsten Einkaufen auf die Einheiten und Maßzahlen.

4 Maßeinheiten: a) Millimeter
b) Meter oder Kilogramm
c) Kilogramm
d) Minuten oder Stunden

5 a) Januar: 1215, April: 1425, Februar: 1835, März: 2405
b) Mai: 4 Kartons, 1 Schachtel

6 1. Zählen der Linsen, die einen Eierbecher füllen
2. Zählen der mit Linsen gefüllten Eierbecher, die den Krug füllen
Die Zahl der Linsen im Krug ist ungefähr gleich der Zahl der Linsen in einem Eierbecher mal der Anzahl der Eierbecher, die den Krug füllen.
+ Überlege dir etwas Ähnliches und lass deine Freunde raten.

7 a) München: $1260 \cdot 10^3$, Stuttgart: $573 \cdot 10^3$, Nürnberg: $488 \cdot 10^3$, Augsburg $250 \cdot 10^3$, Regensburg: $143 \cdot 10^3$, Würzburg: $129 \cdot 10^3$
b) Balkenlängen: München 12 cm 6 mm, Stuttgart: 5 cm 7 mm, Nürnberg: 4 cm 9 mm, Augsburg 2 cm 5 mm, Regensburg: 1 cm 4 mm, Würzburg: 1 cm 3 mm

8 Es sind 300 Eier.

9 a) 96 in = 8 ft   15 ft = 180 in   12 mi = 21 120 y   26 400 y = 15 mi
b) 1 in = 2,54 cm   1 ft = 30,48 cm   1 y = 91,44 cm
i Quelle: Internet oder Englisch-Wörterbuch
96 in ≈ 2,44 m   15 ft ≈ 4,57 m   12 mi ≈ 19 312 m   26 400 y ≈ 24 140 m
c) Die Umrechnung innerhalb des englischen Systems erfordert Rechnungen. Die Umrechnung im internationalen System erfolgt dagegen bequem mit Zehnerpotenzen.
+ Miss ein Fußballtor aus und erkläre die „krummen" Zahlen.
i (Maße im *Schülerbuch S. 179 Aufgabe 19*)

10 a) 40 524   b) −80 546   c) −255 968   d) 123 165
e) 121   f) −35   g) 235 R 150   h) −95

11 Jeder Schüler bezahlt 13,50 €.

2 Längen

A **Alternative zum Einstieg:** *Schülerbuch S. 147 Aufgabe 5*

S. 146 **1** a) Höhe: 2570 mm = 2,57 m   Breite: 2020 m = 2,02 m   Länge: 4840 m = 4,84 m
b) Die Familie kann die Durchfahrt nicht passieren, weil das Wohnmobil zu hoch ist.

2 Höhe der Leuchtreklame: $12 \cdot 28\,\text{cm} + 11 \cdot 10\,\text{cm} = 446\,\text{cm} < 4\frac{1}{2}\,\text{m}$
Die Reklame passt auf die Hausfront.

S. 147 **3** a) in Millimeter   b) in Zentimeter oder Meter
c) in Meter oder bei großen Strömen in der Nähe der Mündung in Kilometern
d) in Metern

4 Diese handlungsorientierte Aufgabe eröffnet die Möglichkeit, die Ermittlung von Durchschnittswerten zu diskutieren.
a) 26 cm; 19,5 cm   b) individuell   c) individuell

5 Individuelle Lösung

6 a) 12 cm   b) 35 dm   c) 2090 m   d) 60 cm   e) 1207 mm   f) 4070 mm
g) 120 m   h) 92 dm

7 a) Geschosshöhe: ca, 2,80 m, also etwa 12 m bei ebenerdigem Erdgeschoss.
b) Etwa 12 m.
c) Maße beim ICE III, der heute auf den wichtigsten Strecken fährt:
Triebkopfwagen: 27,6 m, Waggons: 26,4 m
i Begrenzung auf diese Länge schon bei den Großraumwaggons früherer Fernzüge wegen der Kurven der Gleisstrecken
Größte Länge für Personenzüge: 440 m. Dies ist die Länge der längsten Bahnsteige.
+ Suche in deiner Umgebung Gegenstände, deren Maße du zuerst schätzt und danach versuchst, die wirklichen Maße herauszufinden.

8 a) 8 dm 1 cm 3 mm b) 1 m 3 cm 6 mm c) 7 dm 5 cm 6 mm
d) 12 km 500 m e) 50 m 7 dm f) 60 m 9 cm
g) 3 dm 5 mm h) 7 m 5 cm

S. 148 **9** a) 0,2 m = 2 dm 3,4 km = 3400 m 0,4 dm = 4 cm 0,08 dm = 8 mm
b) 8,030 kg = 8030 g 0,04 m = 4 cm 2,5 dm = 25 cm 0,0009 km = 9 dm

10 a) 2 m 3 dm > 20,6 dm > 0,002 km > 0,28 dm
b) 5,04 m > 49 dm = 4900 mm > 4 m 8 dm > 4,5 m

11 a) 211,3 cm = 2113 mm 2,113 km = 2113 m 211,3 m steht alleine
b) 20,2 m = 0,0202 km 400 cm = 2 m 20 dm 202 cm steht alleine

12 Die Typen A und D passen in den Schuppen.
Typ B hat eine zu große Spannweite und Typ C ist zu lang.

13 a) $\frac{1}{4}$ dm = 0,25 dm $\frac{3}{4}$ dm = 0,75 dm $\frac{1}{5}$ dm = 0,2 dm
b) $\frac{1}{2}$ km = 0,5 km $\frac{1}{4}$ km = 0,25 km $\frac{3}{4}$ km = 0,75 km
c) $\frac{1}{4}$ kg = 0,25 kg $\frac{1}{5}$ kg = 0,2 kg $\frac{3}{4}$ kg = 0,75 kg

14 a) 25 cm = $\frac{1}{4}$ m 75 cm = $\frac{3}{4}$ m 10 cm = $\frac{1}{10}$ m
b) 25 mm = $\frac{1}{4}$ dm 75 mm = $\frac{3}{4}$ dm 2 mm = 0,2 cm = $\frac{1}{5}$ cm
c) 250 g = $\frac{1}{4}$ kg 750 g = $\frac{3}{4}$ kg 200 g = $\frac{1}{5}$ kg

15 a) – c) Individuelle Lösungen
d) Das Viereck ist ein Parallelogramm. Je zwei Gegenseiten sind gleich lang bzw. parallel.

16 a) sechseckiges Prisma, Würfel, Quader und Zylinder.
b) Auf eine Seitenfläche gestelltes Prisma und Zylinder bilden den höchsten Turm.
c)

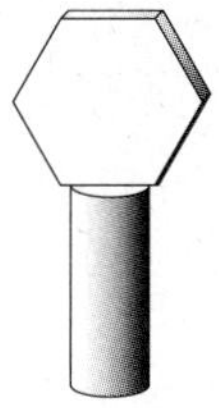

oder

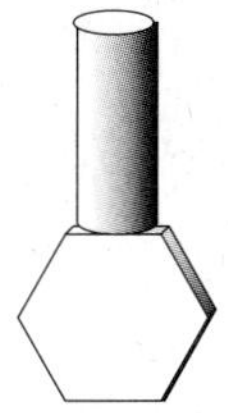

→ TB Trainingsblatt: Größen; Kopiervorlage S. 196 f.
Die Schüler benötigen zur Bearbeitung Zugang zu einer Waage.

3 Rechnen mit Größen

S. 149 **1** a) 90 cm + 103 cm + 148 cm + 215 cm + 45 cm + 75 cm = 676 cm = 6,76 m
Familie Maier kann die abgebildete Schrankwand nicht zu Hause aufstellen.
b) 5,25 m – 2 · 20 cm = 4,85 m
6,76 m – 4,85 m = 1,91 m
Sie könnte auf folgende Elemente verzichten:
1. Möglichkeit: 1,48 m + 0,45 m = 1,93 m
2. Möglichkeit: 0,90 m + 1,03 m = 1,93 m

2 14 · 23,5 cm + 15 · 2,5 cm + 2 · 25 cm = 4,165 m. Die Leiter ist 4,165 m lang.

3 Zahl der Bahnen aus einer Rolle: 11 m : 2,6 m = 110 dm : 26 dm = 110 : 26 = 4 Rest 6 → 4
Zahl der benötigten Bahnen: 4,5 m : 54 cm = 450 cm : 54 cm = 450 : 54 = 8 Rest 18 → 9
Zahl der Rollen: 9 : 4 = 2 Rest 1
Man muss zum Tapezieren der Wand drei Rollen Tapeten kaufen.

S. 150

4 24,849 km + 3 km 46 m = 24849 m + 3046 m = 27 895 m = 27,895 km

5 a) 3 dm 7 cm b) 9 dm c) 22 m 9 dm

6 a) 11,22 m b) 0,42 kg c) 0,92 m

7 a) $5 \cdot 12\,\text{m} = 60\,\text{m}$ b) $4 \cdot 18\,\text{mm} = 72\,\text{mm}$

8 Das U-Boot befindet sich 173 m unter dem Meeresspiegel.

9 a) 84 m b) 1120,8 € c) 35,08 km d) 43 cm

10 a) 42 m b) 38 mm c) 21 d) 625 g e) 55 m f) 8

11 a) Überschlag: $20\,\text{m} \cdot 10 = 200\,\text{m}$ Ergebnis: 213,6 m
b) Überschlag: $20\,\text{m} \cdot 10 = 200\,\text{m}$ Ergebnis: 186 m
c) Überschlag: 3600 cm : 8 = 450 cm Ergebnis: 462 cm
d) Überschlag: 525 kg : 25 = 21 kg Ergebnis: 21,135 kg

S. 151

12 a) 35,07 m b) 6,89 € c) 31,501 km d) 1,224 m

13 Zahl der roten Streifen: 7. Zahl der weißen Streifen: 6.
$7 \cdot 38\,\text{cm} + 6 \cdot (38\,\text{cm} : 2) = 380\,\text{cm}$ Das Brett ist 3,80 m lang.

14 Eine Viertelrunde ist 100 m lang. $3\frac{1}{4}$ Runden sind 1300 m. Er hat noch 200 m bis zum Ziel.
\+ Wie schnell läufst du 100 m?

15 1,42 m + 34 cm + 70 cm = 2,46 m < 2,55 m Ina kann ihrem Kater nicht helfen.

16 a) 128 800 m : 8050 m = 16 Es werden 16 Runden gefahren.
b) 1 288 000 dm : 25 dm = 51 520 Das Hinterrad dreht sich 51 520 Mal.

17 a) 14,9 km : 4 m = 14 900 m : 4 m = 3725 Man braucht 3725 Rohre.
b) $3900 \cdot 4\,\text{m} + 0{,}2\,\text{m} = 15\,600{,}2\,\text{m}$ Man achte auf sinnvolles Runden:
Mit 3900 Rohren kann man etwa 15,6 km Kanallänge erreichen.

18 a) 3050 m b) 3812,5 m c) 5642,5 m

19 a) 12 y = 10,968 m b) 13y = 11,882 m c) $4\frac{1}{2}$ y = 4,113 m
d) $4 \cdot 26\,\text{y} + 2 \cdot (12\,\text{y} + 9\,\text{y} + 7\,\text{y}) = 160\,\text{y} = 146{,}24\,\text{m}$
i Vgl. *Schülerbuch S. 145 Aufgabe 9*

20 a) *1. Frage:* Welche Strecke hat er bis Nordspanien etwa zurückgelegt?
Antwort: Berka ist eine präzise Ortsangabe, Nordspanien dagegen eine sehr vage. Dementsprechend kann man die Strecke nur sehr grob angeben. Man wählt z. B. die Orte Kassel und Barcelona. Die Entfernung beträgt Luftlinie etwa 900 km.
2. Frage: Wie viele Stunden pro Tag war der Jungstorch etwa in der Luft?
Antwort:
Flugstrecke pro Tag: 900 km : 5 = 180 km
Mindestflugzeit pro Tag: 180 km : 50 km $\approx$ 4
Höchstflugzeit pro Tag: 180 km : 30 km = 6
Der Storch war pro Tag zwischen vier und sechs Stunden in der Luft.

b) *1. Frage:* Wie lang ist der Weg von Südafrika bis Norddeutschland?
Antwort: Wir messen auf einer Weltkarte die Entfernung der Mitte von Südafrika bis zur Nordseeküste und errechnen Luftlinie etwa 9000 km. Wegen ihrer maximalen Flughöhe von 2000 m müssen die Störche jedoch die Alpen umfliegen. Die nach Südafrika fliegenden Störche nehmen eine östliche Route über Ägypten und Ostafrika, dürften also etwa 10 000 km zurücklegen.
2. Frage: Welche Strecke legen die Störche durchschnittlich pro Tag zurück, wenn wir annehmen, dass sie 30 Tage von Südafrika bis Norddeutschland brauchen?
Antwort: Sie legen etwa 330 km pro Tag zurück, also fast die doppelte Strecke, die der Jungstorch in Teilaufgabe a) zurücklegt.
3. Frage: Wie viel Stunden pro Tag sind die Störche etwa in der Luft?
Antwort: 7–11 Stunden.

S. 152

21

a) Überschlag: 4 km · 70 = 280 km	Ergebnis: 277,38 km	
b) Überschlag: 5 m · 2 + 2 m · 80 = 170 m	Ergebnis: 175,4 m	
c) Überschlag: 15 cm · 14 = 210 cm	Ergebnis: 205,8 cm	DG anwenden.
d) Überschlag: 5 m + 2 m + 20 m – 2 m = 25 m	Ergebnis: 24,8 m	
e) Überschlag: (18 dm – 6 dm – 12 dm) : 10 = 0 dm	Ergebnis: 0 dm	
f) Überschlag: 710 m : 2 m = 355	Ergebnis: 375	

\+ Versuche selbst solche Aufgaben zu erstellen. Achte darauf, wann du eine Maßzahl und wann du eine Zahl nimmst!

22 Es werden geeignete Straßenkarten benötigt.
Die Kilometerangaben dienen der Orientierung. Sie fallen unterschiedlich aus, je nachdem, welche Straßen / Straßenkarten im einzelnen gewählt werden.
a) Coburg – Bamberg: 45 km   Bamberg – Nürnberg: 55 km
Nürnberg – Amberg: 65 km   Amberg – Regensburg: 70 km
b) 45 km + 55 km + 65 km + 70 km + 40 km = 275 km
c) 275 km : 4 = 68,75 km   Sie fahren ca. 70 km pro Tag.

\+ Bitte beim nächsten Familienausflug deine Eltern um eine Karte und ermittle die zurückgelegte Strecke.

23 a) 84 m : 1,2 m = 70   120 m · 70 = 8400 m
Er mäht 70 Bahnen und fährt insgesamt 8,4 km.
b) 120 m : 1,2 m = 100   84 m · 100 = 8400 m
Er mäht 100 Bahnen und fährt insgesamt ebenfalls 8,4 km.

24 a) Individuelle Lösung
(Teilaufgabe a) soll die Bearbeitung von b) erleichtern.)
b) 14 m + 9,4 m + 2,8 m + 2,8 m + 11,2 m + 12,2 m = 52,4 m

25 Gesamtlänge der Wand: (3,5 m + 4,5 m) · 2 = 16 m
Zahl der Bahnen: 16 m : 52 cm = 1600 cm : 52 cm = 30 Rest 40 cm; also 31 Bahnen
Zahl der Bahnen aus einer Rolle: 10,1 m : 2,5 m = 4 Rest 10 cm
Zahl der Rollen: 31 : 4 = 7 Rest 3
Acht Rollen reichen auf jeden Fall. Rechnet man die Tür und das Fenster ab, so dürften auch sieben Rollen reichen.
Preis für Tapeten: 7 · 6,45 € = 45,15 €

\+ Wie viel Euro müssten deine Eltern einplanen, wenn sie dein Zimmer neu tapezieren würden? Miss die Wände und rechne (mit den Angaben der Aufgabe oder Preis und Maßen deiner Wunschtapete.)

26 8 m + 7,36 m + 6,72 m + 6,08 m + 5,44 m + 4,80 m + 4,16 m + 3,52 m + 2,88 m + 2,24 m + 1,60 m + 1,20 m = 54 m

27 a) –5167 b) 4942 c) –2480 d) nicht berechenbar, wegen des Divisors Null.
e) 173 f) 3 g) –25

4 Maßstab

Alternativen zum Einstieg:

A1 Fluchtplan im Klassenzimmer: Wie stark wurde verkleinert? Ermitteln des Maßstabs (falls angegeben, vorher abdecken).

A2 Thema: Unsere Erde im Weltraum. *Schülerbuch S. 165/166*

S. 153

1 a) Das Luftbild vermittelt einen guten Gesamteindruck von der Stadt, ist aber nicht maßstabsgetreu, im Gegensatz zum Plan. Im Plan erkennt man, dass die Entfernung von einer Stadtmauer zur gegenüberliegenden in den beiden senkrechten Richtungen parallel zu den Planquadraten etwa gleich ist. Im Luftbild erscheint die Richtung von oben nach unten im Bild stark verkürzt.
b) Aus dem Plan kann man bei bekanntem Maßstab die Entfernungen bestimmen. Aus dem Luftbild kann man z. B. die Art und die ungefähre Höhe der Gebäude erkennen.
c) Die Planquadrate gestatten ein schnelleres Finden bestimmter Ziele in der Stadt. Sie stellen ein grobes Koordinatensystem dar.
d) Das Rathaus ist von der Ecke Schmiedgasse / Hafengasse fotografiert.
e) 30 mm im Plan entsprechen 30 · 20 m = 600 m in der Wirklichkeit.
f) 40 mm im Plan entsprechen 40 · 20 m = 800 m in der Wirklichkeit.

S. 154

2 Individuelle Lösung

\+ Führe die Aufgabe mit den Maßen deines Zimmers (oder einem anderen Zimmer) durch. Vielleicht hast du einen Brieffreund, dem du deine Zeichnung schicken kannst.

3

Breite des Fußes im Bild: 8 mm	60 cm : 8 mm = 600 mm : 8 mm = 75
Körperlänge im Bild: 10 cm	75 · 10 cm = 7,5 m
Körperhöhe im Bild: 4,5 cm	75 · 4,5 cm = 3,375 m

4 Die Schüler sollen an dieser Aufgabe den Unterschied zwischen Luftlinie (kürzeste Verbindung) und der längeren Straßenverbindung kennen lernen.

a) 20 km = 2 000 000 cm	Maßstab 1 : 2 000 000	
b) Regensburg – Passau:	5,5 cm	110 km
Regensburg – Landshut:	2,6 cm	52 km
Landshut – Passau:	4,75 cm	95 km
Cham – Rosenheim:	7,7 cm	154 km
c) Autobahn Landshut – Passau:	6,0 cm	120 km

\+ Suche dir eine Karte mit deinem Wohnort und ermittle die Entfernung zu den Orten, die du oft aufsuchst (z. B. Freunde, Verwandte, Geschäfte, See, Hallenbad, Fußballplatz, …).

S. 155

5 a) Türhöhe in Wirklichkeit: 2 m im Bild: 7 mm
2000 mm : 7 mm ≈ 285 Maßstab: 1 : 285
Höhe des Denkmals mit Sockel im Bild: 6 cm
Höhe des Denkmals in Wirklichkeit: 285 · 6 cm = 1710 cm ≈ 17 m
Figur ohne Sockel: 285 · 3,7 cm = 1054,5 cm ≈ 10,5m

@ b) Höhe: 18 m (Internet: Suche z. B. mit Bavaria + Statue + Höhe)
c) Höhe der Sockel: 285 · 1,5 mm = 427,5 mm ≈ 40 cm
Breite der Sockel: 285 · 2 mm = 570 mm ≈ 60 cm
d) Das Photo wurde vom Nordflügel der Ruhmeshalle in leicht südöstlicher Richtung aufgenommen.
e) Ungefähre Entfernung der Häuser im Hintergrund (am Bavariaring zwischen Poccistr. und Stielerstr.): 17 500 · 28 mm ≈ 500 m

6 a) Die Entfernung Landshut – Isarmündung beträgt in der Karte ca. 3,0 cm.
Somit ist der Maßstab ca. 1 : 2 500 000
b) z. B. Regensburg – Straubing 57,5 km; Straubing – Deggendorf 39,5 km; Deggendorf – Passau 54 km.
c) z. B. Kelheim – Wörth 56 km; Wörth – Deggendorf 73 km; Deggendorf – Dingolfing 45,5 km; Dingolfing – Landshut ca. 30 km (flussaufwärts geringere Tagesleistung).

7 a) 7,4 cm · 50 000 = 3,7 km
b)

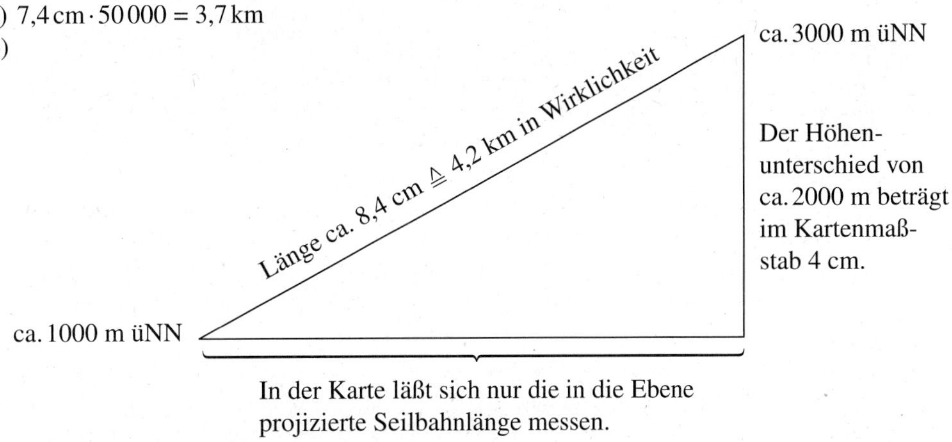

Das Seil ist noch etwas länger, weil die Bahn nicht völlig gleichmäßig an Höhe gewinnt, und das Seil noch etwas durchhängt.
c) Der Winkel beträgt ca. 28°.

8 Individuelle Lösung

S. 156

9 a) Entfernung in der Karte (z. B. mit Hilfe eines Fadens gemessen): 95 mm ≙ 4,75 km in Realität.
b) An den Höhenlinien und Höhenangaben.
c) Je enger die Höhenlinien beieinanderliegen, desto steiler ist der Weg.
d) bergauf: 197 m + 132 m = 329 m; bergab: 127 m.
e) In der Karte lässt sich nur die in die Ebene projizierte Wegstrecke messen:

10 1 cm = 10 000 µm = 1000 · 10 µm 2 cm · 1000 = 2000 cm = 20 m

11 Je nach Qualität der Zeichnung ergibt sich eine Näherung für die tatsächlichen 300,5 m.

12 Individuelle Lösungen

13 a) – d)

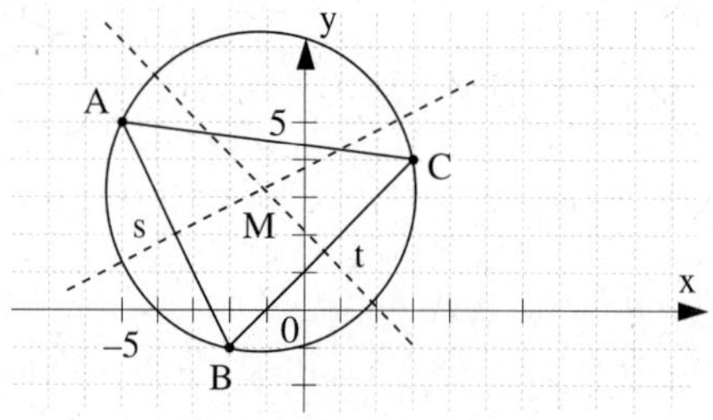

e) Die Punkte B und C liegen auf dem Kreis.

14 a) $27 \cdot [2 \cdot (31 + 18)] = 27 \cdot 98 = 2646$
b) $(-135:5):3^2 = -27:9 = -3$
c) $(-48:6) \cdot (-16 + 5) = -8 \cdot (-11) = 88$

15 a) $8 \cdot (12 + 13) \cdot 125 = 25 \cdot 1000 = 25\,000$
b) $392:8 = 400:8 - 8:8 = 49$
c) $(2 \cdot 9) \cdot 125 \cdot 4 = 9 \cdot (2 \cdot 4 \cdot 125) = 9000$
d) $364 + 77 + 6 \cdot 6 = (364 + 36) + 77 = 477$

→AB Arbeitsblatt: Maßstab und Flächeninhalt; Kopiervorlage S. 222 f.

5 Massen

A **Alternative zum Einstieg:** Koch- oder Backrezept für die Klassengemeinschaft. Mengenangaben müssen auf die jeweilige Klassenstärke hochgerechnet werden.
z. B.

Nudelsalat für die Klassenparty (Angaben für 4 Personen)

250 g	Hörnchennudeln	in Salzwasser kochen, abkühlen lassen.
2	Eier	hartkochen und abschrecken.
2 EL	Mayonnaise	mit
1 TL	Senf,	
1/2 TL	Salz,	
1/2 TL	Zucker,	
Prise	Paprika, Pfeffer und Knoblauchpulver anrühren.	
100 g	gekocht. Schinken,	
100 g	Fleischwurst,	
1/2	rote Paprika	
1/2	grüne Paprika	
2	Tomaten	
1	Apfel	
2	saure Gurken	und die Eier würfeln.
1/2	Zwiebel	kleinhacken.
		Die Marinade unter die Nudeln mischen und alle vorbereiteten Zutaten sowie
150 g	Erbsen (Dose)	unterheben.
		Evtl. mit Salz, Pfeffer, Zucker und
1 EL	Essig (Gurken)	abschmecken.
		Wenigstens 1 h ziehen lassen.

S. 157

1 3000 kg + 60 · 50 kg + 80 kg = 6080 kg = 6,08 t > 5,5 t
Der LKW darf nicht über diese Brücke fahren.

2 a) Obststand: 2500 g + 1000 g + 250 g + 2500 g = 6250 g
Metzger: 125 g + 1500 g + 150 g = 1775 g
Gemüsestand: 5000 g + 850 g + 750 g + 1500 g = 8100 g
Gesamter Einkauf: 6250 g + 1775 g + 8100 g = 16 125 g = 16,125 kg
b) 5 Pfd. Äpfel: 2500 g = 2 kg + 500 g 1 kg Bananen: 1 kg
$\frac{1}{2}$ Pfd. Erdbeeren: 250 g = 200 g + 50 g $2\frac{1}{2}$ kg Apfelsinen: 2 kg + 500 g
c) Herr Haas benötigt 4 Tragetaschen.

S. 158

3 a) 3245 g b) 600 g c) 60 kg d) 125 kg
e) 2025 kg f) 0,43 t g) 2500 kg h) 3250 m

4 a) 3 g 750 mg b) 1 kg 200 g c) 1 t 70 kg d) 12 kg 2 g 100 mg

5 Die Schüler sollen daran denken, dass man auch Massenstücke auf die andere Seite der Waage legen kann, was ein Subtrahieren der Masse von der Summe der auf der anderen Seite liegenden Massen bedeutet.
8 g 250 mg = 5 g + 2 g + 1 g + 200 mg + 50 mg
85 g 170 mg = 50 g + 20 g + 10 g + 5 g + 100 mg + 50 mg + 20 mg
490 mg = 500 mg – 10 mg 1790 mg = 2 g – 200 mg – 10 mg
1240 mg = 1 g + 200 mg + 50 mg – 10 mg 890 mg = 1 g – 100 mg – 10 mg
+ Falls ihr eine Fein- oder Briefwaage zu Hause habt, könnt ihr künftig euere Briefe wiegen und das Porto ermitteln.

6 Individuelle Lösung

7 a) 28,65 kg b) 1105 kg c) 32 kg d) 21,4 kg e) 7,3 kg f) 1300 kg

8 a) 11,7 kg b) 12,6 m c) 450 g d) 25 g e) 341,16 € f) 672 kg
g) 80 mg h) 240 kg i) 23,689 kg k) 37,02 kg
+ Erfinde selbst solche Aufgaben, löse sie und tausche sie mit deinem Nachbarn aus.

9 50 kg : 625 g = 80 160 · 250 g + 80 · 125 g = 50 000 g
Man kann 160 250g-Pakete und 80 125g-Pakete abpacken.

10 Auch bei den recherchierten Zahlen genügt die Angabe der richtigen Größenordnung.
Eine Diskussion über umweltschonende Verkehrspolitik könnte sich anschließen.
a) ca. 30 t b) ca. 300 t c) ca. 3000 t

S. 159

11 a) 0,477 kg b) 27,281 kg c) 5 kg d) 9,4 kg e) 6,4 kg f) 0,75 kg
g) 27,027 kg

12 a) Je nach Körnung und Trocknungsgrad des Sandes; z. B. 33 s.
b) Etwa 120-mal so viel: 24 kg
c) Für 50 € sind etwa 3–5 Tonnen Sand erhältlich; diese gehen in etwa 125 h bis 210 h durch ein Loch verloren. Nur wenn mit diesem LKW (bis zu seinem Lebensende) noch sehr viel Sand eingekauft werden soll, könnte sich eine Reparatur lohnen.

13 a) (80 kg + 20 kg + 3,5 kg) · 555 = 103,5 kg · 555 = 57 442,5 kg = 57,4425 t
b) (103,5 kg + 2,5 kg + 1,5 kg) · 555 = 107,5 kg · 555 = 59 662,5 kg ≈ 60 t
+ Achte beim nächsten Aufzugfahren auf das zulässige Gesamtgewicht.

14 a) 75 kg : 2,5 kg = 30 Es sind 30 Ponys.
b) 12 Ztr. : 75 kg = 600 kg : 75 kg = 8 Der Vorrat reicht für acht Tage.
Die Preisangabe ist überflüssig.

15 a) Der Term ist eine Summe. Der 1. Summand ist ein Quotient aus einer Zahl und der Summe zweier Zahlen. Der 2. Summand ist die Zahl 1.
Ergebnis: 6
b) Der Term ist ein Produkt. Der 1. Faktor ist eine Summe zweier Zahlen. Der 2. Faktor ist eine Summe zweier Zahlen.
Ergebnis: –280
c) Der Term ist ein Quotient. Der Dividend ist eine Summe aus einer Zahl und einem Produkt zweier Zahlen. Der Divisor ist eine Zahl.
Ergebnis: 7
d) Der Term ist eine Summe. Der 1. Summand ist ein Produkt aus einer Summe und einer Zahl. Der 2. Summand ist ein Quotient.
Ergebnis: 101

16 a) Der Wert des Produktes vervierfacht sich.
b) Der Wert des Produktes bleibt gleich.
c) $(244 + 16) \cdot (48 - 16) - 244 \cdot 48 = -3392$. Der Wert des Produktes wird um 3392 kleiner.

17 a) Distributivgesetz
b) Er hat beim Rechnen übersehen, dass er die Reste nicht zusammen setzen kann. Deshalb war die Anwendung des Distributivgesetzes hier nicht zulässig.

6 Geld

S. 160

1 Ein kompletter Satz Münzen ist 3,88 € wert. Bis 5 € fehlen noch 1,12 €.

2 a) 1400 ct : 180 ct = 7 Rest 140 ct   Eine Zehnerkarte lohnt sich ab acht Besuchen.
b) Zwei Zehnerkarten kosten 28 €. Sie hätte bei 20 Besuchen gegenüber der Viermonatskarte 2,50 € gespart.
c) Jessica überlegt, wie viele Viermonatskarten, Zehnerkarten und Einzelkarten sie für 74 € kaufen könnte:

Viermonatskarte	2	1	0
Zehnerkarte	0	3	5
Einzelkarte	7	0	2
Gesamtpreis	73,60 €	72,50 €	73,60 €

- Für weniger als 74 € könnte Jessica in zweimal vier Monaten beliebig oft ins Bad gehen und in den restlichen vier Monaten noch sieben Mal.
- Sie könnte in vier Monaten, z. B. im Sommer, beliebig oft gehen und in den restlichen acht Monaten noch 30 Mal mit den Zehnerkarten.
- Sie könnte aber auch 52 Mal an beliebigen Tagen im Jahr gehen.

Wenn Jessica höchstens einmal pro Woche ins Bad gehen will, nimmt sie am besten Zehnerkarten.
Wenn sie im Sommer öfter als 21 Mal ins Bad gehen will, nimmt sie eine Viermonatskarte und für den Rest des Jahres Zehnerkarten.
Wenn Jessica mehr als einmal pro Woche ins Bad gehen will, und keine Vorliebe für eine bestimmte Jahreszeit hat, lohnt sich eine Jahreskarte.

S. 161

3 50 ct – Deutschland – Brandenburger Tor in Berlin
50 ct – Italien – Kaiser Marc Aurel
5 ct – Italien – Kolosseum in Rom
10 ct – Östereich – Stephansdom in Wien

4 a) 909 ct   b) 12,04 €   c) 0,23 €   b) 305 ct

5 280€ – (116€ + 25€) = 139€
139€ : 18€ = 7 Rest 13€
Er muss acht Monate lang zahlen. Seine letzte Zahlung beträgt nur noch 13 €.

6 780€ + 227,30€ + 150€ = 1157,30€

7 a) 40,56€ b) 98,78€

8 a) 445,25€ b) 24,12€ c) 1225,84€ d) 87,63€

9 a) (350€ + 150€) · 35 = 17 500€
b) (5700€ + 1590€) : 27 = 270€
c) 23 m · 15 – 700 m : 28 = 345 m – 25 m = 320 m
Die genauen Ergebnisse: a) 17 500€ b) 270€ c) 321,10 m

10 Wenn Silke nicht die teuerste Skihose nimmt, kann sie den Rest beliebig wählen. Andernfalls muss sie bei den Mützen und Handschuhen auf die teuerste Preisklasse verzichten und bei mindestens einem dieser Artikel den billigsten nehmen.

11 a) Die Limonade ist im Maximarkt mit 7,44€ am billigsten, die Chips mit 5,46€ im Rathausmarkt; das sind zusammen 12,90€.
b) 7,44€ – 60 · 0,15€ = 7,44€ – 9€ = –1,56€

12 Selbstkosten: 32€ + 6,50€ = 38,50€
Verkaufserlös: (50 – 12) · 0,99€ + 12 · 0,49€ = 43,50€
Also macht er 5€ Gewinn.

13 a) (0|2,5) und (–2|2,5)
b) M (–1|3). Der Radius beträgt 2 cm.

7 Zeit

S. 162

1 a) Zur Trennung der Einheiten h, min und s verwendet man einen Doppelpukt, um schon durch die Schreibweise anzudeuten, dass es sich nicht um dezimale Einheiten handelt. 2:34:52 h bedeutet 2 h 34 min 52 s.
b) 3 h 19 min 54 s – 2 h 34 min 52 s = 2 h 79 min 54 s – 2 h 34 min 52 s = 45 min 2 s
c) 3 h 19 min 54 s + 2 min 12 s = 3 h 21 min 66 s = 3 h 22 min 6 s = 3:22:06 h

2 a) Die linke Uhr zeigt die Uhrzeit an, die rechte die gespielte Zeit.
b) Es ist 4.10 Uhr und es sind in der ersten Halbzeit noch 5 Minuten zu spielen.

S. 163

3 a) 240 s b) 5 min c) $2\frac{1}{2}$ h d) $3\frac{1}{2}$ d e) 720 min f) 6 d
g) $15\frac{3}{4}$ h h) $2\frac{1}{4}$ h

4 a) 184 min b) 52 h c) 130 min d) 1250 ct e) 252 s f) 5815 min

5 a) 11 155 s b) 2297 min c) 5657 s d) 43 932 s

6 a) 1 h 35 min b) 27 min c) 40 h 12 min d) 35 min e) 15 f) 12 h
g) 1 h 45 min h) 3 d 14 min 24 s i) 11 min j) 12

+ Erstelle ähnliche Aufgaben, rechne sie und tausche sie mit deinem Nachbarn auS. Achte immer darauf, ob im Ergebnis eine Zahl oder eine Maßzahl stehen muss.

7 a) Benötigte Dauer: 60 min 46 s + 5 · 5 s = 61 min 11 s. Eine 70-Minuten-CD reicht.
b) 8 min 49 s sind noch übrig.

8 Beginn 1.41 Uhr; Ende 3.35 Uhr; Dauer 2 h 43 min

9 a) 2 h 7 min b) IC 1087 c) ICE 91

+ An größeren Bahnhöfen sind solche Fahrplanauszüge kostenlos erhältlich. Damit lassen sich weitere interessante Fragestellungen untersuchen.

S. 164

10 Das Sonnenjahr dauert 5 h 48 min 46 s länger als das Kalenderjahr. Der Beginn der Jahreszeiten richtet sich aber nach dem Lauf der Sonne. Der Frühlingsanfang würde (ohne Korrektur) im Kalender nach hinten rücken und irgendwann einmal im Dezember sein.

11 a) 4 · 5 h 48 min 46 s = 23 h 15 min 4 s
Vor der julianischen Reform begann das 5. Sonnenjahr 23 h 15 min 4 s später als das 5. Kalenderjahr.
b) 24 h – 23 h 15 min 4 s = 44 min 56 s
Nach dem julianischen Kalender beginnt das 5. Kalenderjahr 44 min 56 s später als das 5. Sonnenjahr.

12 25 · 44 min 56 s = 1100 min 1400 s = 1123 min 20 s = 18 h 43 min 20 s.
Nach Einführung des julianischen Kalenders beginnt das 101. Kalenderjahr 18 h 43 min 20 s später als das 101. Sonnenjahr.

13 24 h – 18 h 43 min 56 s = 5 h 16 min 4 s
Nach dem gregorianischen Kalender mit dem Weglassen jedes 25. Schalttages beginnt das 101. Kalenderjahr 5 h 16 min 4 s früher als das 101. Sonnenjahr.
4 · 5 h 16 min 4 s = 21 h 4 min 16 s 24 h – 21 h 4 min 16 s = 2 h 55 min 44 s
Nach dem Belassen jedes Schalttages nach 400 Jahren gemäß dem gregorianischen Kalender beginnt nach jeweils 400 Jahren das Kalenderjahr 2 h 55 min 44 s später als das Sonnenjahr.

14 8 · 2 h 55 min 44 s = 23 h 25 min 52 s 8 · 400 = 3200
Nach 3200 Jahren müsste ein Tag aus dem gregorianischen Kalender gestrichen werden.

15 Es gibt mehrere Möglichkeiten (da die Uhr nur 12 Stunden unterscheidet).
4 h 3 min – 3 h 7 min = 56 min 15 h 7 min – 4 h 3 min = 11 h 4 min
16 h 3 min – 3 h 7 min = 12 h 56 min 16 h 3 min – 15 h 7 min = 56 min

16 Der Sekundenzeiger läuft zwischen 12.00 Uhr und 13.00 Uhr 59 Mal über den Stundenzeiger und 58 Mal über den Minutenzeiger hinweg.

17 a) –1 b) 14 c) 28 d) –7 e) –9 f) 13
g) –34 h) –106

18 a) (–45 + 23) – [19 –(–91)] = – 132
b) [(–48) : 8] · [(– 12) + (– 5)] = 102

19 a) 10 b) 364 c) 1 d) 199 e) 5 f) 8 oder – 8

→AB Arbeitsblatt: Zeitdauern und Zeitpunkte; Kopiervorlage S. 198 f.

→TB Trainingsblatt: Rechnen mit Größen; Kopiervorlage S. 200 f.

→TB Trainingsblatt: Textaufgaben zu Größen; Kopiervorlage S. 202 f.

→ Dominoschlange: Größen; Kopiervorlage S. 204
(Spieldauer: 10–20 min)

Thema: Unsere Erde im Weltraum

S. 166

1 a) Der Maßstab beträgt 1 : 10 000 000 000.
b) Durchmesser der Sonne: 13,92 cm

Merkur:	5,8 m;	0,5 mm
Venus:	10,8 m;	1,2 mm
Erde:	15,0 m;	1,3 mm
Mars:	22,8 m;	0,7 mm
Jupiter:	77,8 m;	1,4 cm
Saturn:	142,8 m;	1,2 cm
Uranus:	287,2 m;	4,8 mm
Neptun:	449,8 m;	4,5 mm
Pluto:	600,0 m;	0,2 mm

c) Die Längen sind in Untersieman mehr als zehn mal so groß wie hier.

2 a) Ungefähr 40 Billionen km
b) Ungefähr 4000 km

3 a) Erde – Dubhe: 960 Billionen km
Erde – Benetnasch: 1,6 Billiarden km
b) Erde – Beteigeuze: 2,7 Billiarden km

4 30 000 Lichtjahre = 300 Billiarden km
15 000 Lichtjahre = 150 Billiarden km
100 000 Lichtjahre = 1 Trillion km

5 a) Der Maßstab beträgt 1 : 100 Billiarden
Sonne – Zentrum der Milchstraße: 3 km
b) Durchmesser der Sonne: 0,014 μm

Thema: Steigungen im Gelände

S. 167

1 a) Der Fluss fließt abwärts, also von Osten nach Westen.
b)

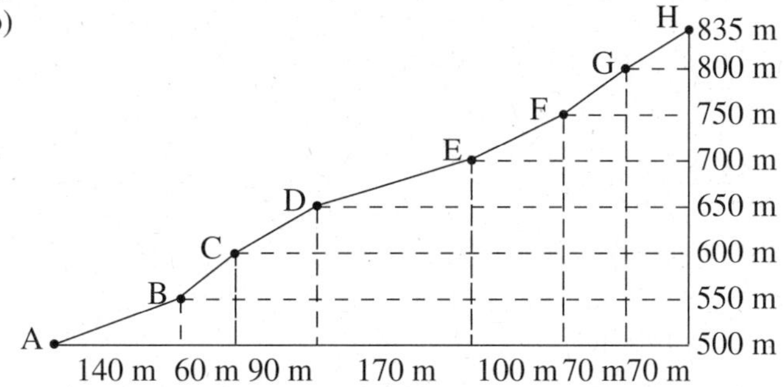

c) Der Abschnitt B – C ist am steilsten; hier beträgt der Steigungswinkel ca. 40°.
d) Wegen der Kante CD kann man den Gipfel nicht sehen.

2 analog zur Aufgabe 1b)

3 a) Das kommt darauf an, ob man Steilstücke lieber im Aufstieg oder im Abstieg meiden will. Im Aufstieg erfordern sie mehr Anstrengung und belasten das Herz stärker, im Abstieg werden die Kniegelenke stärker belastet. Wer z. B. Kniebeschwerden hat, wird lieber in A beginnen.
b) Dieses Gebiet ist steiler als die Umgebung.

VIII Fläche und Flächenmessung

1 Flächeninhalte vergleichen und messen

A **Alternative zum Einstieg:** Tangram; Kopiervorlage S. 205 ff.
Weitere maßstabsgetreue Figuren zum Auslegen downlowdbar im Internetauftritt.

\+ Lege mit einem Tangram selbst interessante Flächen, zeichne nur die Umrisse und lasse deinen Partner herausfinden, wie du diese Figur zusammengesetzt hast.

S. 170

1 a) Nein, es ist nicht ohne weiteres möglich zu entscheiden, ob die Flächen gleich groß sind, da man zunächst nicht erkennt, ob die Katzen aus den gleichen Figuren gelegt sind.
b) Die Flächen dieser beiden Katzen lassen sich vergleichen, indem man die Flächen der einzelnen Figuren, aus denen die Katzen zusammengesetzt sind, vergleicht. Die beiden Katzen können mit den gleichen Figuren (2 großen Dreiecken, 1 mittelgroßen Dreieck, 2 kleinen Dreiecken, 1 Quadrat und 1 Parallelogramm) ausgelegt werden, also sind ihre Flächen gleich groß.
c)

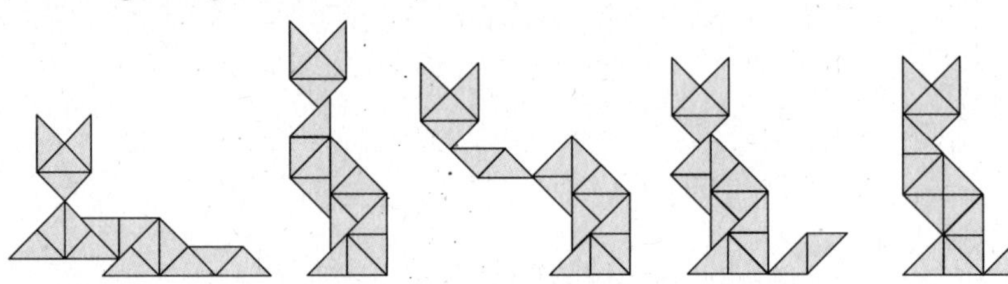

Für die ersten vier Katzen braucht man jeweils 16 kleine Dreiecke, für die rechte Katze dagegen nur 15 kleine Dreiecke. Die rechte Katzenfläche ist somit kleiner als die Fläche der anderen Katzen.

2 Wenn man die Quadrate zählt, mit denen die Terrassen ausgelegt sind, erhält man für die westliche Terrasse 58 Quadrate und für die östliche Terrasse 60 Quadrate. Die östliche Terrasse ist somit um 2 Quadrate größer als die westliche. Die westliche Terrasse hat einen Flächeninhalt von 58 Quadratgrößen und die östliche Terrrasse hat einen Flächeninhalt von 60 Quadratgrößen.

S. 171

3 Die zwei oberen Hasen haben den gleichen Flächeninhalt; der dritte Hase hat ein kleines Dreieck weniger.

4 a) Flächeninhalte:

	A: 10 Kästchengrößen	B: 14 Kästchengrößen
	C: 14 Kästchengrößen	D: 12 Kästchengrößen
	E: 16 Kästchengrößen	F: 28 Kästchengrößen

Nur die beiden Flächen B und C sind gleich groß.

b) Beispiele:

A: 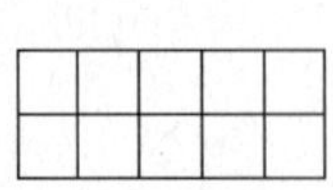

B und C: 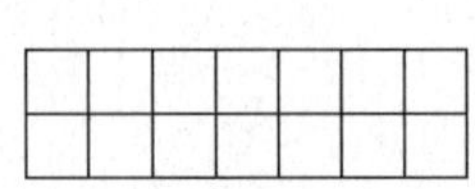

D: 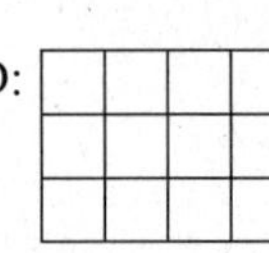

E: 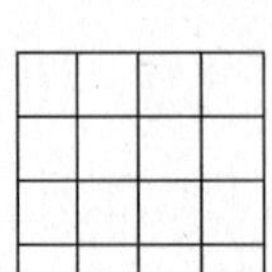

F: 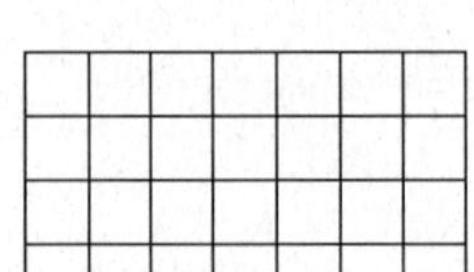

5 a)

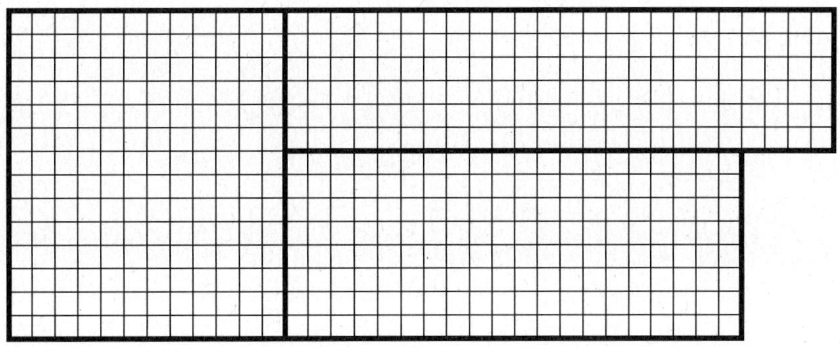

b) Wird als Quadratgitter das 5mm-Karogitter des Heftes benutzt, ergeben sich folgende Werte:
A (Haus): 168 Quadratgrößen B (Garage): 144 Quadratgrößen
C (Werkstatt): 160 Quadratgrößen

c) U_A = (26 cm bzw.) 52 m; U_B = (30 cm bzw.) 60 m; U_C = (28 cm bzw.) 56 m
Das Rechteck mit dem größten Flächeninhalt (Haus) hat den kürzesten Umfang und das Rechteck mit dem kleinsten Flächeninhalt (Garage) hat den längsten Umfang.

6

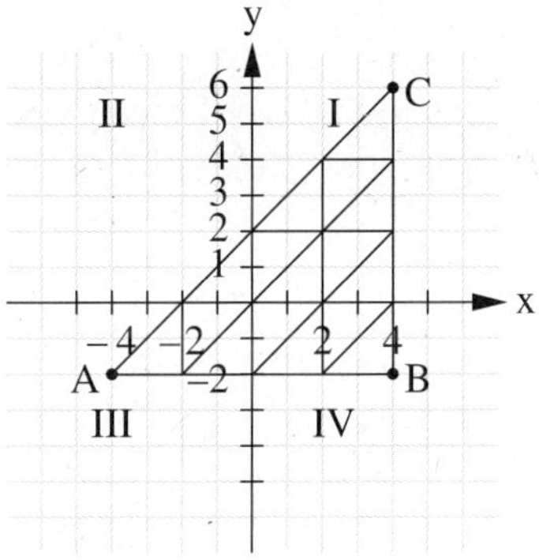

I. Quadrant:
8 Dreiecksgrößen
II. Quadrant:
1 Dreiecksgröße
III. Quadrant:
3 Dreiecksgrößen
IV. Quadrant:
4 Dreiecksgrößen

Randspalte: Zum Knobeln:

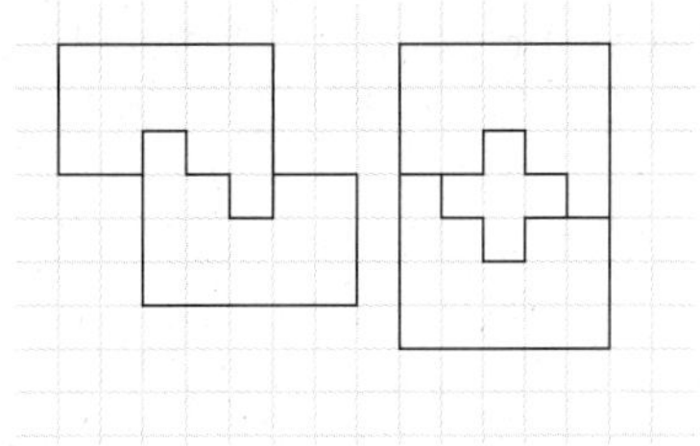

7 Jedes der Dreiecke besitzt den gleichen Flächeninhalt wie das Rechteck, nämlich 8 Kästchengrößen.

8 2 Kästchen 4 Kästchen 6 Kästchen

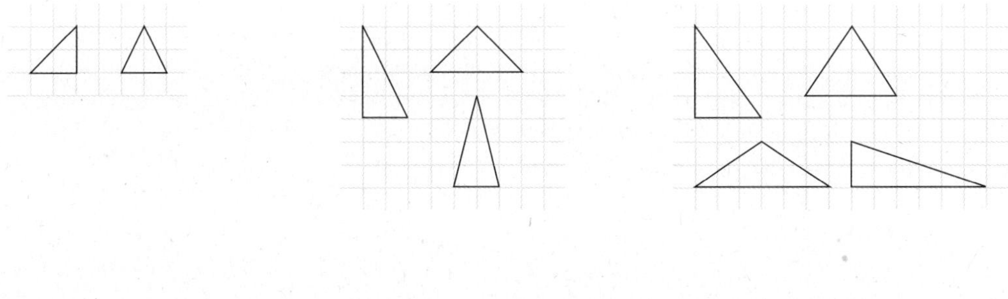

9 a)

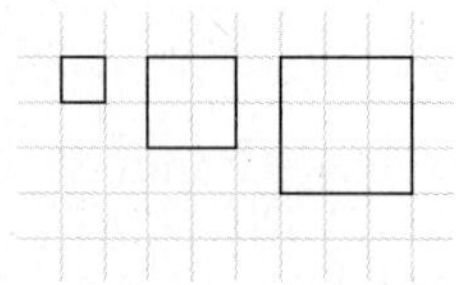

b)

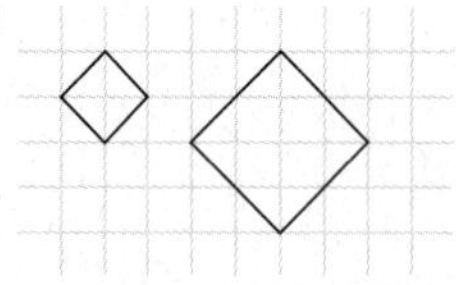

10

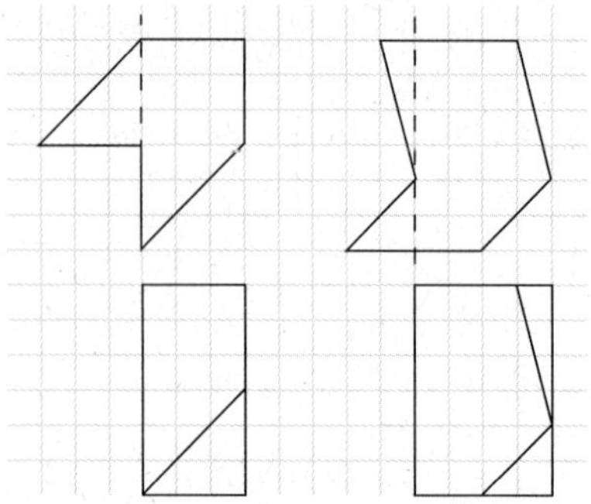

18 Kästchengrößen 24 Kästchengrößen

\+ Zeichne ein Rechteck, zerschneide es und lege neue flächengleiche Figuren.

→i Vergleiche dazu auch LE 4 Flächeninhalte verschiedener Figuren

11

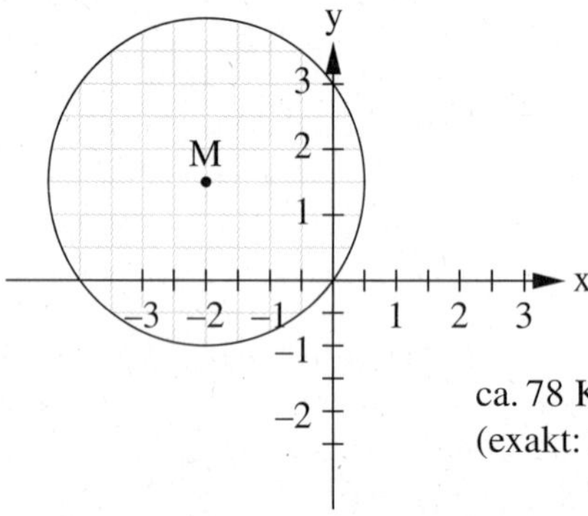

ca. 78 Kästchengrößen
(exakt: Kreisflächeninhalt: 19,6 cm^2 ≙ 78,4 Kästchengrößen)

→i Vergleiche auch Lesetext zum Flächeninhalt eines Kreises *(Schülerbuch S. 189)*

12 a) 37 cm b) 2 030 020 g c) 270 min d) 4500 g e) 4321 cm f) 722 ct
Bei Zeitangaben (c)) ist eine Einheitentabelle nicht hilfreich.

→ Rätsel zur Flächenbestimmung: Top Secret; Kopiervorlage S. 208
Um eine Geheimschrift zu entziffern, müssen Flächeninhalte bestimmt werden.
Lösungssatz: Nachts sind alle Katzen grau.

\+ Die Schüler können analog selbst eine Botschaft verschlüsseln und vom Nachbarn entschlüsseln lassen.

→ Daumenkino zur Flächenverwandlung downlowdbar im Internetauftritt.

2 Flächeneinheiten

Für diese Lerneinheit wäre es schön, wenn die Schüler Zollstöcke oder Maßbänder zur Verfügung hätten.

Quadratdezimeter und Quadratzentimeter, Kopiervorlage S. 209 zum Zerschneiden

Alternativen zum Einstieg

A1 Bilderserie zu den Maßeinheiten des Flächeninhalts mit anschaulichen Beispielen und Umrechnung; zur Projektion mit Beamer, downloadbar im Internetauftritt

A2 Flächenrekorde in der Geographie aus Fachliteratur, Internet, …
Beispiele: Größter Süßwassersee: Oberer See (81 459 km^2)
größtes Korallenriff: Great Barrier Reef (260 000 km^2)
größter Ozean: der Pazifik (179 600 000 km^2)
größter Meteoritenkrater (in Deutschland): das Ries (380 km^2)
größte Insel: Grönland (2 175 600 km^2)

S. 172 **1** Individuelle Lösung

2 Die Größe von Wohnungen wird normalerweise in m^2 angegeben.
Grundstücke: m^2; Ackerflächen: ha; Staaten: km^2
\+ Es können auch selbst Anzeigen mitgebracht werden.

S. 174 **3** Flächeninhalt der Tafel: häufig ca. $4\,m^2$; Flächeninhalt der Tür: ca. $2\,m^2$

4 a) Flächeninhalt einer Briefmarke: ≙ Quadratzentimeter
Flächeninhalt eines Geldscheins: ≙ Quadratdezimeter
Flächeninhalt eines Klassenzimmerbodens: ≙ Ar
Flächeninhalt eines Flugplatzes ≙ Quadratkilometer
b) Individuelle Lösung
\+ Die Schüler können am Schulhof ein Ar darstellen.

5 Tür: $2\,m^2$; Golfplatz: 46 ha; Briefmarke: $4\,cm^2$; Basketballfeld: 4 a; Bodensee: $539\,km^2$; Buch: $5\,dm^2$

6 Teppich in m^2; Flughafen in km^2; Fensterscheibe in dm^2 oder m^2; Garten in m^2; Terrasse in m^2; Postkarte in cm^2 oder dm^2; Briefmarke in cm^2; Fabrikgelände in m^2, a oder ha; Kopf eines Nagels in mm^2; Poster in dm^2; Wiesen in ha; Fläche einer Stadt in km^2; Filmnegativ in cm^2

7 a) $2\,dm^2 = 200\,cm^2$; $1300\,mm^2 = 13\,cm^2$; $40\,dm^2 = 4000\,cm^2$
b) $800\,cm^2 = 8\,dm^2$; $21\,m^2 = 2100\,dm^2$; $9000\,cm^2 = 90\,dm^2$
c) $20\,a = 2000\,m^2$; $90\,000\,dm^2 = 900\,m^2$; $400\,a = 40\,000\,m^2$
d) $400\,m^2 = 4\,a$; $210\,ha = 21\,000\,a$; $50\,000\,dm^2 = 5\,a$

8 a) $5\,m^2 = 500\,dm^2$; $40\,m^2 = 4000\,dm^2$; $25\,dm^2 = 2500\,cm^2$; $7{,}5\,cm^2 = 750\,mm^2$; $71\,cm^2 = 7100\,mm^2$.
b) $24\,ha = 2400\,a$; $4\,km^2 = 400\,ha$; $3{,}1\,a = 310\,m^2$; $0{,}05\,ha = 5\,a$; $52\,km^2 = 5200\,ha$.
c) $2{,}5\,m^2 = 250\,dm^2$; $1{,}3\,m^2 = 130\,dm^2$; $2\,dm^2 = 200\,cm^2$; $0{,}9\,cm^2 = 90\,mm^2$; $0{,}15\,cm^2 = 15\,mm^2$.

9 a) $400\,cm^2 = 4\,dm^2$; $8200\,dm^2 = 82\,m^2$; $430\,mm^2 = 4{,}3\,cm^2$; $7000\,cm^2 = 70\,dm^2$.
b) $90\,dm^2 = 0{,}9\,m^2$; $200\,ha = 2\,km^2$; $50\,000\,a = 500\,ha$; $350\,dm^2 = 3{,}5\,m^2$; $15\,ha = 0{,}15\,km^2$.
c) $500\,m^2 = 5\,a$; $30\,000\,ha = 300\,km^2$; $70\,a = 0{,}7\,ha$; $2100\,m^2 = 21\,a$.

10 a) $1700\,dm^2$; $1240\,mm^2$; $23\,500\,cm^2$; $2500\,cm$; $60\,000\,mm^2$
b) $1870\,cm^2$; $79\,dm$; $318\,m^2$; $15{,}04\,ha$; $30\,000\,m^2$
\+ Erfinde selbst ähnliche Aufgaben und tausche sie mit deinem Nachbarn aus.

11 Nächstgrößere Einheit: $2\,a$; $3\,ha$; $12\,dm^2$; $50\,m^2$; $13\,km^2$; $70\,a$; $400\,km^2$; $2000\,m^2$.
Nächstkleinere Einheit: $20\,000\,dm^2$; $30\,000\,m^2$; $120\,000\,mm^2$; $5 \cdot 10^5\,cm^2$; $130\,000\,a$; $7 \cdot 10^5\,dm^2$; $4 \cdot 10^6\,a$; $2 \cdot 10^7\,cm^2$.

12 a) $1325\,m^2$; $401\,m^2$; $50\,050\,m^2$; $20\,000\,m^2$
b) $200\,075\,m^2$; $30\,780\,m^2$; $300\,500\,m^2$
c) $1{,}1\,m^2$; $1{,}01\,m^2$; $10{,}01\,m^2$
d) $5{,}5\,m^2$; $1{,}7\,m^2$; $0{,}2004\,m^2$
\+ Ordne die Ergebnisse der einzelnen Teilaufgaben der Größe nach.

13 linke Figur: 18 Kästchengrößen = $3\,cm^2$
rechte Figur: 42 Kästchengrößen = $7\,cm^2$

14 a) $7\,m^2\,30\,dm^2$; $12\,cm^2\,50\,mm^2$; $34\,dm^2\,12\,cm^2$
b) $1\,m^2\,43\,dm^2\,60\,cm^2$; $5\,a\,43\,m^2$; $8\,m^2\,8\,dm^2$
c) $5\,ha\,80a$; $60\,a\,30\,m^2\,10\,dm^2$; $23\,km^2\,5\,ha$
d) $3\,m^2\,57\,dm^2\,20\,cm^2$; $50\,a\,8\,m^2$; $2\,km^2\,4\,ha\,50\,a$

15 a) $341\,dm^2$ b) $802\,cm^2$ c) $303\,mm$ d) $20\,501\,m^2$ e) $1690\,dm^2$ f) $10\,205\,cm^2$
g) $75\,cm^2$ h) $869\,ha$ i) $50\,005\,cm^2$ k) $445\,cm$

S. 175

16

a) 3	b) 7	5		c) 7	
d) 1	5		e) 3	5	7
g) 2	1	3	5	0	0
	6		8		5
h) 6		i) 3	5	5	
1		k) 7	0	2	0

17 a) $30\,m^2\,18\,dm^2$ b) $2\,km^2\,1\,ha\,50\,a$ c) $50\,km^2\,75\,ha$
d) $14\,ha\,4\,a\,20\,m^2$ e) $2\,m^2\,20\,dm^2$ f) $4\,dm^2\,2\,cm^2$
g) 30005 h) 6

18 a) $1\,km^2\,5\,ha\,40\,a$ b) $77\,dm^2\,60\,cm^2$ c) $7\,a\,59\,m^2$

19 a) $2\,m^2\,75\,dm^2 - 50\,dm^2 = 2\,m^2\,25\,dm^2$
Klaus will sich zu Fasching eine Toga nähen. Er hat ein Stück Stoff von $2\,m^2\,75\,dm^2$ Flächeninhalt. Für den Gürtel braucht er einen $\frac{1}{2}\,m^2$ von dem Stoff. Wie viel bleibt ihm für die Toga?
b) $2\,ha\,30\,a - 1\,ha\,80\,a = 50\,a$
Ein Bauer verkauft von seinem 2 ha 30 a großen Grundstück einen Teil an eine Baufirma. Es bleibt ihm dann noch ein Grundstück von 1 ha 80 a. Wie viel Fläche hat er verkauft?
c) $6\,m^2\,60\,dm^2 : 4\,dm^2 = 165$
Ein Flurboden soll mit quadratischen Fliesen von 20 cm Kantenlänge gefliest werden. Der Flur besitzt einen Flächeninhalt von $6{,}60\,m^2$. Wie viele Fliesen braucht man etwa?
d) $12\,a\,12\,m^2 : 12 = 1\,a\,1\,m^2$
Auf einem $12\,a\,12\,m^2$ großen Grundstück sollen 12 Reihenhäuser gebaut werden. Wie viel Fläche ergibt das für jedes einzelne Reihenhausgrundstück?

20 a) $\frac{1}{16}\,m^2$ b) 8 c) 5-mal d) $25\,m^2$

21 $100 \cdot 20\,g = 2\,kg$

22 $(1620\,m^2 - 180\,m^2) : 2 = 720\,m^2$

23 80 735,24 € – 670 · (195 € + 45 €) = – 80 064,76 €

\+ Erkundige dich, wie viel bei euch 1 m^2 Bauplatz kostet. Finde mögliche Gründe, warum er teurer/billiger als in dieser Aufgabe ist.

24 a) Der Landwirt braucht mindestens [(20 000 m^2 : 100 m^2) · 7 kg] : 50 kg = 28 Säcke und höchstens 40 Säcke.
b) Landwirt: 4600 kg : 200 a = 23 $\frac{kg}{a}$
Nachbar: 2000 kg : 80 a = 25 $\frac{kg}{a}$

25 a) Die Skizze ist 3 cm breit und 12 cm lang.
b) 6 · 24 = 144
c) 2 cm; 3 cm; 4 cm; 5 cm; 6 cm; 8 cm; 10 cm; 12 cm; 15 cm; 20 cm; 24 cm; 30 cm; 40 cm; 60 cm; 120 cm.

26 a) 40; 20; 16; 10; 8; 5; 4; 2; 1
b) –3; –15; –21; –35; 52 Rest 1; 21; 5 Rest 5; 2 Rest 5
c) 48; 32; 24; 16; 12; 8; 6; 4; 3; 2
d) –501; –1002; 250 Rest 4; 167; 16 Rest 4; 4 Rest 4

→ TB Trainingsblatt: Flächeneinheiten; Kopiervorlage S. 210 f.

3 Flächeninhalt des Rechtecks

Alternativen zum Einstieg:

→ AB **A1** Arbeitsblatt: Flächeninhalt des Rechtecks; Kopiervorlage S. 212 f.
sowie Quadratdezimeter und Quadratzentimeter; Kopiervorlage S. 209
Die Schüler können durch Auslegen der verschiedenen Rechtecke mit Zentimeterquadraten selbst den Zusammenhang A = a · b finden.

A2 Die beiden Zimmer von Aufgabe 1 könnten mit Kreide auf den Klassenzimmerboden oder den Schulhof gezeichnet werden.

S. 176 **1** Wenn man die Rechtecksflächen der Zimmer mit Quadraten von 1 m Seitenlänge auslegt, so ergibt sich: Lisas Zimmergrundfläche lässt sich mit 3 · 5 = 15 Meterquadraten auslegen; Julians Zimmergrundfläche dagegen mit 4 · 4 = 16 Meterquadraten. Julians Zimmer ist also größer als das Zimmer von Lisa.
Man kann die beiden Zimmer auch im Maßstab 1 : 100 auf Karopapier zeichnen und dann in Zentimeterquadrate einteilen bzw. zerschneiden.

S. 177 **2**

a) 32 cm^2; 24 cm	b) 60 m^2; 34 m	c) 2 m^2; 66 dm
d) 10 cm^2; 266 mm	e) 2 m^2; 9 m	f) 6 dm^2; 11 dm
g) 20 cm^2; 21 cm	h) 405 dm^2; 87 dm	

\+ Suche zu Hause nach rechteckigen Gegenständen und berechne Umfang und Flächeninhalt dieser Rechtecke.

3 a) Der Flächeninhalt verdoppelt sich.
b) Der Flächeninhalt vervierfacht sich.
c) Der Flächeninhalt ändert sich nicht.

\+ Wie verändert sich der Umfang jeweils? Bei welcher/welchen Teilaufgaben kann man eine Aussage treffen? (Antwort: nur bei b) ist eine Aussage möglich: der Umfang verdoppelt sich; Ausnahme: das Rechteck ist sogar ein Quadrat – dann gilt:
a) U = 4a → U = 6a   b) U = 4a → U = 5a

4

a) 36 cm^2; 24 cm	b) 25 m^2; 20 m	c) 100 km^2; 40 km
d) 225 mm^2; 6 cm	e) 4 ha; 800 m	f) 324 dm^2; 72 dm

5

Seitenlänge	1 m	2 m	4 m	8 m	16 m
Flächeninhalt	$1\,m^2$	$4\,m^2$	$16\,m^2$	$64\,m^2$	$256\,m^2$
Umfang	4 m	8 m	16 m	32 m	64 m

Der Flächeninhalt des Rechtecks vervierfacht sich jeweils, der Umfang verdoppelt sich jeweils.

6 $b \approx 19\,cm$; $l \approx 26\,cm \rightarrow A \approx 494\,cm^2$
Das Buch hat 208 Seiten, also 104 Blätter.
$104 \cdot 494\,cm^2 = 51\,376\,cm^2 = 5\,m^2\ 13\,dm^2\ 76\,cm^2$

7 a) 80 ha; 1000 Baugrundstücke
b) 34 ha 50 a, also weniger als die Hälfte der Autobahn
\+ Wie viele km^2 werden in Deutschland von Straßen eingenommen?
(Stand 2001: $15\,264\,km^2 \triangleq 4{,}3\,\%$)

S. 178

8 a) 3 verschiedene Rechtecke
b) $12 \cdot 5\,cm = 60\,cm$
c) $(1 \cdot 5\,cm) \cdot (5 \cdot 5\,cm) = 125\,cm^2$
$(2 \cdot 5\,cm) \cdot (4 \cdot 5\,cm) = 200\,cm^2$
$(3 \cdot 5\,cm) \cdot (3 \cdot 5\,cm) = 225\,cm^2$

9 rot: $18\,mm \cdot 8\,mm = 144\,mm^2$; $2 \cdot (18\,mm + 8\,mm) = 52\,mm$
braun: $16\,mm \cdot 9\,mm = 144\,mm^2$; $2 \cdot (16\,mm + 9\,mm) = 50\,mm$
grün: $48\,mm \cdot 3\,mm = 144\,mm^2$; $2 \cdot (48\,mm + 3\,mm) = 102\,mm$
orange: $24\,mm \cdot 5\,mm = 120\,mm^2$; $2 \cdot (24\,mm + 5\,mm) = 58\,mm$
gelb: $12\,mm \cdot 12\,mm = 144\,mm^2$; $2 \cdot (12\,mm + 12\,mm) = 48\,mm$
kleinster Flächeninhalt: orange; größter Flächeninhalt: alle übrigen
kleinster Umfang: gelb; größter Umfang: grün

10 a) (24|0), (24|0,5), (0|0,5), U = 49 cm
(12|0), (12|1), (0|1), U = 26 cm
(8|0), (8|1,5), (0|1,5), U = 19 cm
(6|0), (6|2), (0|2), U = 16 cm
(4|0), (4|3), (0|3), U = 14 cm
b) $9\,cm \cdot 1\,cm = 9\,cm^2$; $8\,cm \cdot 2\,cm = 16\,cm^2$; $7\,cm \cdot 3\,cm = 21\,cm^2$; $6\,cm \cdot 4\,cm = 24\,cm^2$
$5\,cm \cdot 5\,cm = 25\,cm^2$
\+ Die Schüler sollen eine verknotete Schnur so über vier Finger spannen (jeweils Zeigefinger und Daumen), dass verschiedene Rechtecke mit gleichem Umfang, aber unterschiedlichem Flächeninhalt entstehen.

11 $2 \cdot (1\,m + 1\,m) = 4\,m$; $2 \cdot (2\,m + 5\,dm) = 5\,m$; $2 \cdot (25\,dm + 4\,dm) = 58\,dm$;
$2 \cdot (5\,m + 2\,dm) = 104\,dm$

12 Lösungswort: D I V I S I O N

13 b = 9 cm; U = 42 cm (b = 20 cm; U = 64 cm)

14

a	4 cm	5 m	**40 m**	40 cm
b	3 dm	**6 m**	25 m	**5 m**
A	**$120\,cm^2$**	**$30\,m^2$**	10 a	$2\,m^2$
U	**68 cm**	22 m	**130 m**	**108 dm**

\+ Erstelle eine ähnliche Tabelle und lasse sie von deinem Nachbarn lösen.

15 Ja, z. B.: Länge: 1 km; Breite: 1 mm

16 a) $A = 64\,cm^2$; $U = 32\,cm$ b) $A = 100\,km^2$; $U = 40\,km$ c) $a = 12\,m$; $A = 144\,m^2$
d) $a = 8\,cm$; $U = 32\,cm$ e) $a = 11\,m$; $U = 44\,m$ f) $a = 25\,cm$; $A = 625\,cm^2$

17 a) $l = 27\,cm$; $b = 9\,cm$; $A = 243\,cm^2$ b) $l = 36\,cm$; $b = 12\,cm$

18 Fläche des Schrebergartens: $(96\,m : 4)^2 = 576\,m^2$
Länge des neuen Gartens: $576\,m^2 : 18\,m = 32\,m$
Länge des neuen Zauns: $2 \cdot (18\,m + 32\,m) = 100\,m$
Der Zaun muss um 4 m verlängert werden.

S. 179

19 a) mindestens: $90\,m \cdot 45\,m$; höchstens: $120\,m \cdot 90\,m$
b) mindestens: $4050\,m^2 = 40{,}5\,a$; höchstens: $10\,800\,m^2 = 108\,a$
c) mindestens: $2 \cdot 90\,m + 3 \cdot 45\,m + 2 \cdot (2 \cdot 16{,}5\,m + 40{,}32\,m + 2 \cdot 5{,}5\,m + 18{,}32\,m) + 92{,}5\,m = 612{,}78\,m$
höchstens: $2 \cdot 120\,m + 3 \cdot 90\,m + 2 \cdot 102{,}64\,m + 92{,}5\,m = 807{,}78\,m$

20 a) $5{,}5\,m \cdot 18{,}32\,m = 100{,}76\,m^2$ b) $16{,}5\,m \cdot 40{,}32\,m = 665{,}28\,m^2$
i (Maße: siehe Bild zu *Aufgabe 19*)

21 a) Hockey: $4950\,m^2$; Volleyball: $162\,m^2$; Basketball: $364\,m^2$
b) Hockey: 290 m ; Volleyball: 54 m ; Basketball: 80 m

22 a) $510\,m^2$
b) $364\,m^2 < 510\,m^2$. Ein Basketballfeld passt in die Turnhalle.
i (Maße: siehe Aufgabe 21)
c) 510 : 162 = 3 Rest 24. Vom Flächeninhalt her gesehen könnten 3 Volleyballfelder hinein passen, von den Maßen her passt aber nur 1 Feld hinein.
i (Maße: siehe Aufgabe 21)

23

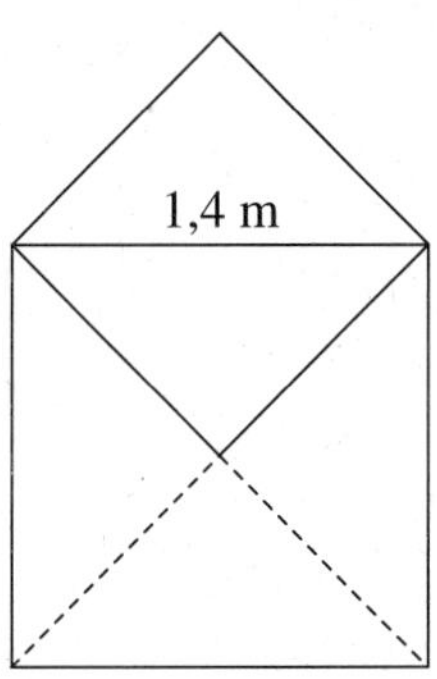

Der Skizze kann man entnehmen, dass Peters Quadrat genau doppelt so groß wurde, wie nötig. Also hat er $(14\,dm)^2 : 2 = 98\,dm^2$ zuviel ausgeschnitten.

24 a) $2 \cdot (14\,m + 4\,m + 10\,m + 4\,m) = 64\,m$
b) $(14\,m + 4\,m) \cdot (10\,m + 4\,m) = 252\,m^2$

25 Quadratmeterpreise: 70 € (1); 60 € (2); 55 € (3)

26 Wohnen: $39\,m^2$ Kind 1: $15\,m^2\,18\,dm^2$ Kind 2: $14\,m^2\,57\,dm^2$
Bad: $7\,m^2$
Küche: $15\,m^2\,96\,dm^2$ Kammer: $3\,m^2\,52\,dm^2$ Eltern: $20\,m^2\,14\,dm^2$
Kinderzimmer 1 ist größer.
\+ Berechne die Wohnflächen in eurer Wohnung.

S. 180

27 a) Die Zeitung besteht aus 54 Blättern.
$54 \cdot (72\,cm \cdot 53\,cm) = 20\,m^2\,60\,dm^2\,64\,cm^2$
b) $108 \cdot 53\,cm = 57\,m\,24\,cm$

28 Anzahl der Platten: $(4\,m \cdot 3\,m) : (25\,cm \cdot 12\,cm) = 400$
Kosten: $(400 : 16) \cdot 19{,}20\,€ = 480\,€$

29 a)

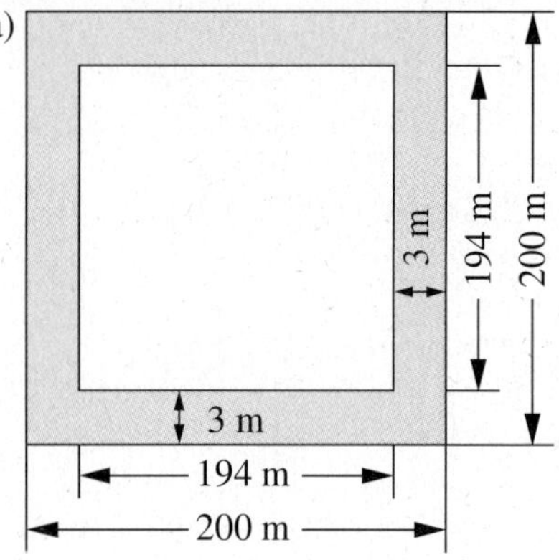

$A = 4 \cdot 194\,m \cdot 3\,m + 4 \cdot 3\,m \cdot 3\,m = 2364\,m^2$

b)

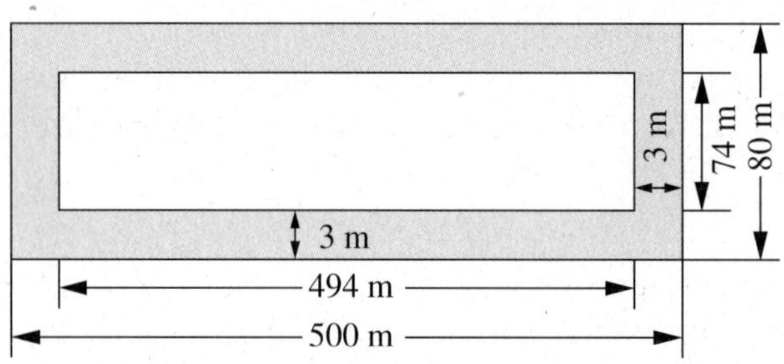

$A = 4 \cdot 3\,m \cdot 3\,m + 2 \cdot 74\,m \cdot 3\,m + 2 \cdot 494\,m \cdot 3\,m = 3444\,m^2$
Da der Umfang des rechteckigen Feldes größer ist, verliert der Bauer hier mehr Fläche.

c) Ertrag: 15 ct pro m² zu a) $2364 \cdot 15\,ct = 354{,}60\,€ \approx 355\,€$
zu b) $3444 \cdot 15\,ct = 516{,}60\,€ \approx 517\,€$

d)
- Oft bekommen die Bauern einen Zuschuss von der Gemeinde, wenn sie einen Ackerrandstreifen anlegen.
- Tierschutz
- Pflanzenschutz
- Weniger Schädlinge auf dem Feld → keine chemischen Gifte nötig!

30 600 € pro ha → 6 ct pro m² → 9 ct pro laufendem Meter

31 $12 \cdot 5\,km = 60\,km \Rightarrow U = 60\,km$
Siehe S. 178 Randspalte: Die größte Fläche besitzt das Quadrat.
$\Rightarrow a = 60\,km : 4 = 15\,km$
$\Rightarrow A = 15\,km \cdot 15\,km = 225\,km^2$

32 a) A: $A = 81\,cm^2 \Rightarrow a = 9\,cm$
B: $A = 64\,cm^2 \Rightarrow a = 8\,cm$
C: $A = 1\,cm^2 \Leftarrow a = 1\,cm$
D: $A = 100\,cm^2 \Leftarrow a = 10\,cm$
E: $A = 49\,cm^2 \Leftarrow a = 7\,cm$
F: $A = 16\,cm^2 \Leftarrow a = 4\,cm$
G: $A = 196\,cm^2 \Leftarrow a = 14\,cm$
H: $A = 225\,cm^2 \Leftarrow a = 15\,cm$
I: $A = 324\,cm^2 \Leftarrow a = 18\,cm$

b)

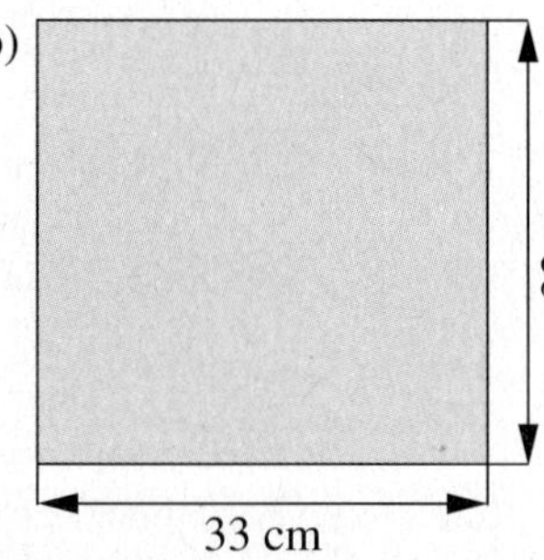

$\Rightarrow$ kein Quadrat!

33 Es gibt 3 Möglichkeiten: $(3|2)$ oder $(-3|2)$ oder $(1|-2)$

34 a) …27, 162, 81, 486, 243, 1458 b) …−21, 42, 43, −86, −85, 170
c) …−4, −85, −328, −1057, −3244, −9805 (Subtraktion von Dreierpotenzen)

→TB Trainingsblatt: Flächeninhalt des Rechtecks; Kopiervorlage S. 214 f.

→AB Malen nach Zahlen: Flächeninhalt und Umfang des Rechtecks; Kopiervorlage S. 216 f.

→ Rechtecksquartett; Kopiervorlage S. 218 f.
(Spieldauer: 10–25 min)
Die Schüler können nach üblichen Regeln des Quartetts spielen oder auch nur die passenden Karten zusammensuchen.

→ Das Plattenlegerspiel; Kopiervorlage S. 220 f.
(Spieldauer: 20–35 min)
Material: pro Spielgruppe 3 Würfel, davon einer präpariert
Die Kopiervorlage mit den Steinplatten muss von DIN A4 auf DIN A3 vergrößert werden (141 %).
Spielregel auf der Kopiervorlage

→AB Arbeitsblatt: Maßstab und Flächeninhalt; Kopiervorlage S. 222 f.

4 Flächeninhalte verschiedener Figuren

A **Alternative zum Einstieg:** *Schülerbuch S. 170 Aufgabe 1* und Tangram;
→ Kopiervorlagen S. 205 ff.

S. 181 **1** Es wäre geschickt, die Flächeninhalte der einzelnen Buchstaben mit verschiedenen Methoden (z. B. Zerlegung in kleine Rechtecke, Ergänzung, …) zu bestimmen.
P: 21 cm²; A: 25,5 cm²; U: 24 cm²; S: 22,5 cm²; E: 21 cm²; zusammen: 114 cm²

2 Es gibt 2 Möglichkeiten; entweder die horizontale oder die senkrechte Mittenlinie des Dreiecks. Dann ist $A = 2{,}5\,cm \cdot 10\,cm = 25\,cm^2$ oder $A = 5\,cm \cdot 5\,cm = 25\,cm^2$.

S. 182 **3** a), b)

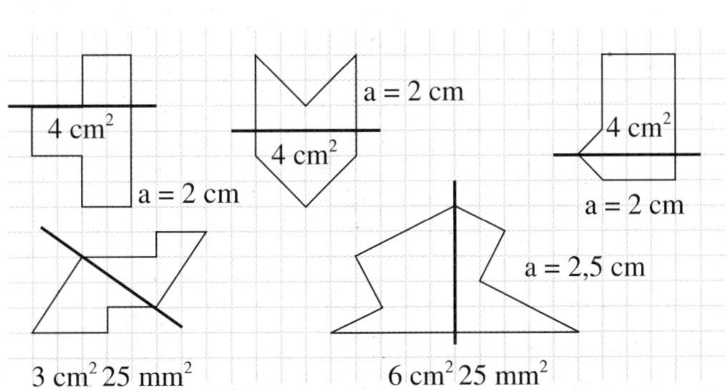

→TB vergleiche Trainingsblatt: Flächeninhalte verschiedener Figuren; Kopiervorlage S. 226 f.

4 a) 18 dm² b) 18 dm²

5 Individuelle Lösung. Wahrer Wert: 356 978 km²

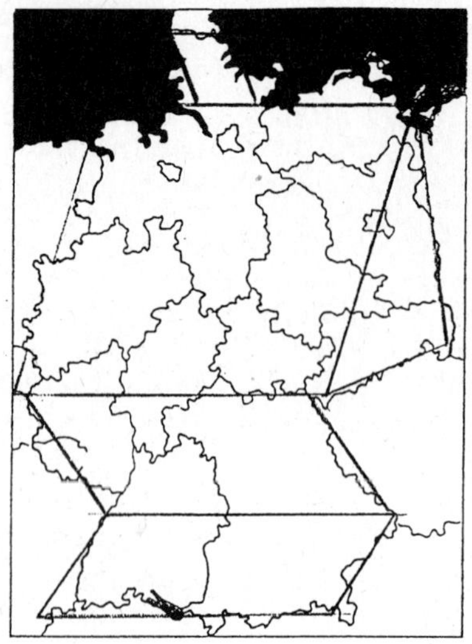

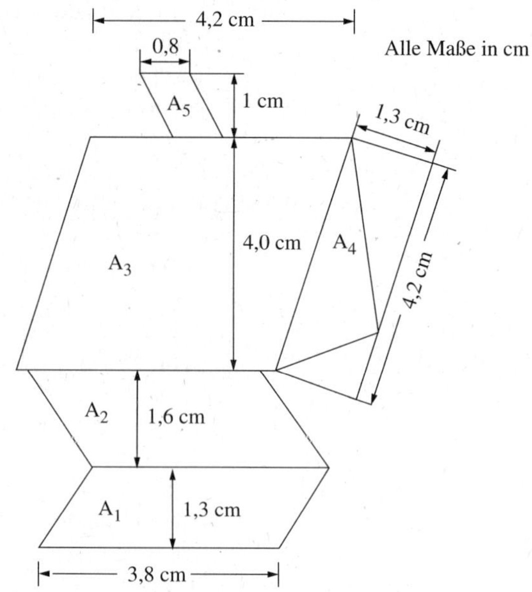

$A_1 = 38 \cdot 10^7\,\text{mm} \cdot 13 \cdot 10^7\,\text{mm} = 380\,\text{km} \cdot 130\,\text{km} = 49\,400\,\text{km}^2$
$A_2 = 38 \cdot 10^7\,\text{mm} \cdot 16 \cdot 10^7\,\text{mm} = 380\,\text{km} \cdot 160\,\text{km} = 60\,800\,\text{km}^2$
$A_3 = 42 \cdot 10^7\,\text{mm} \cdot 40 \cdot 10^7\,\text{mm} = 420\,\text{km} \cdot 400\,\text{km} = 168\,000\,\text{km}^2$
$A_4 = (42 \cdot 10^7\,\text{mm} \cdot 13 \cdot 10^7\,\text{mm}) : 2 = (420\,\text{km} \cdot 130\,\text{km}) : 2 = 27\,300\,\text{km}^2$
$A_5 = 8 \cdot 10^7\,\text{mm} \cdot 10 \cdot 10^7\,\text{mm} = 80\,\text{km} \cdot 130\,\text{km} = 8\,000\,\text{km}^2$
$A_1 + A_2 + A_3 + A_4 + A_5 = 313\,500\,\text{km}^2$
wahrer Wert: 356 978 km²

→ Landkarte Deutschland; Kopiervorlage S. 224

S. 183

6 a) etwa 25 cm²
b) etwa 125 m², also in der Regel größer als das Klassenzimmer.

7 a) A = 24 cm²; U = 30 cm b) A = 24,75 cm²; U = 26 cm
c) (Die Symmetrie könnte ausgenutzt werden.) A = 15 cm²; Der Umfang ist nur mit den angegebenen Maßen nicht berechenbar. Aus der Zeichnung lässt sich aber ablesen: U = 28 cm

8 a) Der Maßstab beträgt 3 : 200, also etwa 1 : 67.
Deutschland: Jede Farbe: 200 dm² : 3 ≈ 67 dm²
Dänemark: Zusammenschieben der roten Flächen ergibt ein Rechteck mit etwa 18 dm Länge und 7,7 dm Breite, also etwa 140 dm² Flächeninhalt.
Weiße Fläche: etwa 60 dm²
Schottland: Zusammenschieben der blauen Flächen ergibt ein Rechteck mit etwa 14 dm Länge und etwa 7,15 dm Breite, also etwa 100 dm² Flächeninhalt.
Weiße Fläche: etwa 100 dm²
Frankreich: Jede Farbe: 200 dm² : 3 ≈ 67 dm²
b) Individuelle Lösung

9 a) $12\,\text{m} \cdot 9{,}5\,\text{m} - 5\,\text{m} \cdot 4\,\text{m} = 94\,\text{m}^2$ b) 20 m²
c) $10 \cdot 8 = 80$ d) $2 \cdot (12\,\text{m} + 9{,}5\,\text{m}) \cdot 2{,}5\,\text{m} = 107{,}5\,\text{m}^2$

10 a) 8 cm² b) 12 cm² c) 8 cm² d) 18 cm² e) 16,5 cm²

11 a) 10 cm² b) 5 cm² c) 15 cm² d) 20 cm²

12 Am einfachsten ist es, wenn man die 4 Wiesenflächen einfach zusammenschiebt:
$A = 250\,\text{m} \cdot 140\,\text{m} - (250\,\text{m} - 16{,}5\,\text{m}) \cdot (140\,\text{m} - 17{,}5\,\text{m}) = 6396{,}25\,\text{m}^2$

S. 184

13

Australien:	etwa 1 : 250 000 000;	$A \approx 8\,000\,000\,km^2$
Nord- und Südamerika:	etwa 1 : 500 000 000;	$A \approx 42\,000\,000\,km^2$
Afrika:	etwa 1 : 300 000 000;	$A \approx 30\,000\,000\,km^2$
Europa:	etwa 1 : 170 000 000;	$A \approx 10\,000\,000\,km^2$
Asien:	etwa 1 : 400 000 000;	$A \approx 44\,000\,000\,km^2$

14 Aktuellen Stand im Internet abfragen; z. B.: www.eiz-niedersachsen.de
www.politische-bildung.net
Individuelle Lösungen
Exakte Werte:
Stand: 1. Mai 2004 (25 Mitgliedsstaaten):

Belgien:	$30\,158\,km^2$	Italien:	$301\,263\,km^2$	Portugal:	$92\,072\,km^2$
Dänemark:	$43\,094\,km^2$	Lettland:	$64\,589\,km^2$	Schweden:	$450\,000\,km^2$
Deutschland:	$356\,854\,km^2$	Litauen:	$65\,300\,km^2$	Slowakei:	$49\,036\,km^2$
Estland:	$45\,226\,km^2$	Luxemburg:	$2\,586\,km^2$	Slowenien:	$20\,273\,km^2$
Finnland:	$338\,000\,km^2$	Malta:	$316\,km^2$	Spanien:	$504\,782\,km^2$
Frankreich:	$550\,000\,km^2$	Niederlande:	$41\,864\,km^2$	Tschechien:	$78\,866\,km^2$
Griechenland:	$131\,957\,km^2$	Österreich:	$88\,945\,km^2$	Ungarn:	$93\,030\,km^2$
Großbritannien:	$242\,500\,km^2$	Polen:	$312\,685\,km^2$	Zypern:	$9\,251\,km^2$
Irland:	$70\,000\,km^2$				

→ Landkarte Europa; Kopiervorlage S. 225

15 a)

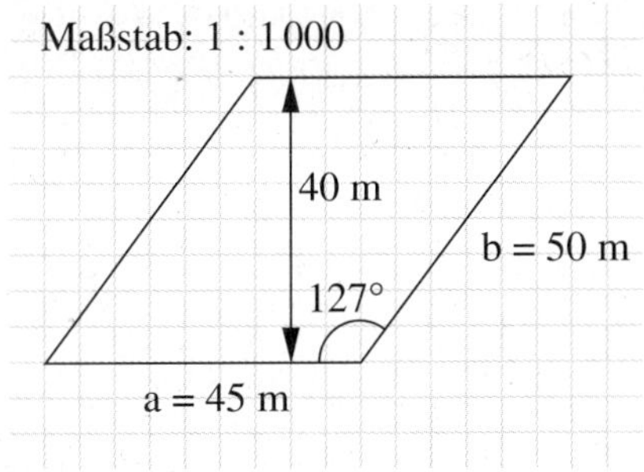

b) Der Zeichnung entnimmt man die Höhe (etwa) 40 m.
Also ist $A = 1800\,m^2$ und somit die andere Seite 30 m lang.

c) U (alt) $= 2 \cdot (45\,m + 50\,m) = 190\,m$
U (neu) $= 2 \cdot (60\,m + 30\,m) = 180\,m$
Der alte Zaun reicht.

16 Fläche des Weges: $2 \cdot (7\,m + 13\,m) \cdot 1{,}5\,m + 4 \cdot 1{,}5\,m \cdot 1{,}5\,m = 69\,m^2$
Kies: $69 \cdot 24\,kg = 1656\,kg \rightarrow 2$ Fahrten

17 Es lässt sich als Näherung ein ca. 29 mm langes und 12 mm breites Rechteck (schräg liegend) einzeichnen $\rightarrow A \approx 3{,}5\,cm^2$
Alternativ könnte man auch Kästchen zählen. Etwa 14 überdeckte Kästchen liefern ebenfalls $A \approx 3{,}5\,cm^2$.

18 a) $A \approx 45\,ha$ b) $A \approx 12\,ha$ c) $A \approx 400\,km^2$ d) etwa $0{,}6\,km^2$ bis $0{,}7\,km^2$
i Das neue Messegelände Münchens befindet sich im Osten Münchens auf dem Gelände des ehemaligen Flughafens München-Riem.

19 a) Distributivgesetz b) Rechnung (4) ist falsch
c) Das Gesetz gilt nicht, wenn die Summe (oder Differenz) ein Divisor ist.

→TB Trainingsblatt: Flächeninhalte verschiedener Figuren; Kopiervorlage S. 226 f.

→AB Arbeitsblatt: Zusammengesetzte Flächen; Kopiervorlage S. 228

Lösungen:

1a) $30\,cm^2$	b) $270\,m^2$	c) $90\,m$
2a) $18\,cm^2$	b) $450\,m^2$	c) $120\,m$
3a) $13\,cm^2\ 75\,mm^2$	b) $13\,a\ 75\,m^2$	c) $200\,m$

5 Oberflächeninhalt des Quaders

A **Alternative zum Einstieg:** Thema: Wie man Müll vermeiden kann *(Schülerbuch S. 191)*

S. 185 1 Die Angabe „25 mm" bezieht sich auf die Höhe der Seifen!
Der Flächeninhalt der Folie beträgt
$O = 2 \cdot (90\,mm \cdot 70\,mm + 90\,mm \cdot 25\,mm + 70\,mm \cdot 25\,mm) = 206\,cm^2$
Julia ist der Meinung, dass man Folie gespart hätte, wenn die Seifen aufeinander liegen würden, denn dann wäre
$O = 2 \cdot (45\,mm \cdot 70\,mm + 45\,mm \cdot 50\,mm + 70\,mm \cdot 50\,mm) = 178\,cm^2$

2 $O = 6 \cdot 2\,dm \cdot 2\,dm = 24\,dm^2$. Jans Folie reicht genau.

S. 186 3 a) $70\,cm^2$ b) $4275\,m^2$ c) $880\,mm^2$ d) $24\,050\,cm^2$ e) $1350\,cm^2$
\+ Suche zu Hause nach quaderförmigen Gegenständen und berechne deren Oberflächeninhalt.

4 gelb: $104\,cm^2$; grau: $1240\,cm^2$; braun: $153\,dm^2$

5 a) $1734\,cm^2$ b) $3456\,dm^2$ c) $1014\,dm^2$ d) $486\,dm^2$

6 $O = 34\,cm^2$
Der Körper besteht aus 8 Würfeln. Setzt man die seitlichen 2 Würfel vorne an, kann man den Oberflächeninhalt wie von einem Quader berechnen mit den Seitenlängen
$a = 1\,cm$, $b = 8\,cm$ und $c = 1\,cm$.

7 a) $6\,cm$ b) $1\,dm$ c) $7\,dm$ d) $12\,dm$

S. 187 8 a) $6\,cm^2$; $24\,cm^2$; $96\,cm^2$; $384\,cm^2$
c) Der Oberflächeninhalt wird vervierfacht (verneunfacht).

9 a) Individuelle Lösung
b) dunkelgrün: $O = 216\,cm^2$; $216 \cdot 270\,mg = 58{,}32\,g$
gelb: $O = 2300\,cm^2$; $2300 \cdot 270\,mg = 621\,g$
hellgrün: $O = 48\,cm^2$; $48 \cdot 270\,mg = 12{,}96\,g$

10 Je nachdem, welche Maße als Länge, Breite und Höhe genommen werden und welche Schrägbilddarstellung gewählt wird (*siehe S. 88 im Schülerbuch*), ergeben sich verschiedene Lösungen.
Beispiel:

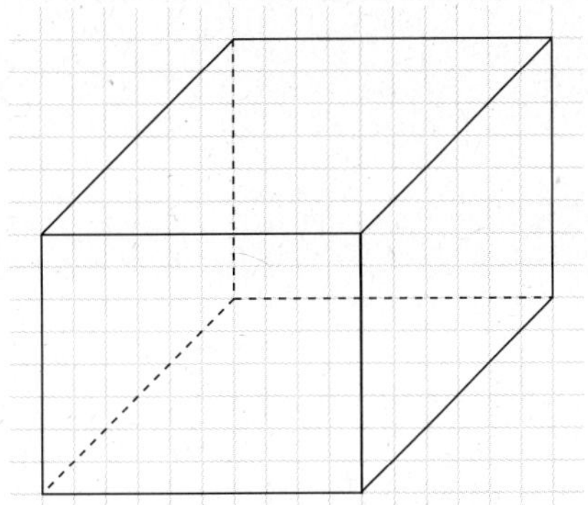

Quaderoberfläche: $O = 2 \cdot (5\,cm \cdot 4\,cm + 4\,cm \cdot 6\,cm + 5\,cm \cdot 6\,cm) = 148\,cm^2$.
Schrägbildfläche: $A = 5\,cm \cdot 4\,cm + 4\,cm \cdot 3\,cm + 5\,cm \cdot 3\,cm = 47\,cm^2$
In jedem Fall ist die Fläche A des Schrägbildes kleiner als die halbe Quaderoberfläche.

11 a) Beispiel:

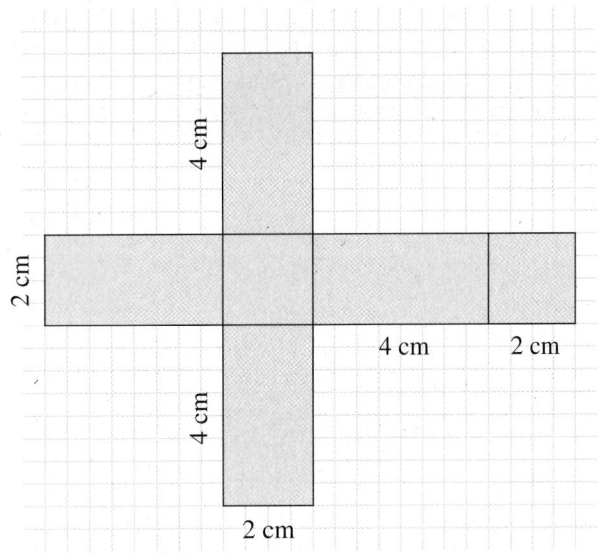

b) $O = 40\,cm^2$
c) $h = (28\,cm^2 - 2 \cdot 4\,cm^2) : (4 \cdot 2\,cm) = 2{,}5\,cm$

12 Aquarium oben geschlossen: $14\,576\,cm^2$; $17\,360\,cm^2$; $19\,440\,cm^2$
Aquarium oben offen: $11\,696\,cm^2$; $14\,480\,cm^2$; $15\,840\,cm^2$

13 Maße der Standardpackung: innen: $5\,cm \cdot 3{,}3\,cm \cdot 1\,cm$; außen: $5{,}3\,cm \cdot 3{,}5\,cm \cdot 1{,}1\,cm$
a) Einschub: $5\,cm \cdot 3{,}3\,cm + 2 \cdot (5\,cm \cdot 1\,cm + 3{,}3\,cm \cdot 1\,cm) = 33{,}1\,cm^2 \approx 33\,cm^2$
Hülle: $2 \cdot (5{,}3\,cm \cdot 3{,}5\,cm + 5{,}3\,cm \cdot 1{,}1\,cm) = 48{,}76\,cm^2 \approx 49\,cm^2$
b) Einschub: zusätzlich: $4 \cdot (3{,}3\,cm \cdot 1\,cm)$; also gesamt: $46{,}3\,cm^2 \approx 46\,cm^2$
Hülle: zusätzlich: $5{,}3\,cm \cdot 1{,}1\,cm$; also gesamt: $54{,}59\,cm^2 \approx 55\,cm^2$

14 a) $a = 108\,cm : 12 = 9\,cm$. $O = 486\,cm^2$
b) $h = (108\,cm - 8 \cdot 10\,cm) : 4 = 7\,cm$. $O = 480\,cm^2$

15 Die Säule hat die Maße $3\,cm \cdot 3\,cm \cdot 2\,cm$ ($4\,cm \cdot 4\,cm \cdot 6\,cm$).

16 a) $a^2 = 96\,cm^2 : 6 = 16\,cm^2$. $a = 4\,cm$.
b) $h = (108\,cm^2 - 2 \cdot 3\,cm \cdot 6\,cm) : (2 \cdot 3\,cm + 2 \cdot 6\,cm) = 4\,cm$.

S. 188

17 Zu streichende Fläche: $50\,m \cdot 12\,m + 2 \cdot (50\,m \cdot 2{,}5\,m + 12\,m \cdot 2{,}5\,m) = 910\,m^2$
1. Kübel: Verbrauch: 546 kg → 19 Eimer → 342 €
2. Kübel: Verbrauch: 500,5 kg → 21 Eimer → 357 €
Kauf der ersten Sorte ist billiger.

18 a) $62\,cm^2$ b) $160\,cm^2$ c) $199\,cm^2$ d) $88\,cm^2$ e) $68\,cm^2$ f) $96\,cm^2$

19 Da die Nudelpakete und der Karton jeweils 15 cm hoch sind und ein Vielfaches der anderen Kanten nicht 15 cm ergibt, werden die Pakete auf jeden Fall aufrecht gestellt.
Alle 12 Pakete in einer Reihe ist offensichtlich nicht optimal.

	2 · 6 Pakete	3 · 4 Pakete	4 · 3 Pakete	6 · 2 Pakete
a	20 cm	30 cm	40 cm	60 cm
b	36 cm	24 cm	18 cm	12 cm
c	15 cm	15 cm	15 cm	15 cm
O	$3120\,cm^2$	$3060\,cm^2$	$3180\,cm^2$	$3600\,cm^2$

Den kleinsten Oberflächeninhalt erhält man mit der Anordnung der 3 · 4 Pakete.

20 $100 \cdot 39{,}5\,cm^2 = 0{,}395\,m^2$

21 $2 \cdot 72\,cm \cdot 33\,cm = 4752\,cm^2$

22 $(18\,cm + 2\,cm + 18\,cm) \cdot 27\,cm = 1026\,cm^2$

23 4200mal; 100 800mal; ca. 3 Milliarden mal in 80 Jahren.

24 a) 835 835 b) –340 c) 1 d) 48 000 e) –12

→ TB Trainingsblatt: Oberflächeninhalt des Quaders; Kopiervorlage S. 229 f.

Thema: Wie man Müll vermeiden kann

S. 191

1 $365 \cdot 1\,000\,000 \cdot 100\,cm^2 = 3\,650\,000\,m^2$

2 1095 t

3 Individuelle Lösungen

Vernetzende Aufgaben

Vernetzende Aufgaben befinden sich durchgängig im gesamten Buch. Das Kapitel Vernetzende Aufgaben am Ende des Buches dient besonders dem vernetzenden Wiederholen am Ende des Schuljahres.
Die folgende Tabelle fasst zusammen, auf welche Kapitel jeweils zurückgegriffen wird.

Aufgabe \ Kapitel im Buch	I	II	III	IV	V	IV	VII	VIII
1		●		●	●		●	●
2	●	●	●		●	●		
3	●							
4	●	●		●			●	●
5		●			●		●	●
6	●						●	●
7				●				●
8	●		●		●			
9				●			●	
10			●		●		●	
11				●	●		●	●
12		●	●		●	●		
13				●				●

S. 194

1 a) Es genügt, mit Näherungswerten zu rechnen: $35\,\text{m} \cdot 45\,\text{m} = 1575\,\text{m}^2 < 1600\,\text{m}^2$
Von der Fläche her würde das Flugzeug auf den Pausenhof passen, jedoch hängt dies auch von den Längenmaßen des Pausenhofes ab.
b) 4. Stockwerk; bzw. 5. Stockwerk, wenn das Erdgeschoss als Stockwerk gezählt wird.
c) ungefähr ein Fünftel der Höhe, also ca. 2,4 m.
d) Die Heckflosse wird zu einem Rechteck ergänzt, von dem Dreiecke abgeschnitten werden:
$6{,}5\,\text{m} \cdot 5{,}5\,\text{m} - (5{,}5\,\text{m} \cdot 1{,}0\,\text{m}) : 2 - (4{,}8\,\text{m} \cdot 5{,}5\,\text{m}) : 2 = 19{,}8\,\text{m}^2$
Man benötigt für die Vorder- und Rückseite mindestens 4 Liter Farbe.
e) 6 Möglichkeiten
\+ Öffnung der Aufgabe durch mehrere Fensterplätze
f) $8540\,\text{m} \approx 8500\,\text{m}$
g) 12,5 Liter

2 a) größter Gewinn: $64\,€ \cdot 2^5 - 2 \cdot 16\,€ = 2016\,€$
kleinster Gewinn: $(64\,€ - 2 \cdot 16\,€) \cdot 2^5 = 1024\,€$
b) größter Gewinn: $64\,€ : 2^2 + 5 \cdot 16\,€ = 96\,€$
kleinster Gewinn: $(64\,€ + 5 \cdot 16\,€) : 2^2 = 36\,€$
c) stets $64\,€ \cdot 2^3 = 512\,€$
d) bei Variante a) mit 4 falschen Antworten von Beginn an oder wenn Fragen 1–3 und 5 und 6 falsch beantwortet werden.
e) Nur bei Variante a) könnte der Kandidat dann auch Verluste machen.

3

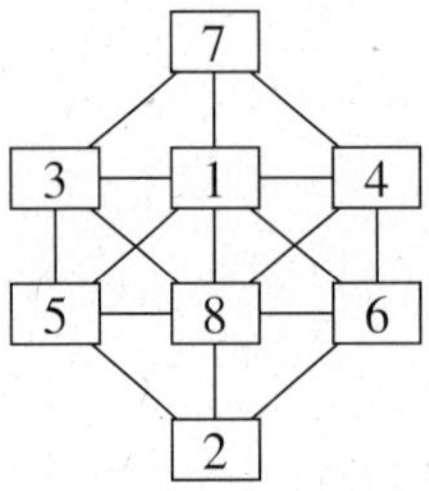

Die beiden mittleren Kästchen besitzen jeweils 6 Verbindungen zu anderen Kästchen, in die keine benachbarten Zahlen eingetragen werden dürfen.
Aber nur zu den Zahlen 1 und 8 gibt es 6 Zahlen, die keine Zahlennachbarn sind.
Daher müssen 1 und 8 in die mittleren Kästchen eingetragen werden.
Die übrigen Felder lassen sich dann leicht durch Probieren auffüllen.

S. 195 **4** Zunächst muss der Maßstab des Kartenausschnittes bestimmt werden. Er lässt sich ermitteln, da im Pressebericht die Entfernung Nicolosi – Catania mit 28 km angeben ist, und die Entfernung zum Zentrum in der Karte mit 5,6 cm zu bestimmen ist, woraus sich ein Maßstab von 1 : 500 000 ergibt.

a) Die (näherungsweise) Flächenbestimmung kann über die Berechnung eines (geeigneten) Rechtecks oder durch Auszählen von Kästchen (z. B. auch mm-Papier) unter Beachtung des Maßstabs erfolgen. Das Ergebnis wird in der Größenordnung zwischen 20 und 24 km^2 liegen. Für die Masse der gefallenen Asche ergibt sich damit ein Wert von 50 bis 60 Millionen kg und damit 2500 bis 3000 Güterwagen. Nimmt man für die Länge eines (zweiachsigen) Güterwagens 10 m an, so wäre der Zug insgesamt 25 bzw. 30 km lang.
b) Über einem dm^2 lastet eine Schicht, die einem halben dm-Würfel entspricht, also die Masse 0,3 kg hat. Somit sind auf einen Quadratmeter 30 kg Asche gefallen.
c) In Catania sind auf einen Quadratmeter 2,5 kg, also der 12. Teil der Masse von Nicolosi gefallen. Die Höhe der Ascheschicht ist als 12. Teil von 5 cm mit etwa 4 mm anzunehmen.

S. 196 **5** a) Die Kosten betragen für einen Schüler für vier Übernachtungen mit Vollpension und dem Ausflugsprogramm 106 €.
Pro Schüler darf der Bus 34 € kosten, die Gesamtkosten betragen also 1020 €.
Sie würden pro Person 21,50 € sparen.
b) Aus der Karte lässt sich der Gesamtweg auf ca. 20 cm abschätzen, die Wanderstrecke beträgt also ca. 20 km. Die Klasse plant somit 4 Stunden für die Wanderung ein, die Tour dauert also incl. der Rastzeiten 5 h 20 min.
Der Bus müsste die Schülergruppe um 14.50 Uhr abholen.
c) Für einen Fünftklässler rechnen wir mit durchschnittlich 30 kg, für eine Lehrkraft mit 70 kg. Die beiden Größen sollten jeweils mit der Klasse zusammen bestimmt werden.
Die 30 Schüler und die 2 Lehrer haben damit ein Gesamtgewicht von 1 t 40 kg, 2 Boote würden also knapp nicht reichen.
d) Der Walchensee wird mit einem Dreieck abgeschätzt.
Die Fläche beträgt ca. $(6{,}5\,km \cdot 4{,}5\,km) : 2 \approx 15\,km^2 = 1500\,ha$.
Es passen somit ungefähr 3000 Fußballfelder in den Walchensee.
e) Das Bild ist vom Flugzeug aus der Richtung des Jochbergs aufgenommen. Der Herzogstand ist im Bild ganz rechts zu suchen.

S. 198 **6** a) Bei einem Sportplatz darf man sicher nicht mehr von einer fetten Wiese sprechen.
Zur Abschätzung gehen wir also von einem guten Boden aus. Es leben also ungefähr 140 000 Würmer auf der Fläche des Fußballfeldes.
b) Bei dieser Aufgabe kommt es auf eine sinnvolle Rundung des Ergebnisses an.
$550\,kg : 140\,000 = 550\,000\,g : 140\,000 \approx 4\,g$
c) Auch hier sollte sinnvoll gerundet werden.
$140\,000 \cdot 700\,mg = 98\,000\,000\,mg \approx 100\,kg$

7

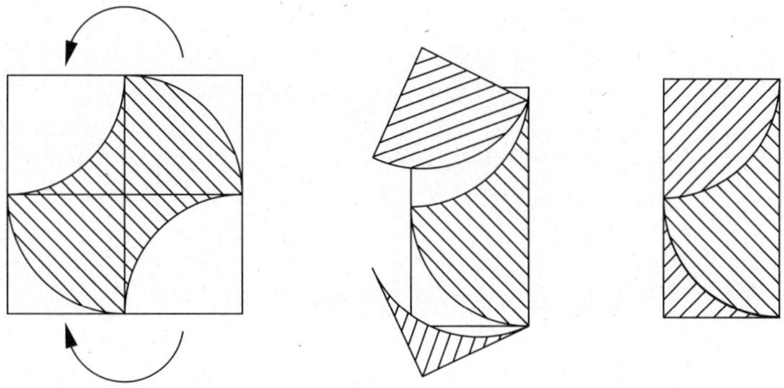

Die gesamte Fläche beträgt 50 cm².

Andere Lösungsmöglichkeit:
Die schraffierte Figur ist inhaltsgleich zu einem Quadrat mit der Seitenlänge des Viertelkreises als Seitenlänge. Dieses Quadrat nimmt genau die Hälfte des ursprünglichen Quadrates in Anspruch. Also beträgt die gesuchte Fläche 50 cm².

8 a) $1 + 12 - 2 - 11 + 3 + 10 - 4 - 9 + 5 + 8 - 4 - 9 = 0$
Die erste und die letzte Zahl ergeben zusammen 13, die zweite und die vorletzte Zahl ergeben ebenfalls 13, usw.
Es gibt mehr als nur einen Term. Die Summe der Zahlen von 1 bis 12 beträgt 78. Man sucht jetzt Zahlen von 1 bis 12, die zusammen die Hälfte von 78 ergeben. Die restlichen Zahlen sind damit in der Summe ebenfalls 39 und müssen nur noch subtrahiert werden.
z. B. $12 + 11 + 10 + 6 - 9 - 8 - 7 - 5 - 4 - 3 - 2 - 1 = 0$
oder $10 + 9 + 8 + 7 + 5 - 1 - 2 - 3 - 4 - 6 - 11 - 12 = 0$

b) Die Summe der Zahlen von 1 bis 10 beträgt 55. Somit lassen sich keine zwei gleich großen Teilsummen bilden, die voneinander subtrahiert werden können.

c)

Zahl n	3	4	5	6	7	8	9	10	11	12
Summe aller Zahlen bis n	6	10	15	21	28	36	45	55	66	78

Nullsummenspiele lassen sich mit folgenden Zahlen bewerkstelligen: 3, 4, 7, 8, 11, 12, 15, ...
Gesetzmäßigkeit: Ab der Zahl 3 werden abwechselnd zwei aufeinanderfolgende Zahlen für die Folge zugelassen, dann wieder zwei aufeinanderfolgende Zahlen ausgelassen.

9 Zeichnung im Maßstab 1 : 5000; die Höhe beträgt 400 m.

10 a) In der Hauptbohrung sind die Wissenschaftler auf eine Tiefe von 9068 m *(vgl. Schülerbuch S. 47 Aufgabe 8)* vorgedrungen. Windisch-Eschenbach liegt 428 m über NN, also endete die Bohrung auf 8640 m unter NN. (Quelle: www.windischeschenbach.de)

b) individuelle Lösung je nach gefundener Internetseite

c) „Bundesforschungsministerium kontinentale Tiefbohrung“:
www.neustadt.de/swittmann/bohrturm.htm
Kosten der Bohrung bis 1994: 600 Mio. DM
„kontinentale Tiefbohrung Windischeschenbach“:
www.vfmg-weiden.de/ktb.htm bzw. www.KTB.de
Hauptbohrung: 6. 10. 1990 – 12. 10. 1994
Vorbohrung: Sept. 1987 – April 1989
//icdp.gfz-potsdam.de/html/ktb/d-ktb.htm
dortiger Link: „Organsiation“ liefert: Gesamtprojektdauer (mit Vorarbeiten, Studien ...): 1983 – 1994
demnach Kosten der Bohrung pro Tag:
600 Mio. DM / 1460 Tage (d. h. 4 Jahre) = ca. 410 000 DM / Tag
600 Mio. DM / 4015 Tage (d. h. 11 Jahre) = ca. 150 000 DM / Tag

d) individuelle Lösung

S. 199

11 a) Kreise mit Zirkel auf Karopapier, Durchmesser der Kreise: 25 cm; 20 cm; 12,5 cm. Dann ist für jedes Kästchen zu entscheiden, mit welcher Farbe es zu besticken ist; direkt an den Kreislinien ist dies manchmal vielleicht nicht ganz eindeutig zu entscheiden. Um Arbeit zu sparen, sollte man die Symmetrie des Kreises ausnutzen und nur einen Viertelkreis als Muster anfertigen.

b) individuelle Lösung, z. B.:
Stickprobe liefert 25 mm Faden für einen Stich. Wegen Maßstab 2 : 1 ist mit 12,5 mm zu rechnen.
rot: 704 Stiche $\triangleq$ 8,80 m $\approx$ 9 m
orange: 788 Stiche $\triangleq$ 9,85 m $\approx$ 10 m
gelb: 484 Stiche $\triangleq$ 6,05 m > 6 m
schwarz: (24 + 36 + 31) Stiche $\hat{\approx}$ 1,2 m

c) individuelle Lösung, z. B.:
Zeitdauer für Stickprobe liefert z. B. 3 – 5 min. Dauer für 10 Stiche.
Für insgesamt ca. 2100 Stiche ergeben sich 630 min bis 1050 min, also ca. 10 – 18 Stunden.

d) Doppelt so lang (Maßstab des Musters war 2 : 1)

e) Erstaunlich erscheint zunächst, dass für die Stickarbeit mit doppeltem Durchmesser doppelt so viel Faden, bei der Farbfläche mit doppeltem Durchmesser aber 4mal so viel Farbe benötigt wird.
Der vierfache Farbbedarf ist unmittelbar einsichtig, wenn man z. B. quadratische Kästchen unterlegt und deren Seitenlänge dann verdoppelt:

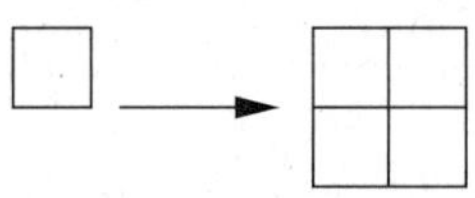

Wenn man demgegenüber die Kreuzstiche doppelt so groß macht, benötigt man nur doppelt so viel Faden; es wird aber dann im Verhältnis weniger Fläche bestickt – es bleiben größere Lücken:

Die hellgrau ergänzten Fäden fehlen noch, um die bei der bloßen Verlängerung der Stiche entstandenen Lücken zu füllen. Dann hätte man den 4fachen Stickgarnbedarf.

12 a) $(-15) \cdot 1000 - (-15) \cdot 2 = -15\,000 - (-30) = -14\,970$

b) $1000 : (-5) + 5 : (-5) = -200 + (-1) = -201$

c) $(11\,584 + 816) + 11 \cdot (-108 - 92) = 12\,400 + 11 \cdot (-200) = 12\,400 - 2200 = 10\,200$

d) -100 Vorteilhaftes Rechnen nicht möglich!

e) 10 Bei den Schülern wird oft übersehen, dass der Term eine Differenz ist!

13 a) Die Zeichnung soll bei der Bearbeitung der folgenden Teilaufgaben zur Anschauung dienen.

b) $O = 24\,dm^2$

c) ja, die kleinen Würfel werden mit den farbigen Seitenflächen zur Mitte des Würfels angeordnet.

d) 24 kleine Seitenflächen, $A = 24\,dm^2$

e) 2 dm

f) $O = 54\,dm^2$; die Würfel lassen sich so zusammensetzen, dass ein holzfarbener 3dm-Würfel entsteht; es sind 8 Eckwürfel, 12 Kantenwürfel, 6 Würfel in der Flächenmitte und 1 Würfel im Inneren rot zu streichen:
$(8 \cdot 3) + (12 \cdot 4) + (6 \cdot 5) + (1 \cdot 6) = 108$. Es sind $108\,dm^2$ rot zu streichen.

Verzeichnis der Kopiervorlagen

Die fotografierte Tafel befindet sich im Punkt A. Die einzelnen Schilder verweisen auf Löschwasser-, Trinkwasser- und Gashydranten. Wo befinden sich diese? Zeichne sie ein. Einem Meter in der Wirklichkeit soll ein Zentimeter deiner Zeichnung entsprechen.

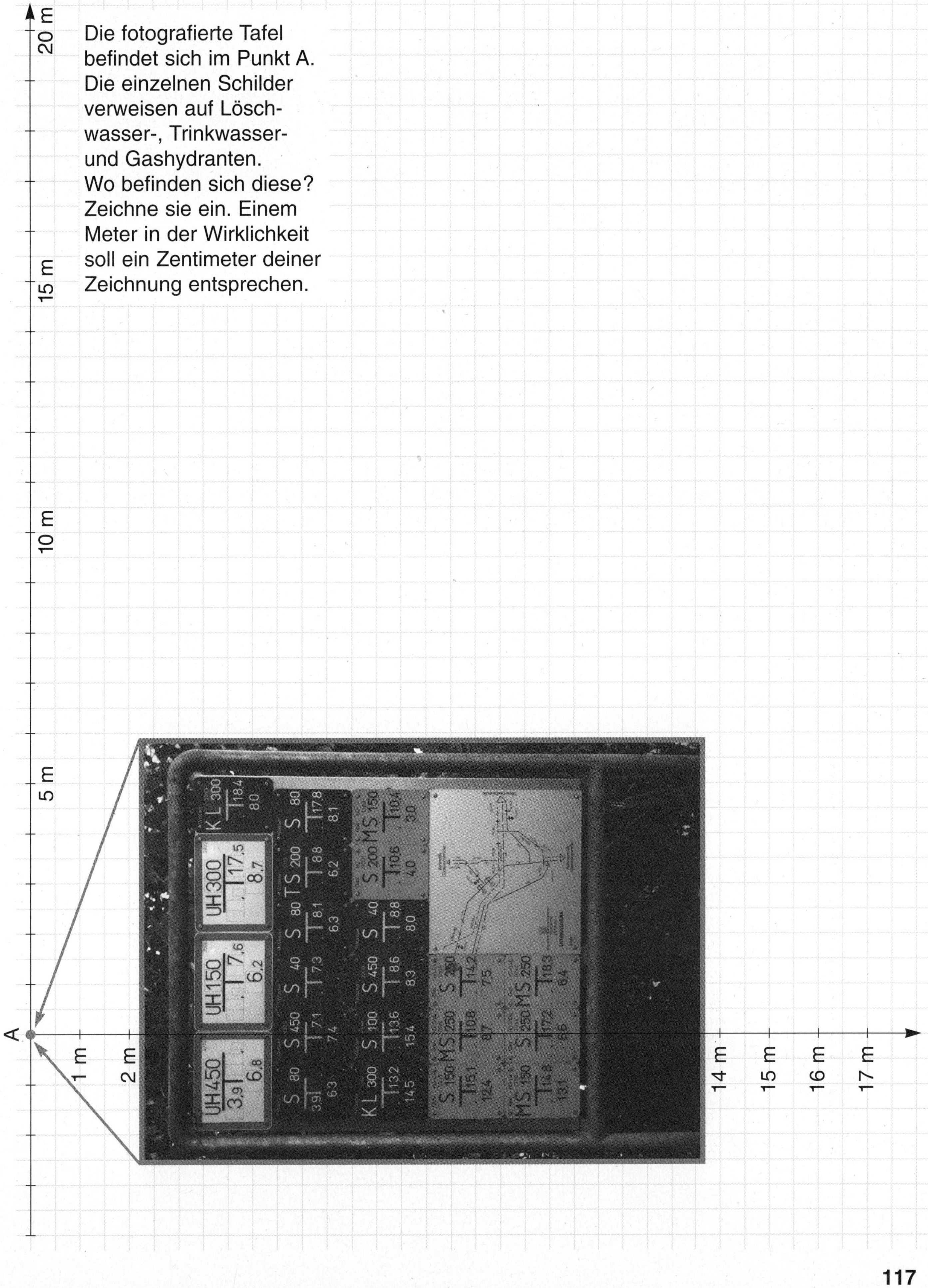

LÖSUNG

Die fotografierte Tafel befindet sich im Punkt A. Die einzelnen Schilder verweisen auf Löschwasser-, Trinkwasser- und Gashydranten. Wo befinden sich diese? Zeichne sie ein. Einem Meter in der Wirklichkeit soll ein Zentimeter deiner Zeichnung entsprechen.

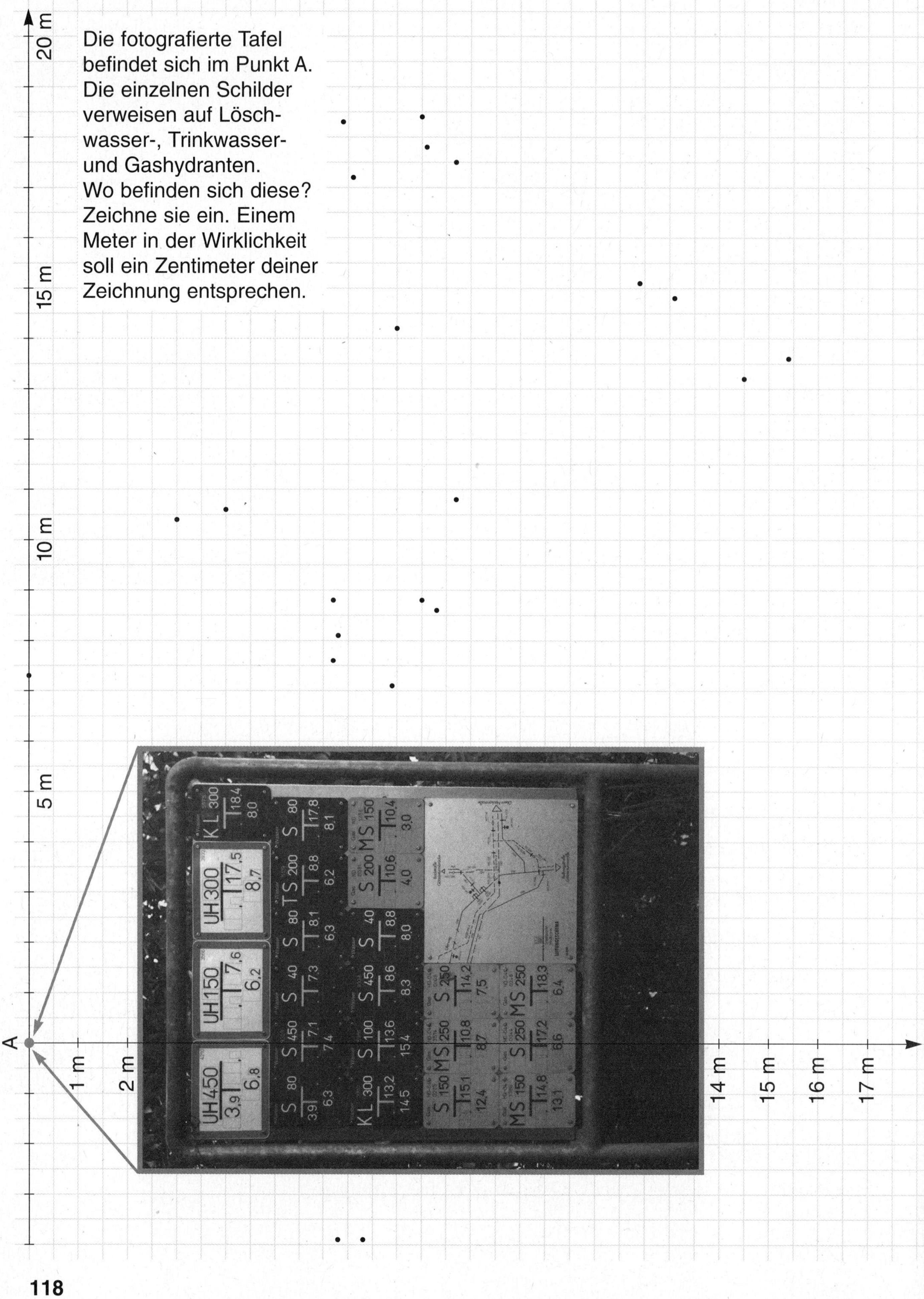

Historisches zu den Fachausdrücken Addition und Subtraktion

Boethius

Die Begriffe **Addition** und addieren stammen vom lateinischen „addere" (hinzugeben) ab.

Die Fachwörter additio und addere kommen bei Boethius (um 480–524) vor. Boethius war römischer Philosoph und Staatsmann. Er war der wichtigste Vermittler antiker Tradition an das Mittelalter.

Das lateinische Substantiv „summa" bedeutet „das Oberste, das Höchste", weil es lange Zeit üblich war, das Ergebnis einer Rechnung in die oberste Zeile zu schreiben. Jedes Ergebnis hieß also „summa", gleichgültig ob es beim Addieren oder Multiplizieren entstanden war. In diesem Sinne benutzte bereits Cicero (106–43 v. Chr.) diesen Begriff.

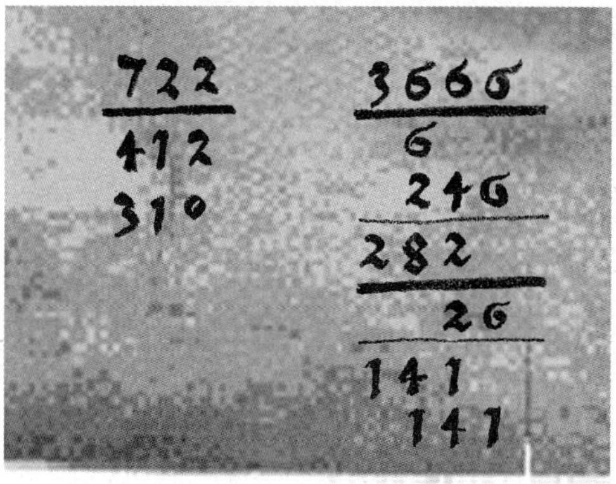

Erst im 15. Jh. wird mit **„Summe"** nur noch das Ergebnis einer Addition bezeichnet. Meist handelte es sich dabei um Geldbeträge. „Summieren" findet man 1489 bei Johannes Widmann von Eger, „Summand" erst 1713 bei Christian von Wolff (1679–1754).

Im 15. Jh. wurde das lateinische „et" (und) durch ein kopfstehendes t, also durch ʇ abgekürzt. Dies ist wohl auch der Ursprung unseres **Pluszeichens**.

et t ʇ +

Leonardo von Pisa

Der Begriff **Subtraktion** geht auf das lateinische „subtrahere" (heimlich fortziehen) zurück.

Frontinus (um 30 – nach 100) benutzte diesen Ausdruck für das Abziehen. Auch Boethius verwendete „subtrahere" und das Substantiv „subtractio". In der Mitte des 15. Jh.s wurden subtrahieren und addieren deutsche Fremdworte.

Das lateinische „differentia" (Unterschied) wurde erst bei Leonardo von Pisa (um 1170 – nach 1240) zu dem, was wir heute unter **Differenz** verstehen.

Oft kürzte man das lateinische „minus" (weniger) durch **m̂is** ab. Vielleicht entstand durch Weglassen der Buchstaben unser **Minuszeichen**.

1. Benachbarte Zahlen werden nach oben hin addiert, nach unten hin subtrahiert.

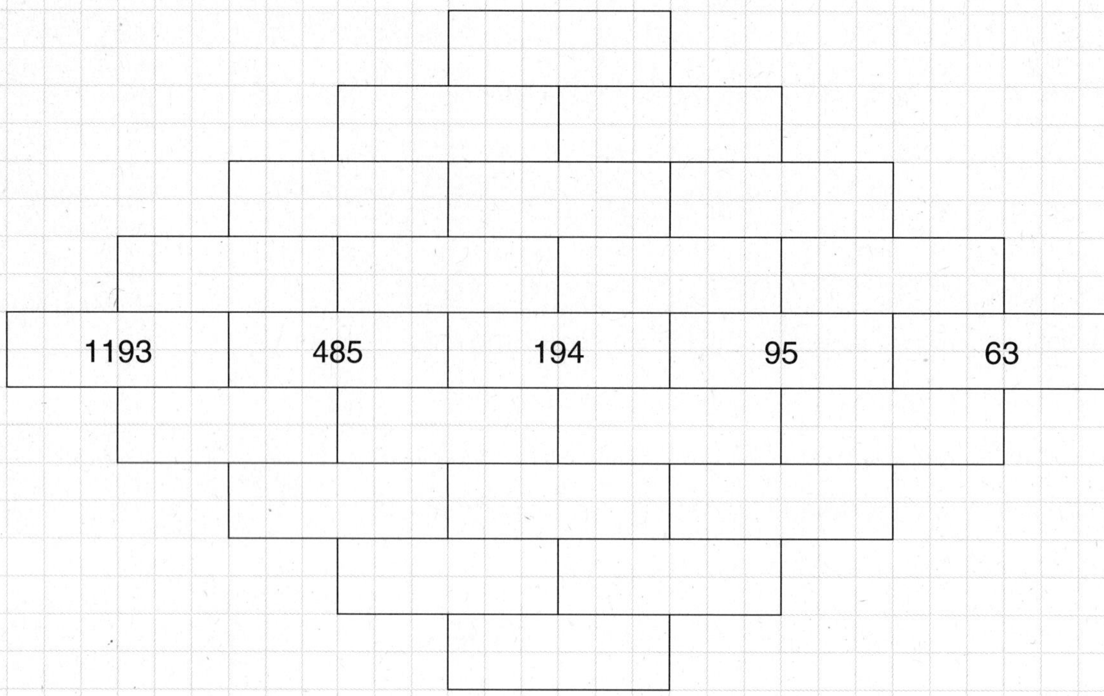

2. In jedem Kasten steht die Summe aus den jeweiligen Zahlen der beiden darunter liegenden Kästen. Ergänze die fehlenden Zahlen!

a)

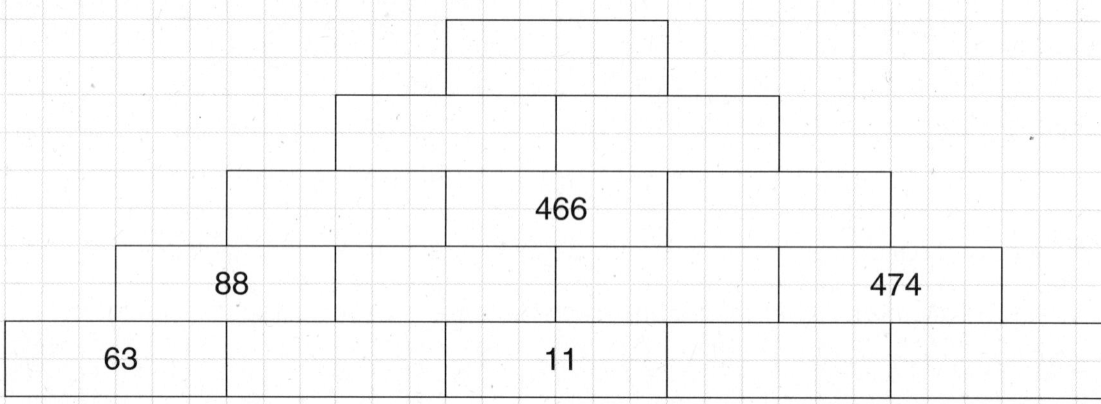

b)

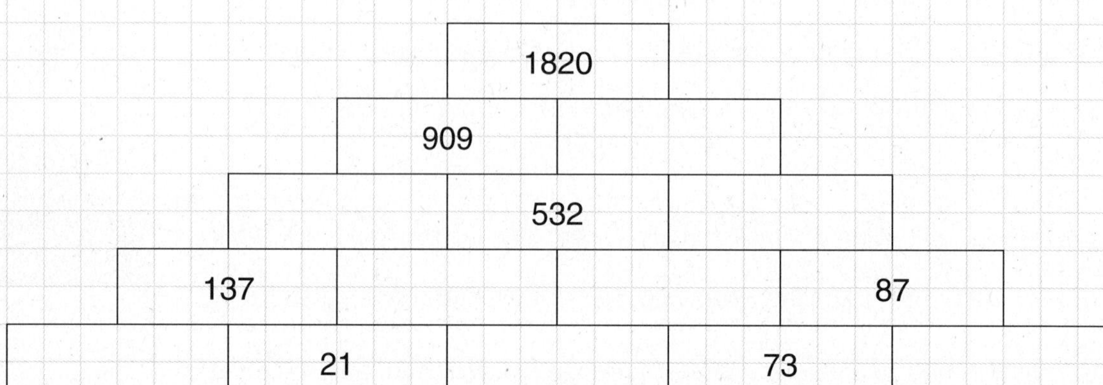

Rechenmauern: Addition und Subtraktion natürlicher Zahlen

1. Benachbarte Zahlen werden nach oben hin addiert, nach unten hin subtrahiert.

4740				
3325	1415			
2357	968	447		
1678	679	289	158	
1193	485	194	95	63
708	291	99	32	
417	192	67		
225	125			
100				

2. In jedem Kasten steht die Summe aus den jeweiligen Zahlen der beiden darunter liegenden Kästen. Ergänze die fehlenden Zahlen!

a)

1960				
590	1370			
124	466	904		
88	36	430	474	
63	25	11	419	55

b)

1820				
909	911			
377	532	379		
137	240	292	87	
116	21	219	73	14

1. Ergänze die fehlenden Zahlen in den Rechendreiecken.
Regel: Eine Zahl aussen ist die Summe der beiden nächstliegenden inneren Zahlen.

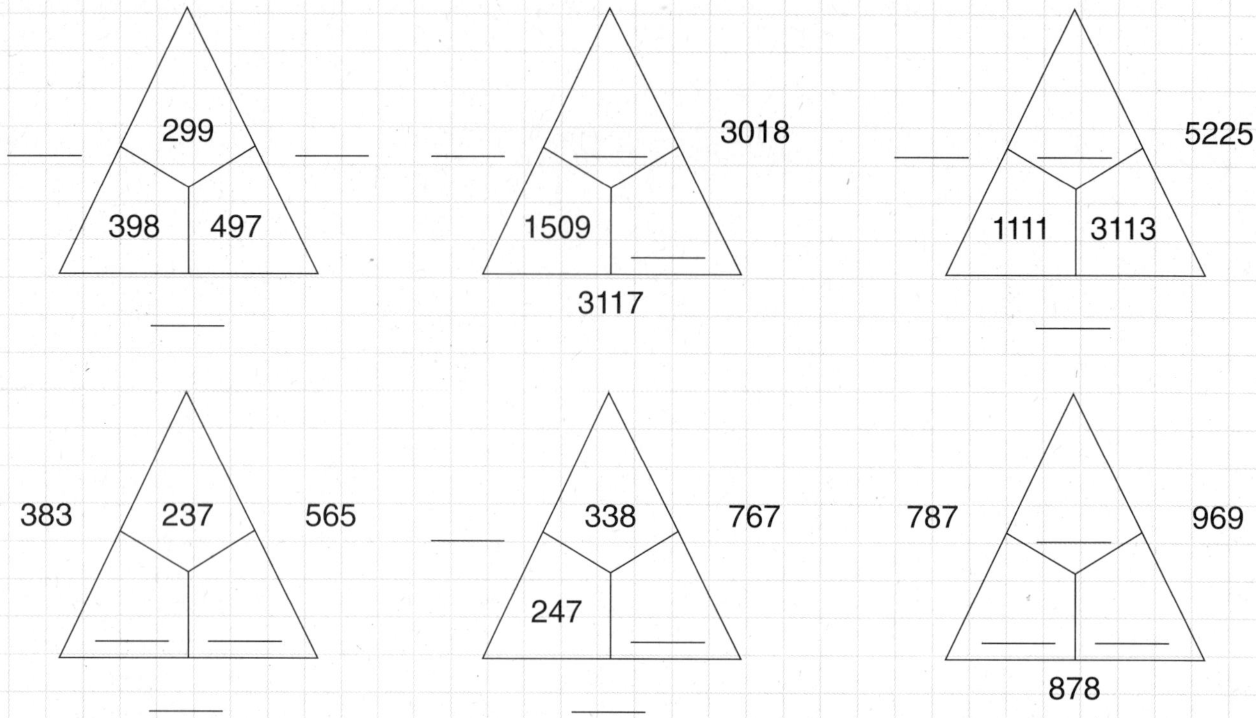

2. Trage die fehlenden Zahlen so in die freien Kästchen ein, dass sich waagrecht, senkrecht und diagonal die Zahl im „Dach" als Summe ergibt.

a) 132

48		32
		40

b) 156

		76
84	52	

c) 204

	68	
92		60

d) 78

30		
28		32

3. Setze die richtigen Rechenzeichen (+ oder –) in die Fenster ein.

a) 54 ☐ 22 ☐ 17 ☐ 36 = 51
c) 36 ☐ 17 ☐ 28 ☐ 37 = 62
e) 72 ☐ 23 ☐ 42 ☐ 34 = 57

b) 45 ☐ 16 ☐ 14 ☐ 66 = 81
d) 31 ☐ 24 ☐ 17 ☐ 19 = 19
f) 29 ☐ 33 ☐ 24 ☐ 47 = 85

Rechendreiecke und Rechenhäuser: Addition und Subtraktion natürlicher Zahlen

1. Ergänze die fehlenden Zahlen in den Rechendreiecken.
Regel: Eine Zahl aussen ist die Summe der beiden nächstliegenden inneren Zahlen.

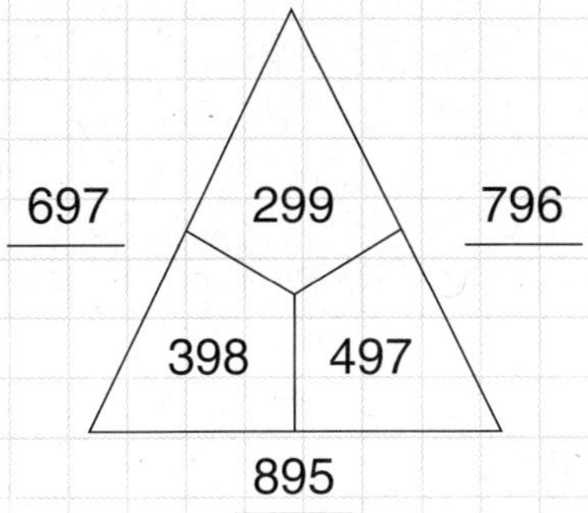

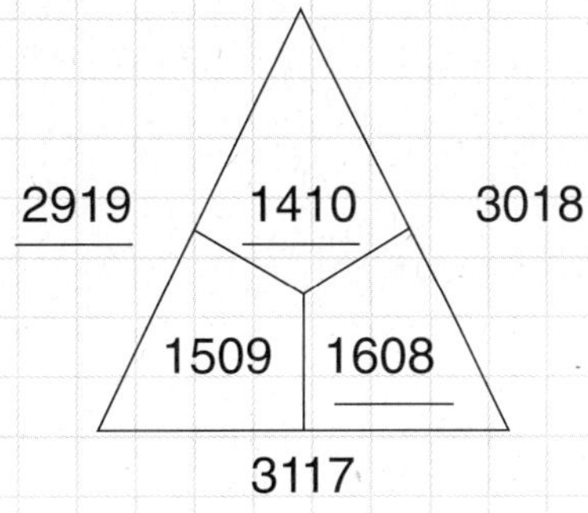

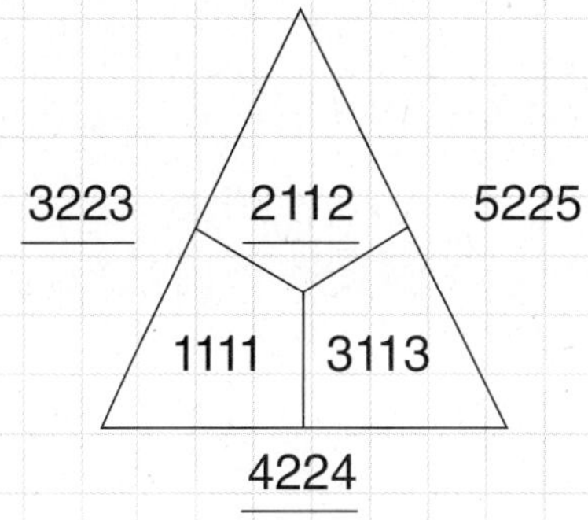

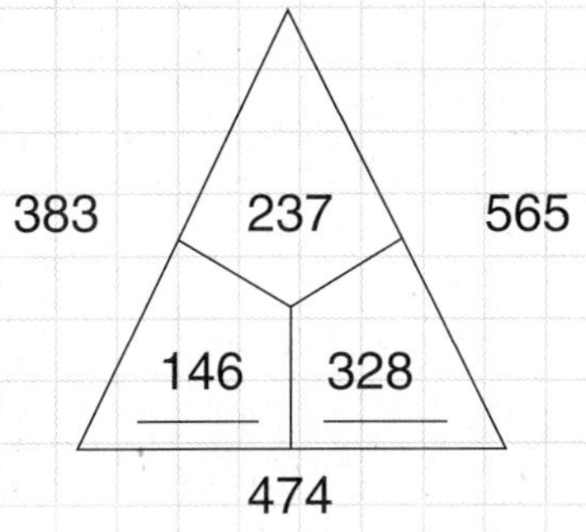

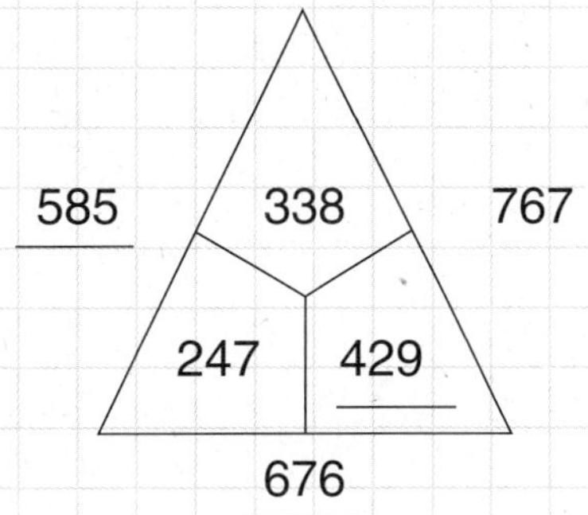

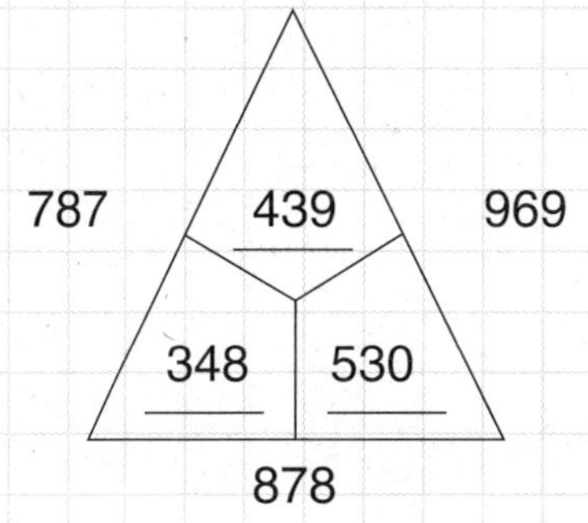

2. Trage die fehlenden Zahlen so in die freien Kästchen ein, dass sich waagrecht, senkrecht und diagonal die Zahl im „Dach" als Summe ergibt.

a) 132

48	52	32
28	44	60
56	36	40

b) 156

44	36	76
84	52	20
28	68	60

c) 204

76	84	44
36	68	100
92	52	60

d) 78

20	24	34
30	36	12
28	18	32

3. Setze die richtigen Rechenzeichen (+ oder –) in die Fenster ein.

a) 54 [–] 22 [–] 17 [+] 36 = 51

b) 45 [–] 16 [–] 14 [+] 66 = 81

c) 36 [+] 17 [–] 28 [+] 37 = 62

d) 31 [+] 24 [–] 17 [–] 19 = 19

e) 72 [–] 23 [+] 42 [–] 34 = 57

f) 29 [+] 33 [–] 24 [+] 47 = 85

1. Kreuzzahlrätsel

a)	b)	c)	■	d)	e)
f)			■	g)	
	■	h)	i)	■	
■	j)	■	k)	l)	■
m)		■	n)		o)
p)		q)	■	r)	
s)				■	

waagerecht:	senkrecht:
a) 66 + 87	a) 57 + 89
d) 53 + 45	b) 76 – 19
f) 376 + 98	c) 376 – 28
g) 77 – 49	d) 46 + 46
h) 25 + 63	e) 963 – 79
k) 95 – 68	i) 885 – 56
m) 35 + 16	j) 6834 – 656
n) 1069 – 87	l) 856 – 68
p) 448 + 25	m) 638 – 96
r) 170 – 85	o) 336 – 85
s) 2706 + 185	q) 61 – 22

2. Rechenquiz

Trage die richtigen Ergebnisse zusammen mit den richtigen Lösungsbuchstaben ein.

Addiere 15 und 23.			117	A
Subtrahiere 43 von 88.			45	E
Berechne die Summe aus 38 und 54.			38	R
Wie groß ist die Differenz zwischen 76 und 95?			53	S
Ziehe 18 von 42 ab.			19	H
Addiere 92 und 74.			92	C
Berechne 52 plus 65.			118	S
Zähle 39 und 79 zusammen.			166	N
Subtrahiere 36 von 89.			24	E

Wenn du richtig gerechnet hast, erhälst du ein Lösungswort.

3. Knacke den Geheimcode

Hier wurden Zahlen durch Buchstaben ersetzt. Jeder Buchstabe steht für eine andere Zahl: 0, 1, 2 oder 3. Um das Geheimwort zu finden, setze die Zahlen so ein, dass die Aufgaben richtig sind.

□ Y + □ Y = □ L

□ L + □ S = □ L

□ Y + □ L = □ T

_____ 0
_____ 1
_____ 2
_____ 3

4. Zum Knobeln

Schreibe die Zahlen 1 bis 9 so in das Kästchen, dass die Rechnungen stimmen.
Z.B.

8	–	□	+	□	=	4		oder	8	–	□	+	□	=	4
+		–		+					+		–		+		
□	+	□	–	□	=	0			□	+	□	–	□	=	0
–		+		+					–		+		+		
□	–	□	+	1	=	5			□	–	□	+	1	=	5
=		=		=					=		=		=		
2		7		8					2		7		8		

Es gibt mehrere Lösungen, eine Ziffer kann auch mehrmals auftauchen und eine andere gar nicht.

1. Kreuzzahlrätsel

a) 1	b) 5	c) 3		d) 9	e) 8
f) 4	7	4		g) 2	8
6		h) 8	i) 8		4
	j) 6		k) 2	l) 7	
m) 5	1		n) 9	8	o) 2
p) 4	7	q) 3		r) 8	5
s) 2	8	9	1		1

waagerecht:	senkrecht:
a) 66 + 87	a) 57 + 89
d) 53 + 45	b) 76 – 19
f) 376 + 98	c) 376 – 28
g) 77 – 49	d) 46 + 46
h) 25 + 63	e) 963 – 79
k) 95 – 68	i) 885 – 56
m) 35 + 16	j) 6834 – 656
n) 1069 – 87	l) 856 – 68
p) 448 + 25	m) 638 – 96
r) 170 – 85	o) 336 – 85
s) 2706 + 185	q) 61 – 22

2. Rechenquiz

Trage die richtigen Ergebnisse zusammen mit den richtigen Lösungsbuchstaben ein.

Addiere 15 und 23.	38	R	117	A
Subtrahiere 43 von 88.	45	E	45	E
Berechne die Summe aus 38 und 54.	92	C	38	R
Wie groß ist die Differenz zwischen 76 und 95?	19	H	53	S
Ziehe 18 von 42 ab.	24	E	19	H
Addiere 92 und 74.	166	N	92	C
Berechne 52 plus 65.	117	A	118	S
Zähle 39 und 79 zusammen.	118	S	166	N
Subtrahiere 36 von 89.	53	S	24	E

Wenn du richtig gerechnet hast, erhälst du ein Lösungswort.

3. Knacke den Geheimcode

Hier wurden Zahlen durch Buchstaben ersetzt. Jeder Buchstabe steht für eine andere Zahl: 0, 1, 2 oder 3. Um das Geheimwort zu finden, setze die Zahlen so ein, dass die Aufgaben richtig sind.

1 Y + 1 Y = 2 L

2 L + 0 S = 2 L

1 Y + 2 L = 3 T

S	0
Y	1
L	2
T	3

4. Zum Knobeln

Schreibe die Zahlen 1 bis 9 so in das Kästchen, dass die Rechnungen stimmen.
Z. B.

8	–	5	+	1	=	4	
+		–		+			
3	+	3	–	6	=	0	
–		+		+			
9	–	5	+	1	=	5	
=		=		=			
2		7		8			

oder

8	–	7	+	3	=	4
+		–		+		
1	+	3	–	4	=	0
–		+		+		
7	–	3	+	1	=	5
=		=		=		
2		7		8		

Es gibt mehrere Lösungen, eine Ziffer kann auch mehrmals auftauchen und eine andere gar nicht.

Spiel für 2 oder mehr Personen

Schneidet die abgebildeten Würfelnetze aus und klebt sie zusammen.
Würfelt abwechselnd mit allen Würfeln. Jeder versucht nun, so schnell wie möglich die Summe der Augenzahlen zu berechnen. Wer am schnellsten war, bekommt einen Punkt. Sieger ist, wer nach einer vorher vereinbarten Zeit die meisten Punkte hat.

Trainingsblatt
Addition und Subtraktion natürlicher Zahlen: Rechengesetze und Rechenvorteile

1. Einige Aufgaben in der linken und rechten Spalte gehören zusammen, weil sie das gleiche Ergebnis haben. Verbinde diese Paare miteinander.

7 + 18	(64 + 9) + 7
81 – 50	24 + (8 + 62)
64 + (9 + 7)	61 – 59
(13 – 12) + 5	127 + 23
35 + 165	13 – (12 + 5)
59 – 61	50 – 81
(24 + 8) + 62	(77 + 81) + 9
23 + 127	18 + 7
77 + (81 + 9)	165 + 35

2. Kennzeichne jeweils die Zahlenpaare mit gleicher Farbe, die einfach zu addieren sind und berechne sodann geschickt die Summe aller Zahlen im Ballon.

a)

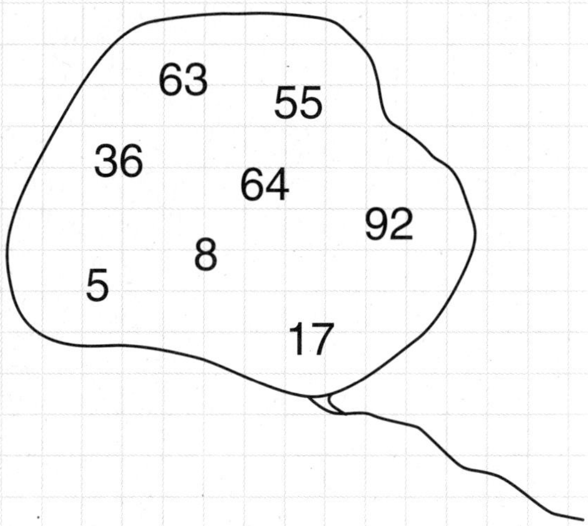

b)

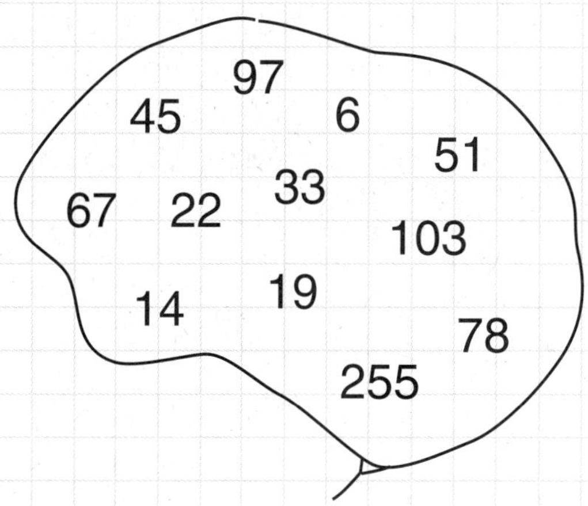

3. Berechne im Kopf:

a) 82 + 64 + 13 + 8 + 87 + 36 = ______

b) 53 + 119 + 47 + 1 + 30 = ______

c) 455 + 199 + 101 + 45 + 3 = ______

d) 54 + 28 + 12 + 6 = ______

e) 26 + 12 + 4 + 88 = ______

f) 99 + 73 + 1 + 27 + 5 = ______

Trainingsblatt
Addition und Subtraktion natürlicher Zahlen: Rechengesetze und Rechenvorteile

1. Einige Aufgaben in der linken und rechten Spalte gehören zusammen, weil sie das gleiche Ergebnis haben. Verbinde diese Paare miteinander.

7 + 18	(64 + 9) + 7
81 – 50	24 + (8 + 62)
64 + (9 + 7)	61 – 59
(13 – 12) + 5	127 + 23
35 + 165	13 – (12 + 5)
59 – 61	50 – 81
(24 + 8) + 62	(77 + 81) + 9
23 + 127	18 + 7
77 + (81 + 9)	165 + 35

2. Kennzeichne jeweils die Zahlenpaare mit gleicher Farbe, die einfach zu addieren sind und berechne sodann geschickt die Summe aller Zahlen im Ballon.

a)

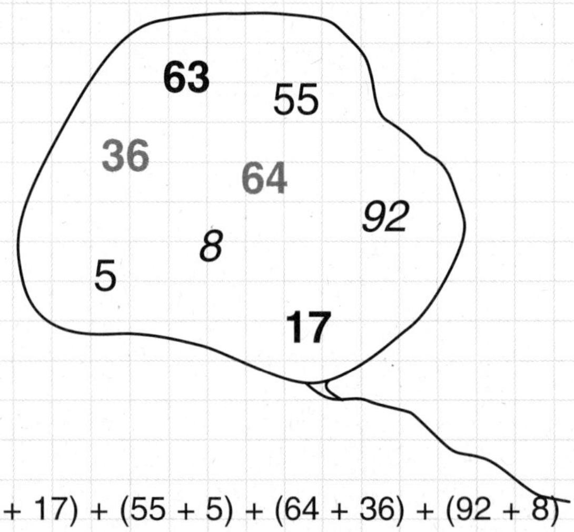

(63 + 17) + (55 + 5) + (64 + 36) + (92 + 8)

= 80 + 60 + 100 + 100 = 340

b)

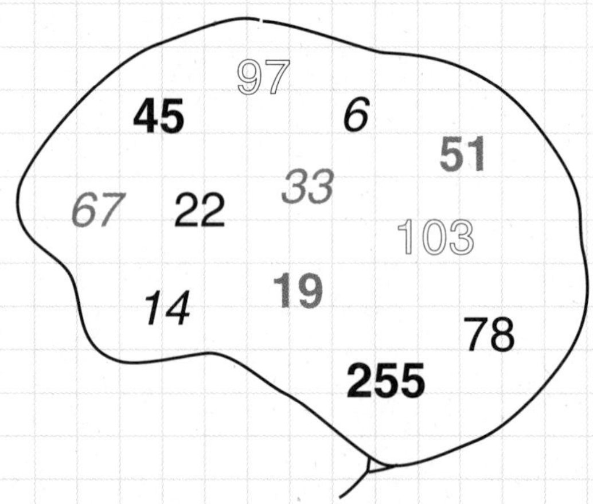

(255 + 45) + (78 + 22) + (51 + 19) +

(14 + 6) + (67 + 33) + (103 + 97) =

300 + 100 + 70 + 20 + 100 + 200 = 790

3. Berechne im Kopf:

a) 82 + 64 + 13 + 8 + 87 + 36 = 290

b) 53 + 119 + 47 + 1 + 30 = 250

c) 455 + 199 + 101 + 45 + 3 = 803

d) 54 + 28 + 12 + 6 = 100

e) 26 + 12 + 4 + 88 = 120

f) 99 + 73 + 1 + 27 + 5 = 205

Anweisungen des Zauberers:

1. Würfle mit allen drei Würfeln gleichzeitig und schreibe die Summe der Augen auf den Zettel.
2. Suche dir zwei der Würfel aus, drehe sie um und addiere die Augen der beiden ehemaligen Unterseiten und schreibe die Summe als 2. Zahl auf den Zettel. Den dritten Würfel lässt du einfach liegen.
3. Würfle mit den beiden gewählten Würfeln dann nochmals und notiere die Summe der beiden gewürfelten Augen als 3. Zahl auf den Zettel.
4. Drehe einen der beiden zuletzt benutzten Würfel wieder um und notiere die Augenzahl der ehemaligen Unterseite als 4. Zahl.
5. Am Schluss würfle mit dem zuletzt gewählten Würfel nochmals und schreibe die Augenzahl als 5. Zahl auf den Zettel. Lass alle Würfel so liegen, wie sie sind.
6. Jetzt addiere die 5 aufgeschriebenen Zahlen ohne mir die Summe zu nennen.

1. Würfle bzw. drehe die Würfel wie in den obigen Anweisungen und schreibe dabei die Augenzahlen in das untere Schema. In die Kästchen schreibst du jeweils die Augenzahlen des Würfels, den du nicht mehr umdrehst. Notiere daneben, was auf dem Zettel steht.

1. Beispiel		Zettel
1. Wurf	___ + ___ + ☐	= ___
Umdrehen	___ + ___	= ___
2. Wurf	___ + ☐	= ___
Umdrehen	___	= ___
3. Wurf	☐	= ___
		+ ___
		___

2. Beispiel		Zettel
1. Wurf	___ + ___ + ☐	= ___
Umdrehen	___ + ___	= ___
2. Wurf	___ + ☐	= ___
Umdrehen	___	= ___
3. Wurf	☐	= ___
		+ ___
		___

2. Wie ist ein Würfel aufgebaut? Vervollständige folgenden Satz:
   Die Summe zweier gegenüberliegenden Zahlen auf einem Würfel ergibt immer die Zahl   .

   Addiere bei den obigen beiden Beispielen jeweils die Augenzahlen der liegengebliebenen Würfel (die Zahlen in den 3 Kästchen) und vergleiche diese Summe mit der Endsumme auf dem Zettel. Was stellst du fest?

3. Durchdenke mit dem Wissen von Aufgabe 2 nochmals alle Anweisungen. Wie gelangt man also auf anderem Weg auf die Endsumme?

4. Was muss der Zauberer sehen, um das richtige Ergebnis nennen zu können?

5. Probiere den Zaubertrick nun mit deiner Nachbarin/deinem Nachbar aus.

Zaubertrick: Die verzauberten Würfel

Anweisungen des Zauberers:

1. Würfle mit allen drei Würfeln gleichzeitig und schreibe die Summe der Augen auf den Zettel.
2. Suche dir zwei der Würfel aus, drehe sie um und addiere die Augen der beiden ehemaligen Unterseiten und schreibe die Summe als 2. Zahl auf den Zettel. Den dritten Würfel lässt du einfach liegen.
3. Würfle mit den beiden gewählten Würfeln dann nochmals und notiere die Summe der beiden gewürfelten Augen als 3. Zahl auf den Zettel.

4. Drehe einen der beiden zuletzt benutzten Würfel wieder um und notiere die Augenzahl der ehemaligen Unterseite als 4. Zahl.
5. Am Schluss würfle mit dem zuletzt gewählten Würfel nochmals und schreibe die Augenzahl als 5. Zahl auf den Zettel. Lass alle Würfel so liegen, wie sie sind.
6. Jetzt addiere die 5 aufgeschriebenen Zahlen ohne mir die Summe zu nennen.

1. Würfle bzw. drehe die Würfel wie in den obigen Anweisungen und schreibe dabei die Augenzahlen in das untere Schema. In die Kästchen schreibst du jeweils die Augenzahlen des Würfels, den du nicht mehr umdrehst. Notiere daneben, was auf dem Zettel steht.

	1. Beispiel	Zettel
1. Wurf	___ + ___ + □ =	___
Umdrehen	___ + ___ =	___
2. Wurf	___ + □ =	___
Umdrehen	___ =	___
3. Wurf	□ =	___
		+
		___

	2. Beispiel	Zettel
1. Wurf	___ + ___ + □ =	___
Umdrehen	___ + ___ =	___
2. Wurf	___ + □ =	___
Umdrehen	___ =	___
3. Wurf	□ =	___
		+
		___

2. Wie ist ein Würfel aufgebaut? Vervollständige folgenden Satz:
Die Summe zweier gegenüberliegenden Zahlen auf einem Würfel ergibt immer die Zahl 7.

Addiere bei den obigen beiden Beispielen jeweils die Augenzahlen der liegengebliebenen Würfel (die Zahlen in den 3 Kästchen) und vergleiche diese Summe mit der Endsumme auf dem Zettel. Was stellst du fest?
Der Unterschied ist jeweils 21.

3. Durchdenke mit dem Wissen von Aufgabe 2 nochmals alle Anweisungen. Wie gelangt man also auf anderem Weg auf die Endsumme? Man rechnet 21 (= $3 \cdot 7$) plus die Summe der Augenzahlen der liegen gebliebenen Würfel.

4. Was muss der Zauberer sehen, um das richtige Ergebnis nennen zu können?
Er muss die liegen gebliebenen Würfel sehen.

5. Probiere den Zaubertrick nun mit deiner Nachbarin/deinem Nachbar aus.

Trainingsblatt
Addition und Subtraktion natürlicher Zahlen: Terme

1. Berechne die folgenden Terme:

a) (12 – 8) + (58 – 15) =

b) (20 + 95) – (64 – 16) =

c) (238 – 40) – (125 – 75) =

d) 100 – [58 – (15 – 8)] =

e) 200 – [(70 – 18) – 20] =

f) 760 – [2000 – (2100 – 300)] – 70 =

2. Notiere zunächst den Term und berechne dann seinen Wert:

a) Addiere zur Differenz von 70 und 25 die Summe von 20 und 8:

b) Subtrahiere von der Summe von 12 und 18 die Zahl 15:

c) Subtrahiere von der Differenz von 100 und 77 die Differenz von 10 und 7:

d) Addiere zur Summe von 40 und 22 die Summe von 42 und 20:

e) Addiere zur Differenz von 1500 und 650 die Differenz von 980 und 10:

f) Subtrahiere die Differenz der Zahlen 50 und 30 von deren Summe:

3. Setze die Klammern jeweils so, dass die Rechnungen richtig sind.

a) 40 – 29 – 8 – 3 – 1 = 15

b) 40 – 29 – 8 – 3 – 1 = 1

c) 40 – 29 – 8 – 3 – 1 = 23

d) 40 – 29 – 8 – 3 – 1 = 7

e) 40 – 29 – 8 – 3 – 1 = 5

f) 40 – 29 – 8 – 3 – 1 = 21

g) 40 – 29 – 8 – 3 – 1 = 17

Trainingsblatt **LÖSUNG**

Addition und Subtraktion natürlicher Zahlen: Terme

1. Berechne die folgenden Terme:

a) (12 – 8) + (58 – 15) = 4 + 43 = 47

b) (20 + 95) – (64 – 16) = 115 – 48 = 67

c) (238 – 40) – (125 – 75) = 198 – 50 = 148

d) 100 – [58 – (15 – 8)] = 100 – [58 – 7] = 100 – 51 = 49

e) 200 – [(70 – 18) – 20] = 200 – [52 – 20] = 200 – 32 = 168

f) 760 – [2000 – (2100 – 300)] – 70 = 760 – [2000 – 1800] – 70
= 760 – 200 – 70 = 490

2. Notiere zunächst den Term und berechne dann seinen Wert:

a) Addiere zur Differenz von 70 und 25 die Summe von 20 und 8:
(70 – 25) + (20 + 8) = 45 + 28 = 73

b) Subtrahiere von der Summe von 12 und 18 die Zahl 15:
(12 + 18) – 15 = 30 – 15 = 15

c) Subtrahiere von der Differenz von 100 und 77 die Differenz von 10 und 7:
(100 – 77) – (10 – 7) = 23 – 3 = 20

d) Addiere zur Summe von 40 und 22 die Summe von 42 und 20:
(40 + 22) + (42 + 20) = 62 + 62 = 124

e) Addiere zur Differenz von 1500 und 650 die Differenz von 980 und 10:
(1500 – 650) + (980 – 10) = 850 + 970 = 1820

f) Subtrahiere die Differenz der Zahlen 50 und 30 von deren Summe:
(50 + 30) – (50 – 30) = 80 – 20 = 60

3. Setze die Klammern jeweils so, dass die Rechnungen richtig sind.

a) 40 – (29 – 8) – 3 – 1 = 15

b) 40 – 29 – 8 – (3 – 1) = 1

c) 40 – (29 – 8 – 3 – 1) = 23

d) 40 – 29 – (8 – 3 – 1) = 7

e) 40 – 29 – (8 – 3) – 1 = 5

f) 40 – (29 – 8 – 3) – 1 = 21

g) 40 – (29 – 8) – (3 – 1) = 17

Erstelle durch Verknüpfung der „Zutaten“ (unten) möglichst viele „Speisen“ (oben). Die Rechnungen dürfen alle Grundrechenarten und Klammern beliebig oft enthalten, aber jede „Zutat“ darf für die Zubereitung ein- und derselben „Speise“ nur einmal verwendet werden. Wer einen passenden Term gefunden hat, schreibt das „Rezept“ auf. Sieger ist die Gruppe, die am Schluss die meisten „Rezepte“ gefunden hat.

Rezeptkartei:

Rezept für Eisbein:

16 =
10 + 8 − 2

Rezept für Sahnetorte:

Rezept für Pommes:

Rezept für Eis:

Rezept für Pizza:

Rezept für Hähnchen:

Vorbereitung:
Schneidet die Kärtchen entlang der Linien aus.
Die quadratischen Zahlen-Kärtchen werden verdeckt und gut gemischt auf dem Tisch ausgebreitet. Die rechteckigen Rechen- und Klammer-Kärtchen bleiben sichtbar liegen.
Es ist gut, zu vereinbaren, wie lange jeder Spieler jeweils überlegen darf (z. B. 3 Minuten).

Spielbeschreibung:
Spieler 1 gibt zu Beginn der ersten Runde eine beliebige Zahl (kleiner als 100) vor.
Spieler 2 würfelt und darf nun soviele verdeckte Zahlenkärtchen ziehen, wie er Augen gewürfelt hat. Mit diesen Zahlenkärtchen und beliebig vielen Rechen- und Klammer-Kärtchen versucht er nun, einen Term zu legen, welcher als Ergebnis die von Spieler 1 genannte Zahl hat.
Gelingt dies nicht innerhalb der vereinbarten Zeit, so behält Spieler 2 seine Kärtchen und Spieler 1 ist an der Reihe, zu würfeln, Kärtchen zu ziehen und einen passenden Term zu erfinden.
Hat auch Spieler 1 mit seinen Kärtchen keinen Erfolg, so behält er seinerseits die Kärtchen.
Spieler 2 darf wiederum würfeln, weitere Kärtchen ziehen und mit allen ihm nun zur Verfügung stehenden Kärtchen sein Glück versuchen.
Abwechselnd ziehen auf diese Weise beide Spieler weitere Kärtchen, bis endlich einer von Ihnen einen passenden Term legen kann.
Dafür gibt es einen Punkt.
Alle Kärtchen werden zurück auf den Tisch gelegt und die 2. Runde kann beginnen, in der Spieler 2 eine Zahl (kleiner als 100) vorgeben darf.

1	2	3	4	5	6	7	8	9	10	11	12
1	2	3	4	5	6	7	8	9	10	11	12
1	2	3	4	5	6	7	8	9	10	11	12
1	2	3	4	5	6	7	8	9	10	11	12
1	2	3	4	5	6	7	8	9	10	11	12
13	14	15	16	17	18	19	20	21	22	23	24
13	14	15	16	17	18	19	20	21	22	23	24

+	+	+	+	+	+	+	+	+	+	+	+	–	–	–	–	–	–	–	–	–	–	–	–
(	(	(	(	(	(	(	(	(	(	(	(	)	)	)	)	)	)	)	)	)	)	)	)

Spielregeln:

Zu Beginn des Spiels stellt jeder seine Spielfigur auf das rechteckige Stockwerksfeld „0". Die Stockwerkskärtchen und die Spielkarten werden gemischt und jeweils verdeckt auf einen Stapel gelegt. Jeder zieht fünf Stockwerkskärtchen.

Ihr sollt nun die Stockwerke, die auf euren Stockwerkskärtchen angegeben sind, mit eurer Spielfigur besuchen. Hierzu würfelt ihr der Reihe nach. Zeigt der Würfel *+1*, *+2*, *−1* oder *−2* setzt ihr eure Spielfigur entsprechend viele Felder höher (bei positivem Vorzeichen) oder niedriger (bei negativem Vorzeichen). Würfelt ihr den Buchstaben *K*, zieht ihr eine Spielkarte. Diese kann entweder direkt oder zu einem späteren Zeitpunkt ausgespielt werden. Die Wirkung einer Spielkarte ist auf der Karte beschrieben. Die ausgespielte Spielkarte wird unter den Spielkartenstapel gelegt.

Sobald jemand eines seiner Zielstockwerke mit seiner Spielfigur erreicht hat, deckt er das dazugehörige Stockwerkskärtchen auf.

Gewonnen hat derjenige, der zuerst alle seine gezogenen Stockwerke mit seiner Spielfigur erreichen konnte.

26	25
24	23
22	21
20	19
18	17
16	15
14	13
12	11
10	9
8	7
6	5
4	3
2	1
0	−1
−2	−3
−4	−5
−6	−7
−8	−9
−10	−11
−12	

Stockwerk **26**	Stockwerk **24**	Stockwerk **22**	Stockwerk **20**
Stockwerk **18**	Stockwerk **16**	Stockwerk **14**	Stockwerk **12**
Stockwerk **10**	Stockwerk **8**	Stockwerk **6**	Stockwerk **4**
Stockwerk **3**	Stockwerk **2**	Stockwerk **1**	Stockwerk **0**
Stockwerk **–1**	Stockwerk **–2**	Stockwerk **–3**	Stockwerk **–4**
Stockwerk **–5**	Stockwerk **–6**	Stockwerk **–7**	Stockwerk **–8**
Stockwerk **–9**	Stockwerk **–10**	Stockwerk **–11**	Stockwerk **–12**

Der lustige Portier **Gegenzahl** Beim Ausspielen dieser Karte hüpft die Spielfigur auf das Feld mit der Gegenzahl der jetzt erreichten Stockwerkszahl.	Der lustige Portier **Gegenzahl** Beim Ausspielen dieser Karte hüpft die Spielfigur auf das Feld mit der Gegenzahl der jetzt erreichten Stockwerkszahl.	Der lustige Portier **Gegenzahl** Beim Ausspielen dieser Karte hüpft die Spielfigur auf das Feld mit der Gegenzahl der jetzt erreichten Stockwerkszahl.	Der lustige Portier **Gegenzahl** Beim Ausspielen dieser Karte hüpft die Spielfigur auf das Feld mit der Gegenzahl der jetzt erreichten Stockwerkszahl.
Der lustige Portier **Betrag** Beim Ausspielen dieser Karte hüpft die Spielfigur auf das Feld mit dem Betrag der jetzt erreichten Stockwerkszahl.	Der lustige Portier **Betrag** Beim Ausspielen dieser Karte hüpft die Spielfigur auf das Feld mit dem Betrag der jetzt erreichten Stockwerkszahl.	Der lustige Portier **Betrag** Beim Ausspielen dieser Karte hüpft die Spielfigur auf das Feld mit dem Betrag der jetzt erreichten Stockwerkszahl.	Der lustige Portier **Betrag** Beim Ausspielen dieser Karte hüpft die Spielfigur auf das Feld mit dem Betrag der jetzt erreichten Stockwerkszahl.
Der lustige Portier **Extra Zug** Beim Ausspielen dieser Karte darfst du noch einmal würfeln.	Der lustige Portier **Extra Zug** Beim Ausspielen dieser Karte darfst du noch einmal würfeln.	Der lustige Portier **Extra Zug** Beim Ausspielen dieser Karte darfst du noch einmal würfeln.	Der lustige Portier **Extra Zug** Beim Ausspielen dieser Karte darfst du noch einmal würfeln.
Der lustige Portier **Zurück ins Erdgeschoss** Beim Ausspielen dieser Karte muss ein Spieler deiner Wahl zurück ins Erdgeschoss.	Der lustige Portier **Zurück ins Erdgeschoss** Beim Ausspielen dieser Karte muss ein Spieler deiner Wahl zurück ins Erdgeschoss.	Der lustige Portier **Zurück ins Erdgeschoss** Beim Ausspielen dieser Karte muss ein Spieler deiner Wahl zurück ins Erdgeschoss.	Der lustige Portier **Zurück ins Erdgeschoss** Beim Ausspielen dieser Karte muss ein Spieler deiner Wahl zurück ins Erdgeschoss.

Trainingsblatt
Anordnung, Addition und Subtraktion ganzer Zahlen

1. Ordne die folgenden Zahlen nach ihrer Größe; beginne jeweils mit der größten Zahl.

a) −15; 0; 4; −14; 63; 1; −10

b) 3; −1; 0; −3; 4; −30; 10

c) 75; −5; −74; −75; −4; 5

2. Welche Zahl liegt auf der Zahlengeraden in der Mitte zwischen

a) 7 und 35

b) −11 und 9

c) −26 und −16

d) −2381 und 2381

3. Rechne im Kopf.

a) $(-5) + (-3) =$

b) $(-10) + (+3) =$

c) $(+64) + |-6| =$

d) $(-27) + (-2) =$

e) $(-11) + (+13) =$

f) $(+19) + (-15) =$

g) $|-10| + (-10) =$

h) $(-60) + (+50) =$

4. Schreibe zuerst ohne Klammern und berechne dann.

a) $(-305) + (-165) =$

b) $(-265) - (-491) =$

c) $(+48) + (-3025) =$

d) $(+93) - (+107) =$

5. Schreibe als Summe und berechne.

a) $28 - 65 =$

b) $-43 - 12 =$

c) $91 - (-3) =$

d) $-64 - 8 =$

e) $101 - 99 =$

f) $-1 - (-1) =$

6. Rechne geschickt.

a) $51 - 317 + 49 =$

b) $94 - 309 - 91 =$

c) $-24 + 69 - 6 =$

d) $-318 + 82 + 18 =$

e) $13 - 209 + 87 =$

Trainingsblatt
Anordnung, Addition und Subtraktion ganzer Zahlen

1. Ordne die folgenden Zahlen nach ihrer Größe; beginne jeweils mit der größten Zahl.

a) –15; 0; 4; –14; 63; 1; –10 $63 > 4 > 1 > 0 > -10 > -14 > -15$

b) 3; –1; 0; –3; 4; –30; 10 $10 > 4 > 3 > 0 > -1 > -3 > -30$

c) 75; –5; –74; –75; –4; 5 $75 > 5 > -4 > -5 > -74 > -75$

2. Welche Zahl liegt auf der Zahlengeraden in der Mitte zwischen

a) 7 und 35 21
b) –11 und 9 –1

c) –26 und –16 –21
d) –2381 und 2381 0

3. Rechne im Kopf.

a) $(-5) + (-3) = -8$
b) $(-10) + (+3) = -7$

c) $(+64) + |-6| = 70$
d) $(-27) + (-2) = -29$

e) $(-11) + (+13) = 2$
f) $(+19) + (-15) = 4$

g) $|-10| + (-10) = 0$
h) $(-60) + (+50) = -10$

4. Schreibe zuerst ohne Klammern und berechne dann.

a) $(-305) + (-165) = -305 - 165 = -470$
b) $(-265) - (-491) = -265 + 491 = 226$

c) $(+48) + (-3025) = 48 - 3025 = -2977$
d) $(+93) - (+107) = 93 - 107 = -14$

5. Schreibe als Summe und berechne.

a) $28 - 65 = 28 + (-65) = -37$
b) $-43 - 12 = -43 + (-12) = -55$

c) $91 - (-3) = 91 + 3 = 94$
d) $-64 - 8 = -64 + (-8) = -72$

e) $101 - 99 = 101 + (-99) = 2$
f) $-1 - (-1) = -1 + 1 = 0$

6. Rechne geschickt.

a) $51 - 317 + 49 = 51 + 49 - 317 = 100 - 317 = -217$

b) $94 - 309 - 91 = 94 - (309 + 91) = 94 - 400 = -306$

c) $-24 + 69 - 6 = 69 - 24 - 6 = 69 - (24 + 6) = 69 - 30 = 39$

d) $-318 + 82 + 18 = -318 + 100 = -218$

e) $13 - 209 + 87 = 13 + 87 - 209 = 100 - 209 = -109$

DIE PLUS-PYRAMIDE

In jedem Stein steht die **Summe** der beiden darunter liegenden Steine.

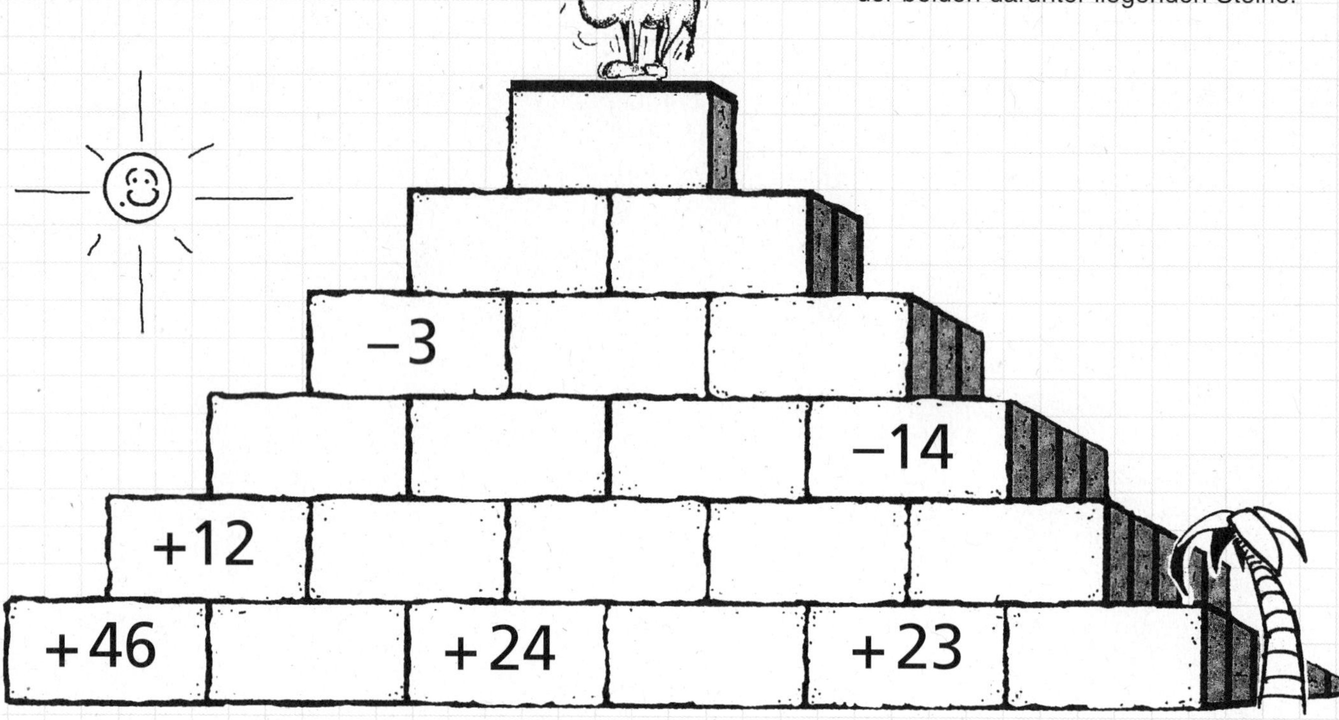

DIE MINUS-PYRAMIDE

In jedem Stein steht die **Differenz** der beiden darunter liegenden Steine.

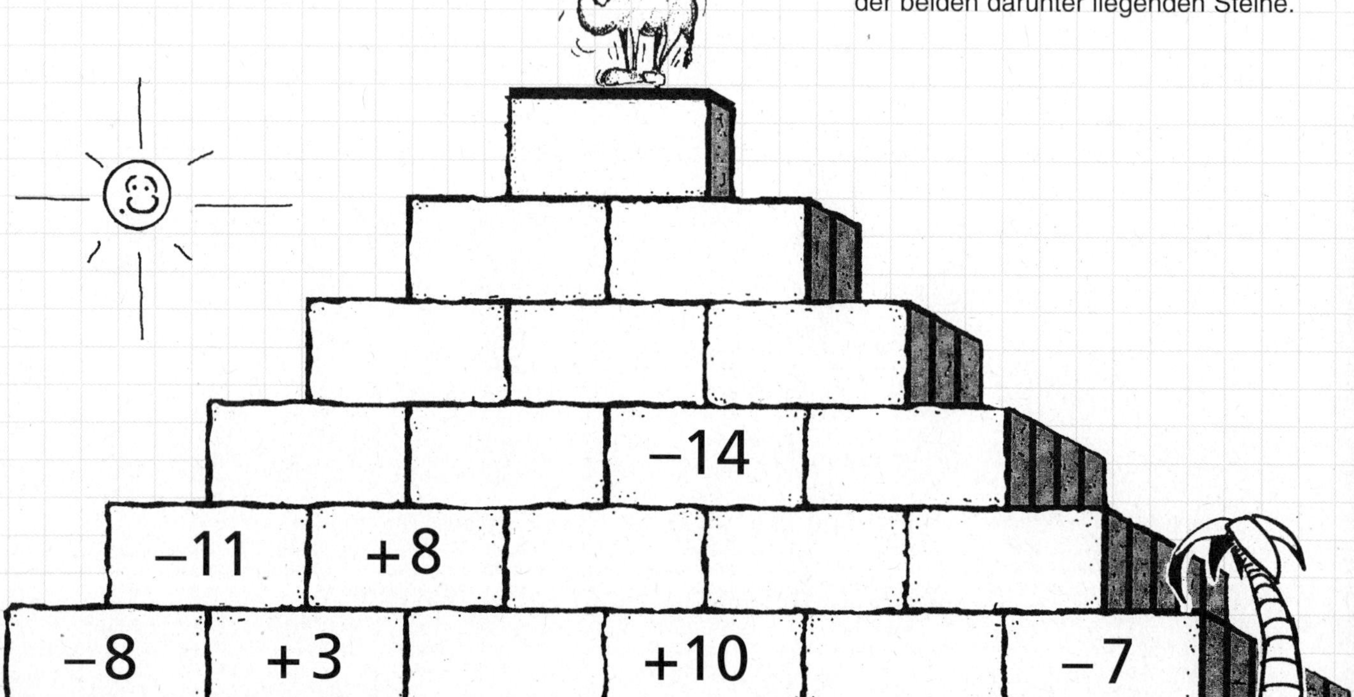

Arbeitsblatt: Betrag, Addition und Subtraktion ganzer Zahlen

1. Berechne

a) $|-23| - |-12| =$

b) $|15 - 16| \cdot |28 - 2| =$

c) $62 : |-2| =$

d) $|-98| + |25| - |-8| =$

e) $|144| : |-12| =$

2. Bei diesen Rechentürmen steht die Summe zweier benachbarter Zahlen im darüberliegenden Kästchen.

a)

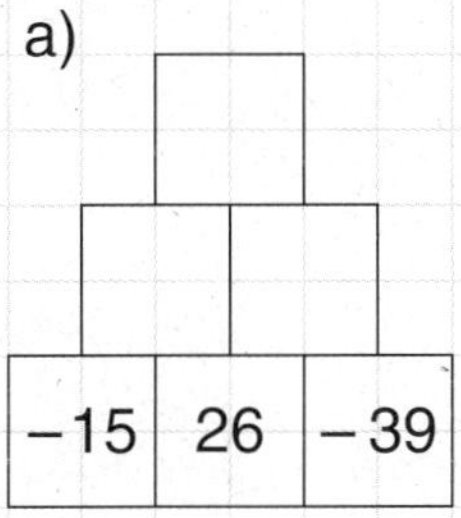

b)

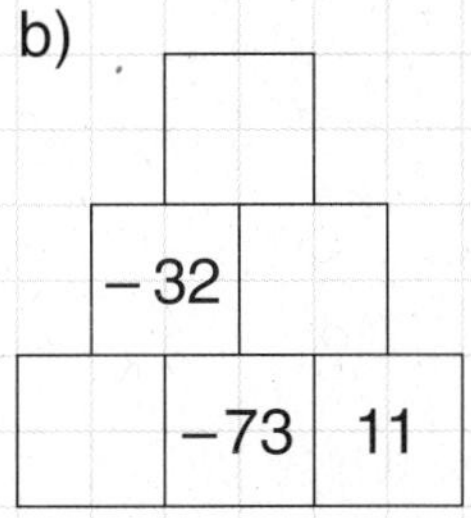

c)

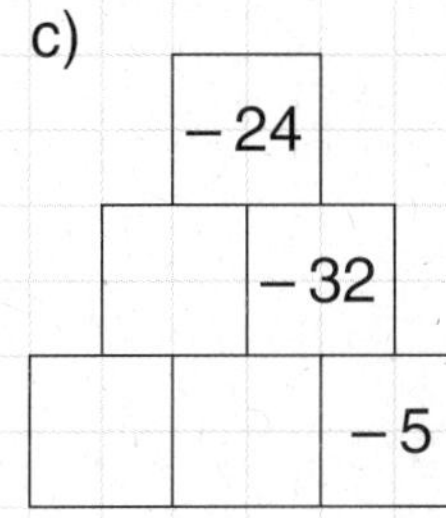

3. Welche Zahl kann in ☐ passend eingesetzt werden?

a) ☐ − (+24) = 93

b) (−21) − ☐ = −61

c) ☐ − (−35) = −35

d) (−41) − ☐ = 48

e) 52 + ☐ = −1

f) ☐ + (−74) = 8

4. Ergänze die fehlenden Zahlen in den Rechendreiecken.
Regel: Eine Zahl außen ist die Summe der beiden nächstliegenden inneren Zahlen.

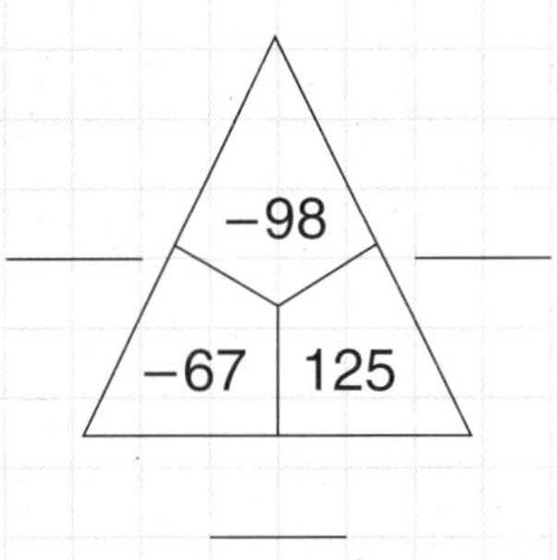

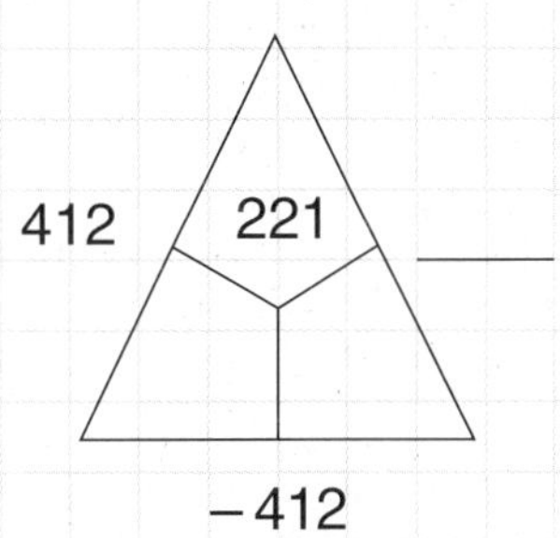

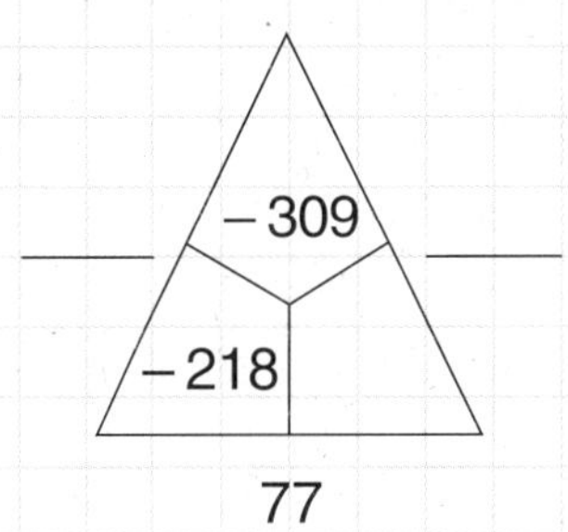

5. a) Welche Zahl ist um 24 kleiner als −87?

b) Um wie viel ist − 892 kleiner als 65?

c) Von welcher Zahl muss man −12 subtrahieren, um 24 zu erhalten?

d) Welche Zahl ist um 317 größer als −300?

Arbeitsblatt: Betrag, Addition und Subtraktion ganzer Zahlen

1. Berechne

a) $|-23| - |-12| = 23 - 12 = 11$

b) $|15 - 16| \cdot |28 - 2| = |-1| \cdot |26| = 1 \cdot 26 = 26$

c) $62 : |-2| = 62 : 2 = 31$

d) $|-98| + |25| - |-8| = 98 + 25 - 8 = 115$

e) $|144| : |-12| = 144 : 12 = 12$

2. Bei diesen Rechentürmen steht die Summe zweier benachbarter Zahlen im darüberliegenden Kästchen.

a)
−2
11 | −13
−15 | 26 | −39

b)
−94
−32 | −62
41 | −73 | 11

c)
−24
8 | −32
35 | −27 | −5

3. Welche Zahl kann in ☐ passend eingesetzt werden?

a) [117] − (+24) = 93

b) (−21) − [40] = −61

c) [−70] − (−35) = −35

d) (−41) − [−89] = 48

e) 52 + [−53] = −1

f) [82] + (−74) = 8

4. Ergänze die fehlenden Zahlen in den Rechendreiecken.
Regel: Eine Zahl außen ist die Summe der beiden nächstliegenden inneren Zahlen.

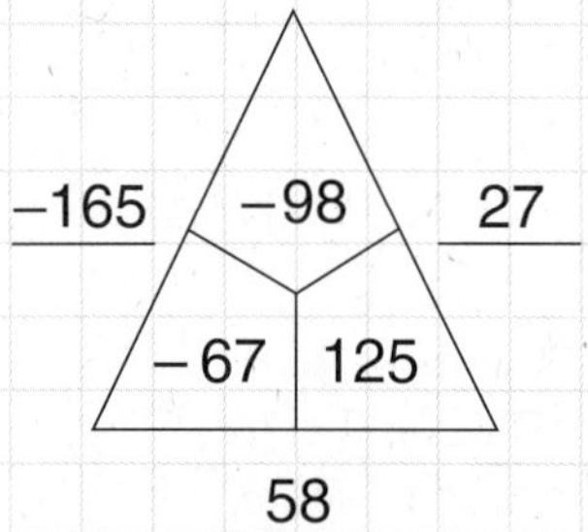

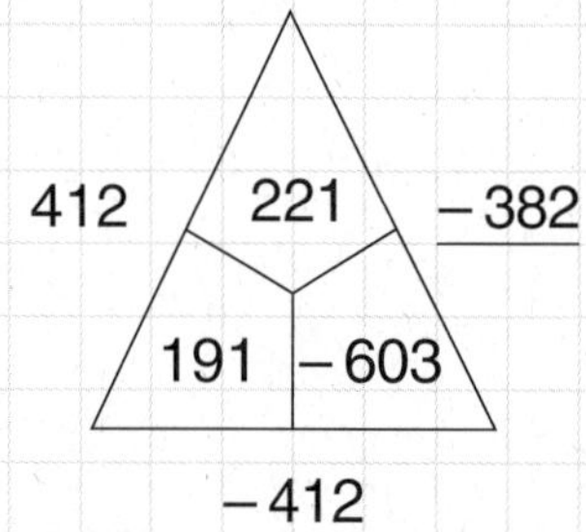

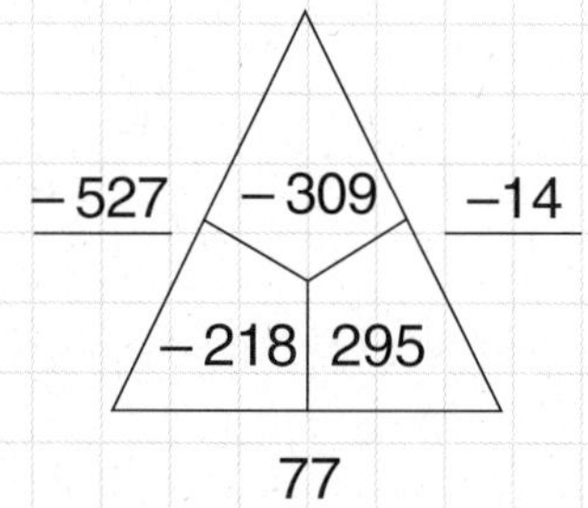

5. a) Welche Zahl ist um 24 kleiner als −87?
−87 − 24 = −111

b) Um wie viel ist − 892 kleiner als 65?
65 − (−892) = 65 + 892 = 957

c) Von welcher Zahl muss man −12 subtrahieren, um 24 zu erhalten?
24 + (−12) = 24 − 12 = 12

d) Welche Zahl ist um 317 größer als −300?
−300 + 317 = 17

Arbeitsblatt: Rechnen mit Summen und Differenzen ganzer Zahlen

1. a) Subtrahiere die Differenz 112 – 61 von der Summe 12 + 19.

b) Addiere zur Gegenzahl von (720 – 63) die Gegenzahl (91 – 1).

c) Subtrahiere die Gegenzahl von (–13 + 15) von der Summe der Zahlen –12 und –99.

2. Rechne geschickt.

a) 46 – 69 + 54 =

b) 118 + 73 – 23 =

c) 93 – 41 – 24 – 59 + 7 =

d) –25 + 320 – 75 – 12 + 80 – 8 =

e) 826 – 93 – 11 – 9 + 24 – 7 =

3. Setze + und – richtig ein.

a) 28 ☐ (–12) ☐ 63 ☐ (–8) = – 55

b) –120 ☐ 8 ☐ 130 ☐ (–9) = 11

c) 403 ☐ (–57) ☐ 15 ☐ 23 = 468

d) 76 ☐ 91 ☐ (–9) ☐ (–16) = 160

4. a) 57 + (93 – 210) + (7 – 90) =

b) – (–367 + 19) – (–429 + 127) =

5. Formuliere die folgenden Aufgaben in Worte.

a) (–720 – 80) + (–12 + 15)

b) 63 + [–12 – (–91 + 36)]

6. a) Der Wasserspiegel des Toten Meeres liegt 390 m unter NN (Normalnull, d. h. Meereshöhe). Die tiefste Stelle liegt 800 m unter NN. Wie tief ist das Tote Meer?

b) Jerusalem liegt 790 m über NN. Welchen Höhenunterschied muss man überwinden, wenn man von Jerusalem zum Toten Meer fährt?

Arbeitsblatt: Rechnen mit Summen und Differenzen ganzer Zahlen

1. a) Subtrahiere die Differenz 112 – 61 von der Summe 12 + 19.
$(12+19)-(112-61)=31-51=-20$

b) Addiere zur Gegenzahl von (720 – 63) die Gegenzahl (91 – 1).
$-(720-63)+[-(91-1)]=-657+[-90]=-657-90=-747$

c) Subtrahiere die Gegenzahl von (–13 + 15) von der Summe der Zahlen –12 und –99.
$[(-12)+(-99)]-[-(-13+15)]=-111-[-2]=-111+2=-109$

2. Rechne geschickt.

a) $46-69+54=46+54-69=100-69=31$

b) $118+73-23=118+(73-23)=118+50=168$

c) $93-41-24-59+7=93+7-41-59-24=100-(41+59)-24=-24$

d) $-25+320-75-12+80-8=-(25-75)+(320+80)-(12+8)=$
$=-100+400-20=280$

e) $826-93-11-9+24-7=826+24-93-7-11-9=$
$=(826+24)-(93+7+11+9)=850-(100+20)=850-120=730$

3. Setze + und – richtig ein.

a) 28 [+] (–12) [–] 63 [+] (–8) = –55

b) –120 [–] 8 [+] 130 [–] (–9) = 11

c) 403 [–] (–57) [–] 15 [+] 23 = 468

d) 76 [+] 91 [–] (–9) [+] (–16) = 160

4. a) $57+(93-210)+(7-90)=57+93-210+7-90=57+93+7-210-90=$
$=57+(93+7)-(210+90)=57+100-300=57+(100-300)=57-200=-143$

b) $-(-367+19)-(-429+127)=367-19+429-127=$
$=367-127+429-19=(367-127)+(429-19)=240+410=650$

5. Formuliere die folgenden Aufgaben in Worte.

a) $(-720-80)+(-12+15)$ z. B. Addiere die Summe $(-12)+15$ zur Differenz $-720-80$.

b) $63+[-12-(-91+36)]$ z. B. Addiere die Differenz mit dem Minuend –12 und dem Subtrahend $-91+36$ zur Zahl 63.

6. a) Der Wasserspiegel des Toten Meeres liegt 390 m unter NN (Normalnull, d. h. Meereshöhe). Die tiefste Stelle liegt 800 m unter NN. Wie tief ist das Tote Meer?
$-800\,m-(-390\,m)=-410\,m$. Das Tote Meer liegt 410 m unter NN.

b) Jerusalem liegt 790 m über NN. Welchen Höhenunterschied muss man überwinden, wenn man von Jerusalem zum Toten Meer fährt?
$790\,m-(-390\,m)=1180\,m$. Man muss 1180 m Höhenunterschied überwinden.

DREI GEWINNT

Wer gewinnt?

	1	2	3	4	5	6	7
A							
B							
C							
D							
E							

Punkte für Gruppe 1

Punkte für Gruppe 2

Arbeitsblatt: Quaderansichten I

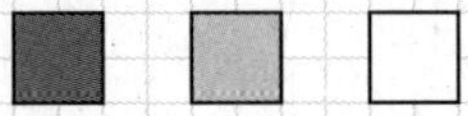

Rot Blau Gelb

Jeder der Quader hat die Maße
l = 4 cm, b = 2 cm, h = 1 cm

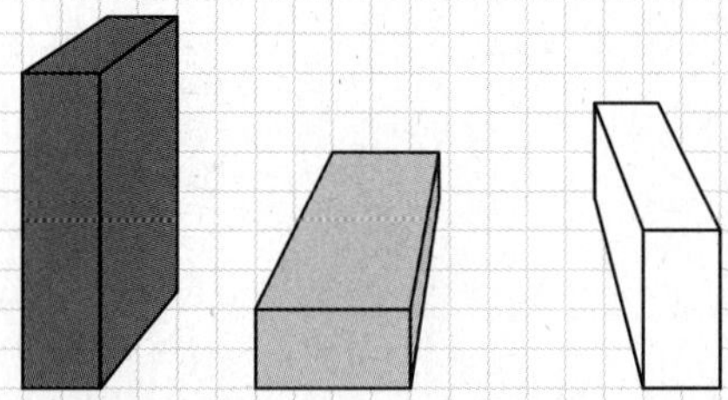

Wie sehen die vier Ansichten aus?

a)

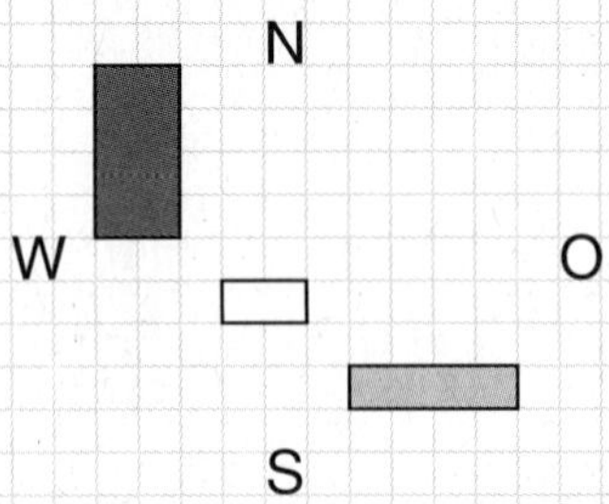

von Norden | von Osten | von Süden | von Westen

b)

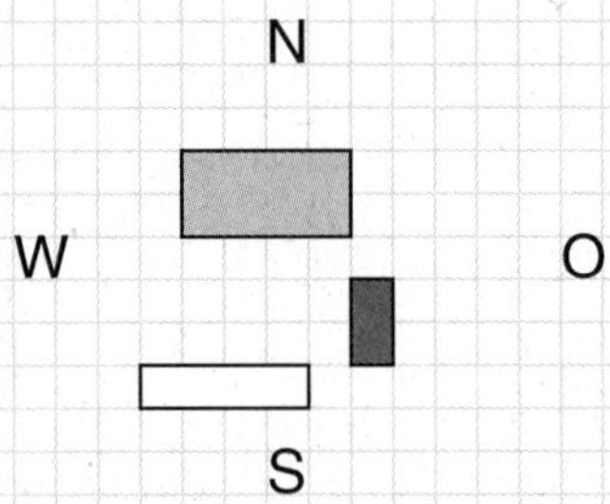

von Norden | von Osten | von Süden | von Westen

c)

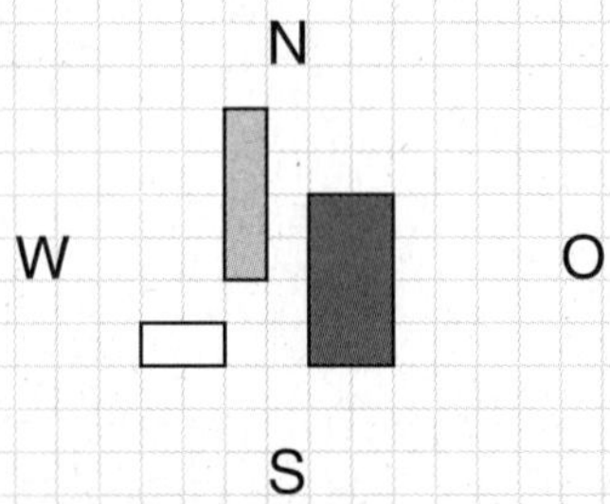

von Norden | von Osten | von Süden | von Westen

d)

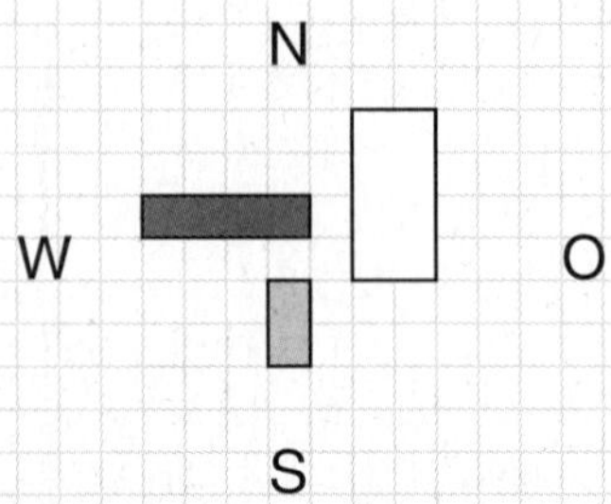

von Norden | von Osten | von Süden | von Westen

e)

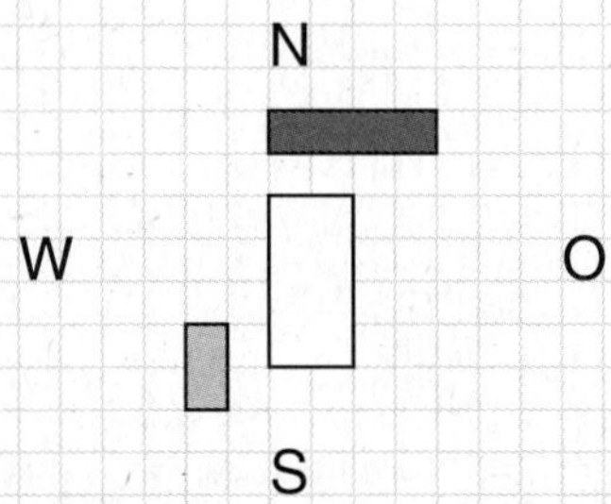

von Norden | von Osten | von Süden | von Westen

Arbeitsblatt: Quaderansichten I

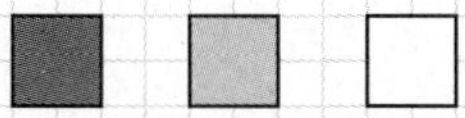

Rot Blau Gelb

Jeder der Quader hat die Maße
l = 4 cm, b = 2 cm, h = 1 cm

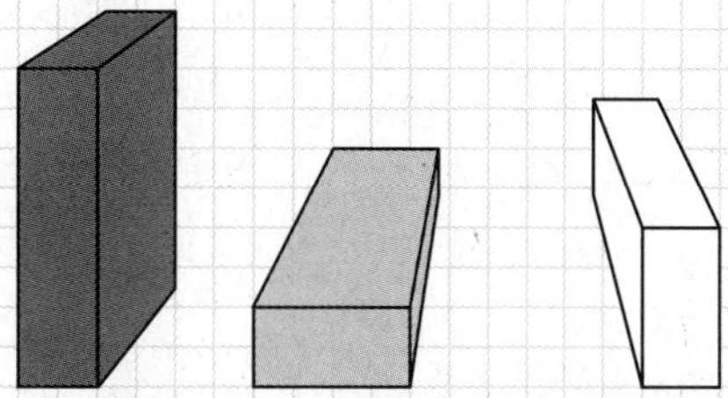

Wie sehen die vier Ansichten aus?

a)

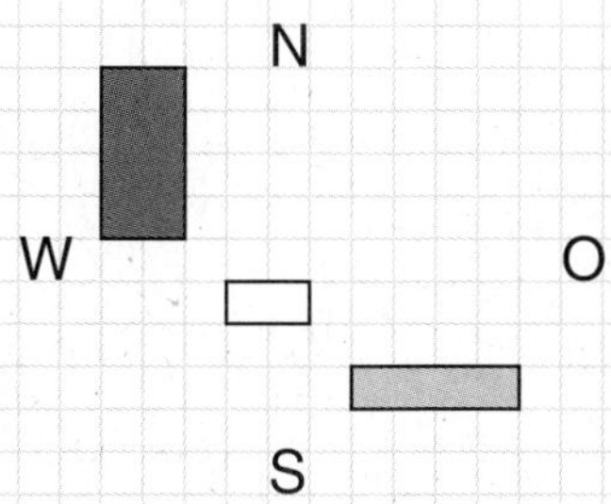

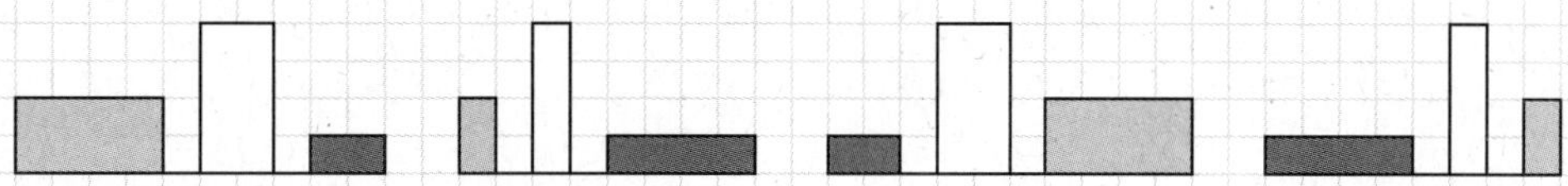

von Norden von Osten von Süden von Westen

b)

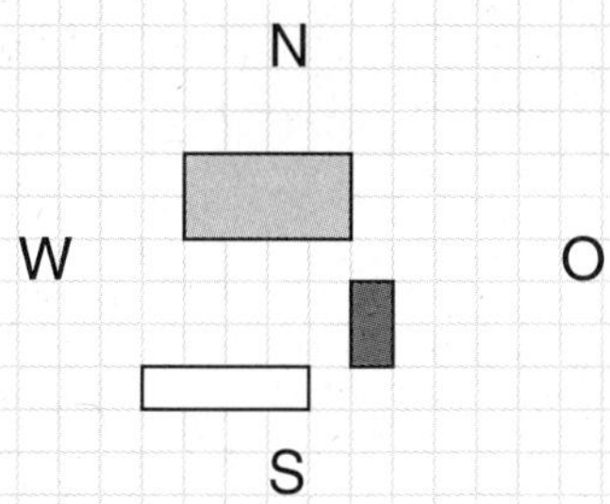

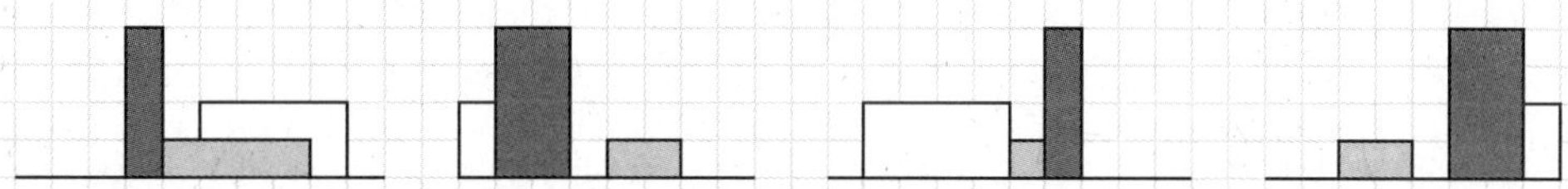

von Norden von Osten von Süden von Westen

c)

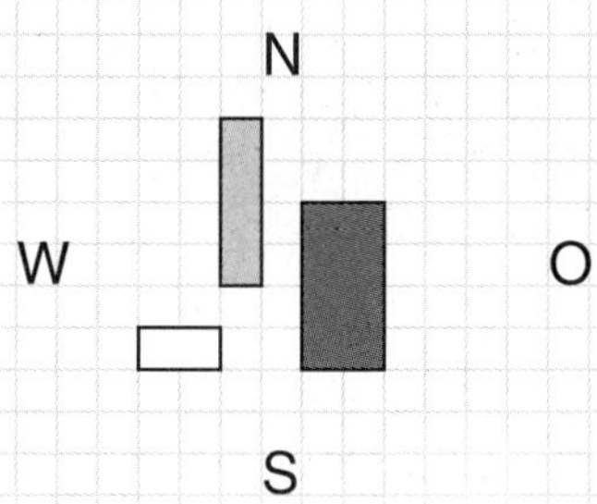

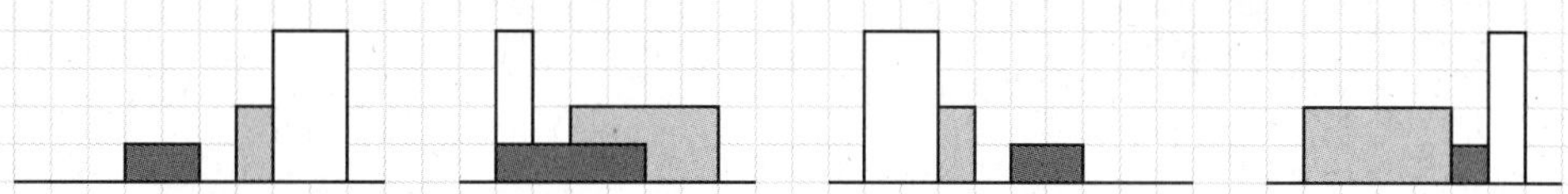

von Norden von Osten von Süden von Westen

d)

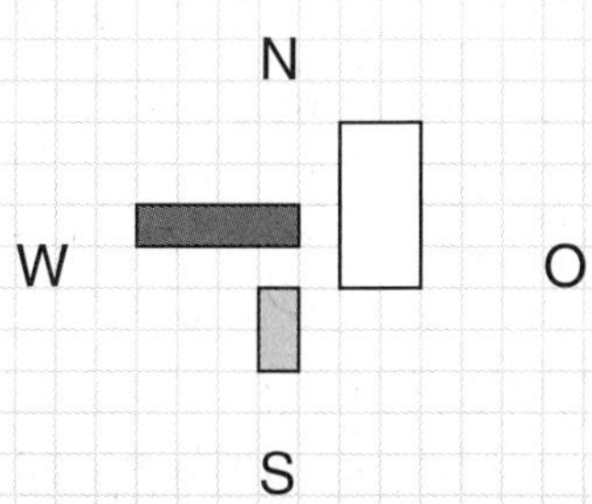

von Norden von Osten von Süden von Westen

e)

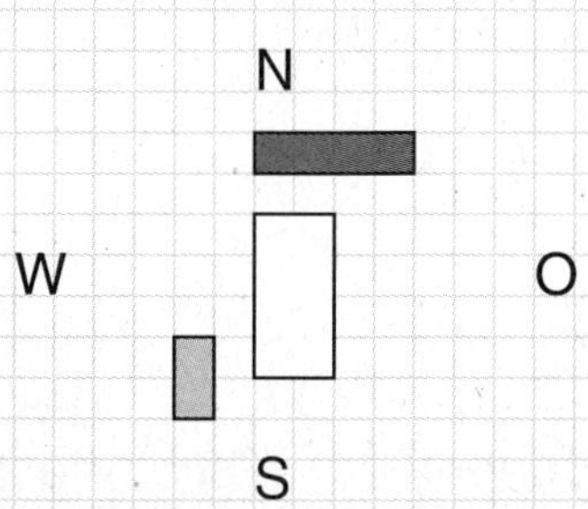

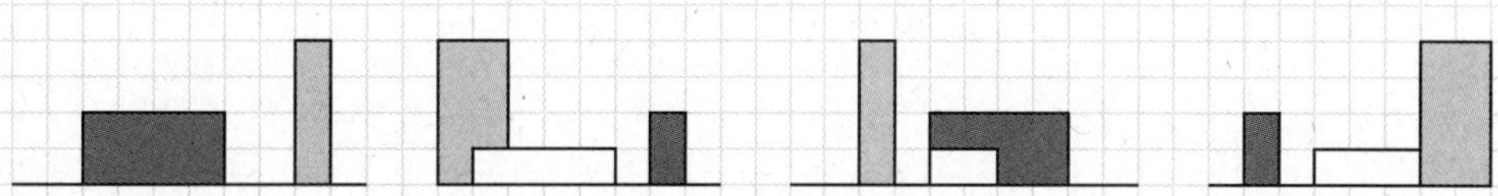

von Norden von Osten von Süden von Westen

Arbeitsblatt: Quaderansichten II

Wie sieht der Grundriss aus?

a) N

W O

S

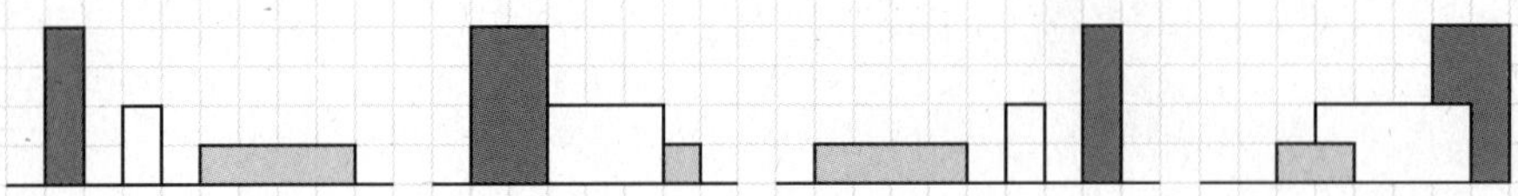

von Norden von Osten von Süden von Westen

b) N

W O

S

von Norden von Osten von Süden von Westen

c) N

W O

S

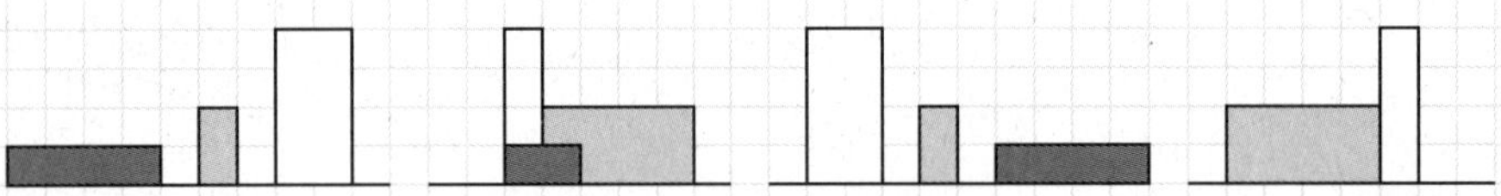

von Norden von Osten von Süden von Westen

d) N

W O

S

von Norden von Osten von Süden von Westen

e) N

W O

S

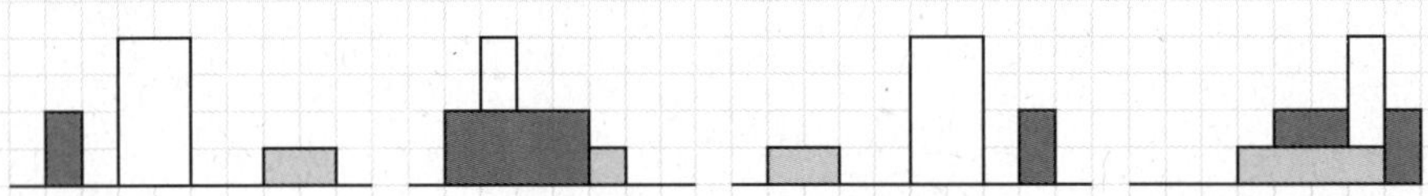

von Norden von Osten von Süden von Westen

f) N

W O

S

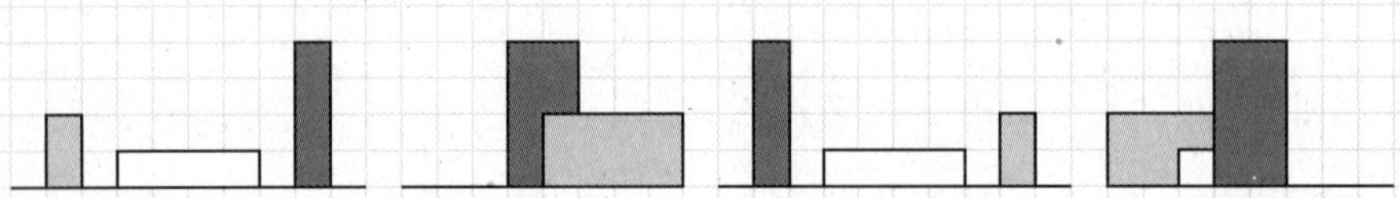

von Norden von Osten von Süden von Westen

Arbeitsblatt: Quaderansichten II

Wie sieht der Grundriss aus?

a)

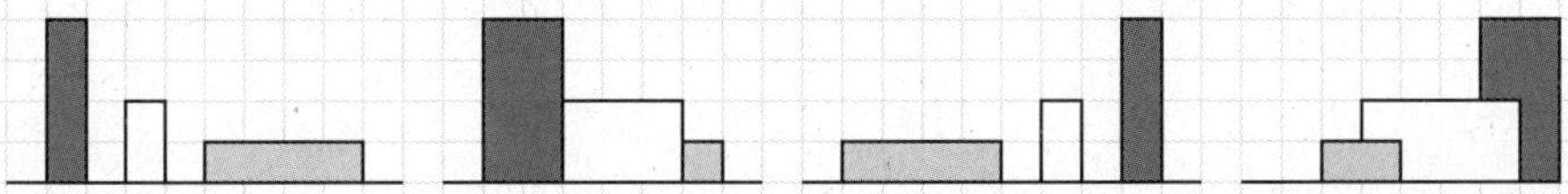

von Norden | von Osten | von Süden | von Westen

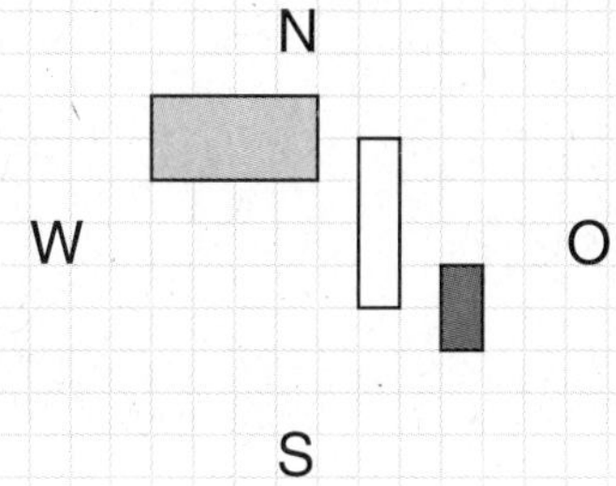

b)

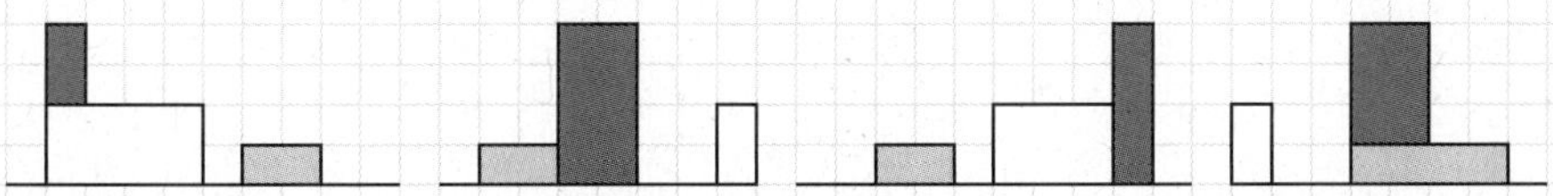

von Norden | von Osten | von Süden | von Westen

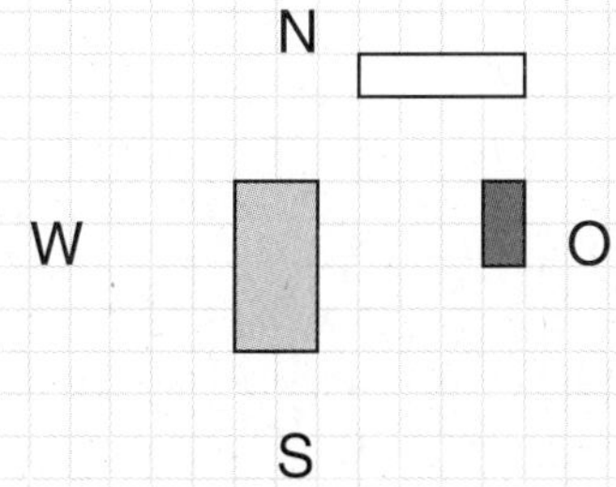

c)

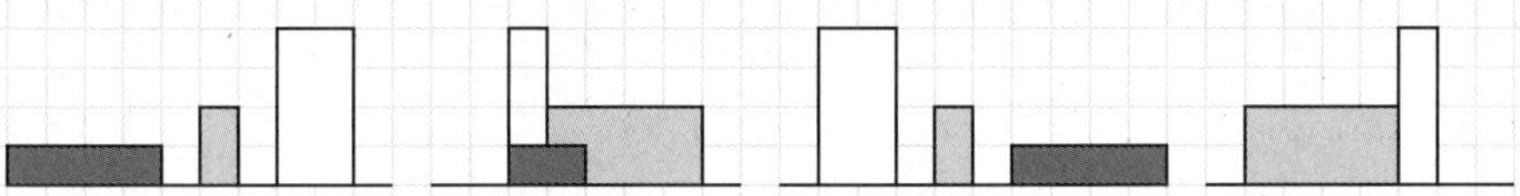

von Norden | von Osten | von Süden | von Westen

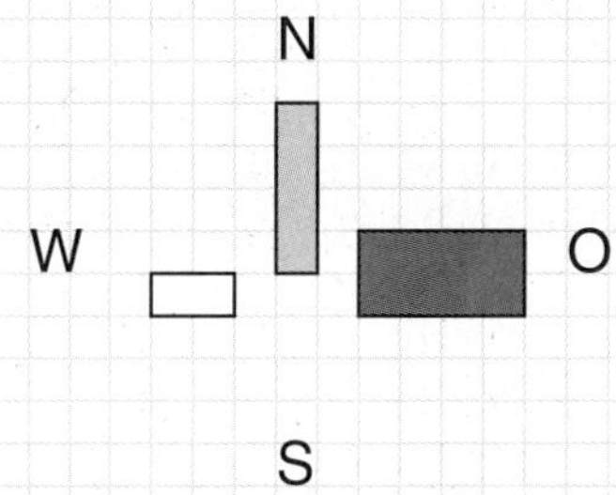

d)

von Norden | von Osten | von Süden | von Westen

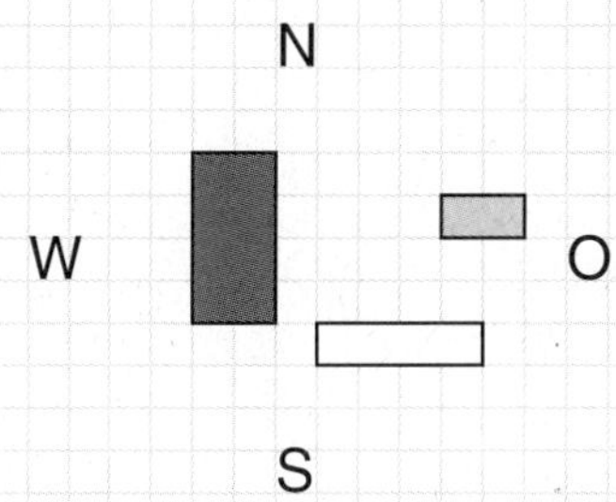

e)

von Norden | von Osten | von Süden | von Westen

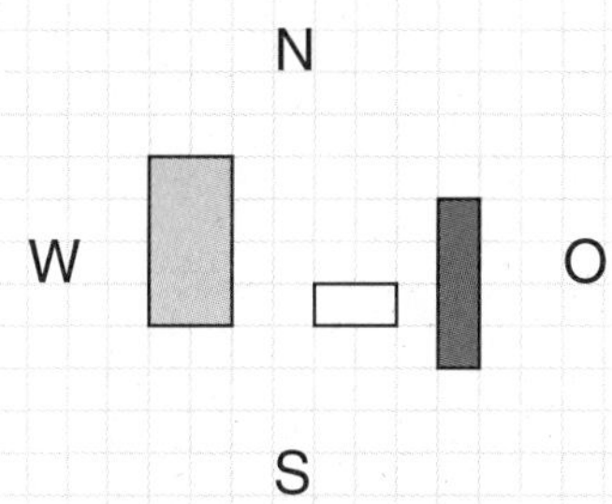

f)

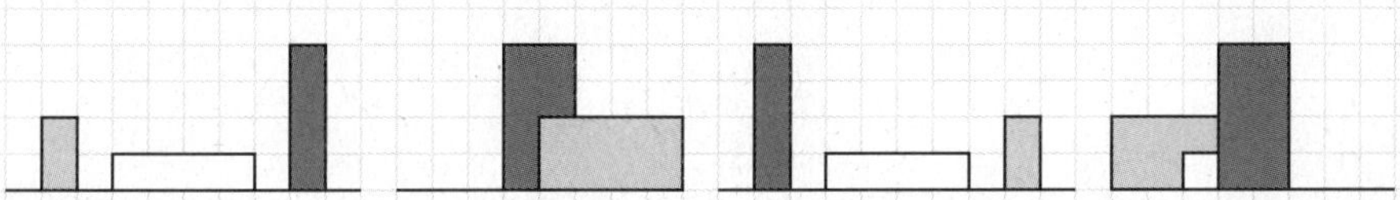

von Norden | von Osten | von Süden | von Westen

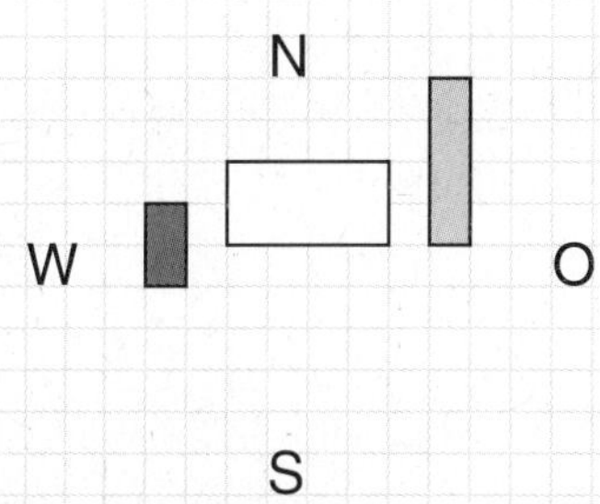

Kegelnetze

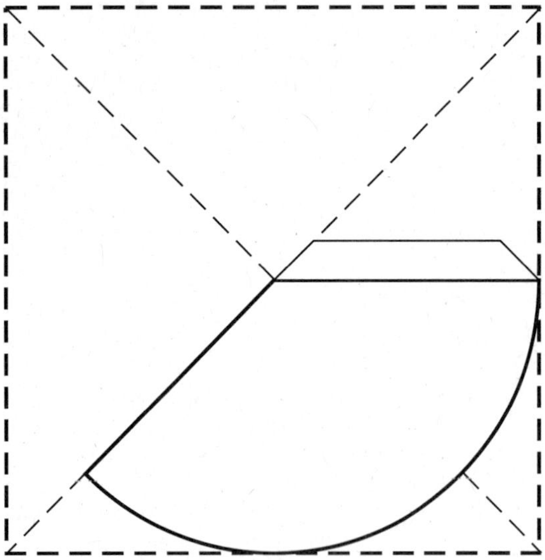

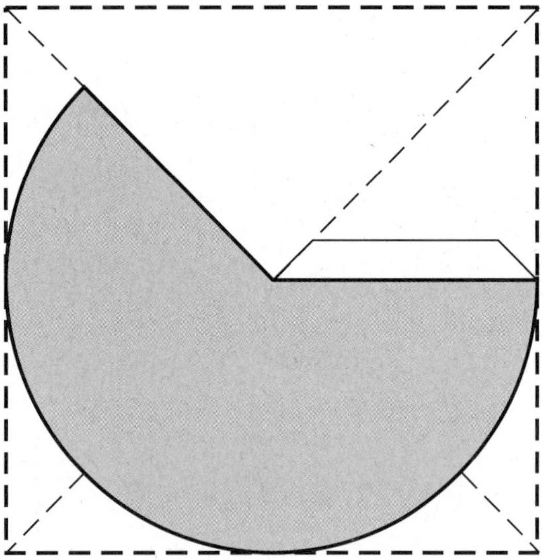

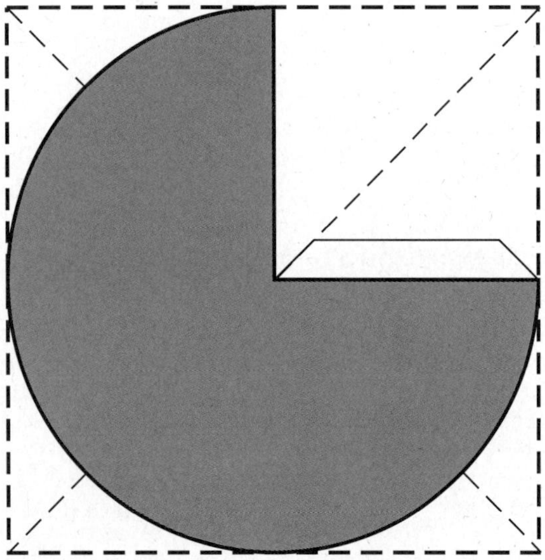

Quadernetze

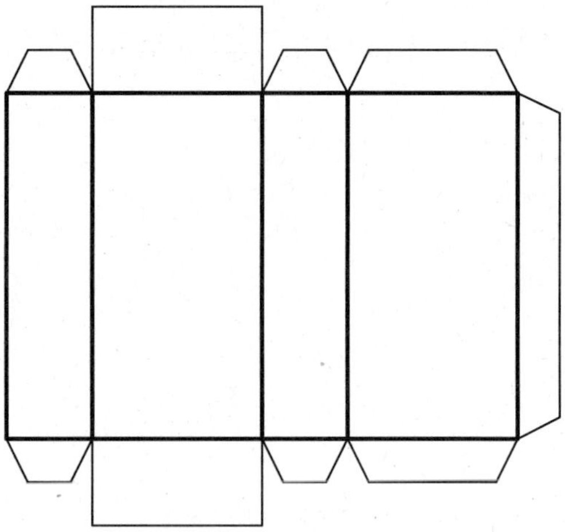

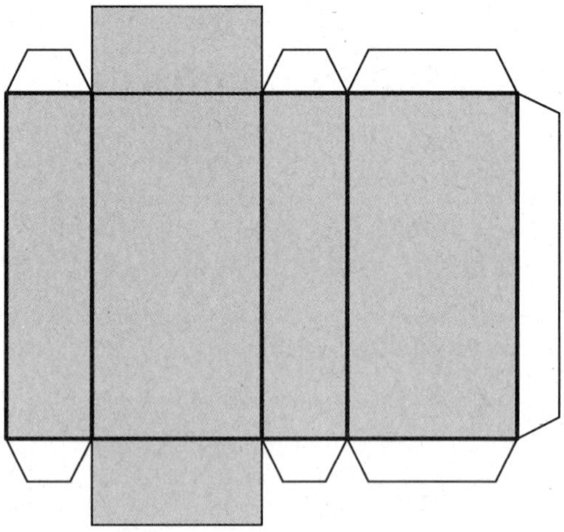

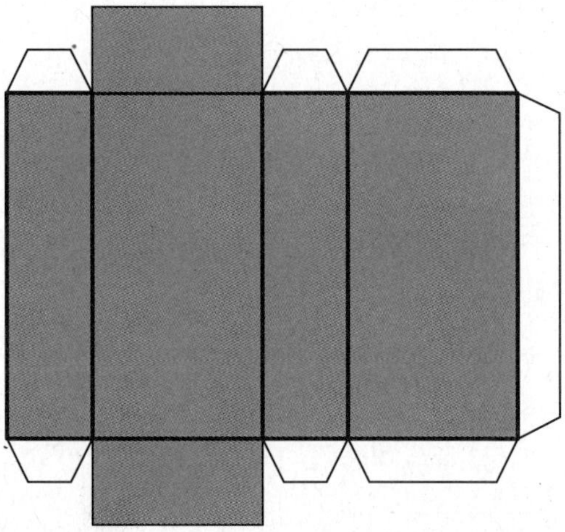

Arbeitsblatt: Schatzkarte

Ein alter Geometer hat folgende Karte und Anweisungen an seine Erben hinterlassen. Kannst du herausfinden, wo man graben muss, um den Schatz zu heben? Zeichne alle notwendigen Zwischenschritte ein!

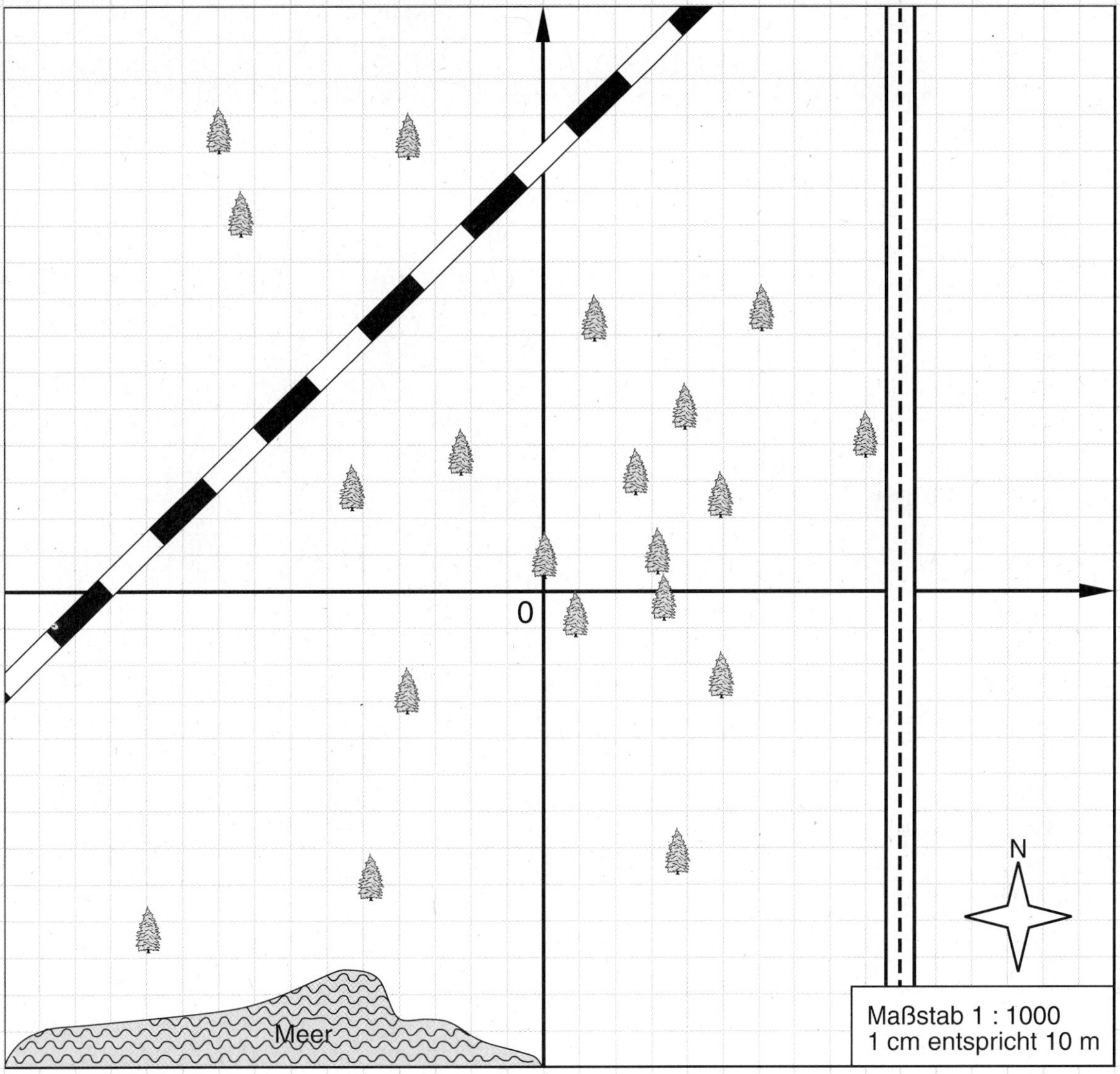

0. Beginne im Ursprung des Koordinatensystems.

1. Gehe zwanzig Meter nach Osten und anschließend fünfzehn Meter nach Norden.

2. Zähle alle Bäume, die von dort aus in weniger als zwanzig Meter Entfernung stehen und gehe fünfmal so viele Meter nach Osten.

3. Bewege dich nun dreißig Meter parallel zur Eisenbahnschiene in Richtung Meer.

4. Miss die Länge der Strecke, die du nun vom Startpunkt entfernt bist, und gehe doppelt so weit nach Südosten.

5. Wenn du nun direkt (senkrecht) auf die Straße zusteuerst, sie überquerst und nach weiteren zehn Metern stoppst, bist du an der Stelle, wo der Schatz vergraben liegt.

Zusatzfrage: Wie viele Kilometer müsste jemand umgraben, der nur die letzte Anweisung kennt, wenn die Straße insgesamt 4 Kilometer lang ist?

Arbeitsblatt: Schatzkarte

Ein alter Geometer hat folgende Karte und Anweisungen an seine Erben hinterlassen. Kannst du herausfinden, wo man graben muss, um den Schatz zu heben? Zeichne alle notwendigen Zwischenschritte ein!

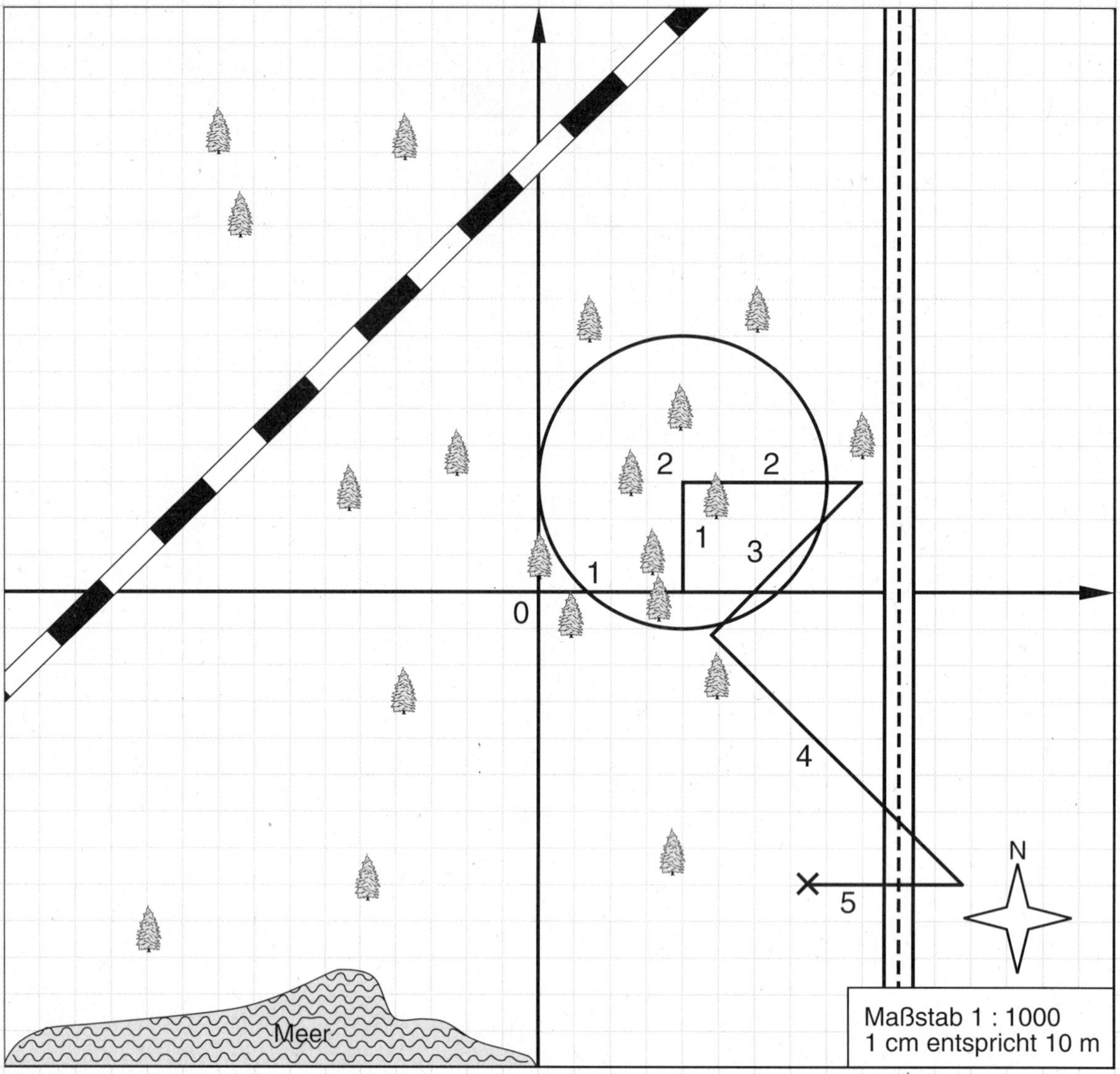

0. Beginne im Ursprung des Koordinatensystems.

1. Gehe zwanzig Meter nach Osten und anschließend fünfzehn Meter nach Norden.

2. Zähle alle Bäume, die von dort aus in weniger als zwanzig Meter Entfernung stehen und gehe fünfmal so viele Meter nach Osten.

3. Bewege dich nun dreißig Meter parallel zur Eisenbahnschiene in Richtung Meer.

4. Miss die Länge der Strecke, die du nun vom Startpunkt entfernt bist, und gehe doppelt so weit nach Südosten.

5. Wenn du nun direkt (senkrecht) auf die Straße zusteuerst, sie überquerst und nach weiteren zehn Metern stoppst, bist du an der Stelle, wo der Schatz vergraben liegt.

Antwort: Da man nicht weiß, von welcher Seite man die Straße überquert, müsste man $2 \cdot 4\,km = 8\,km$ umgraben.

Umgang mit dem Geodreieck – Mikadostapel

a) Markiere in diesem Mikadostapel
alle zueinander parallelen Stäbe blau,
alle zueinander senkrechten Stäbe rot.

b) Miss die noch farblosen Stäbe und
färbe alle 12 cm langen Stäbe grün.

c) Die jetzt noch farblosen Stäbe ergeben
den Lösungsbuchstaben.

1. Bestimme von allen Kreisen den Radius und zeichne den Mittelpunkt ein.

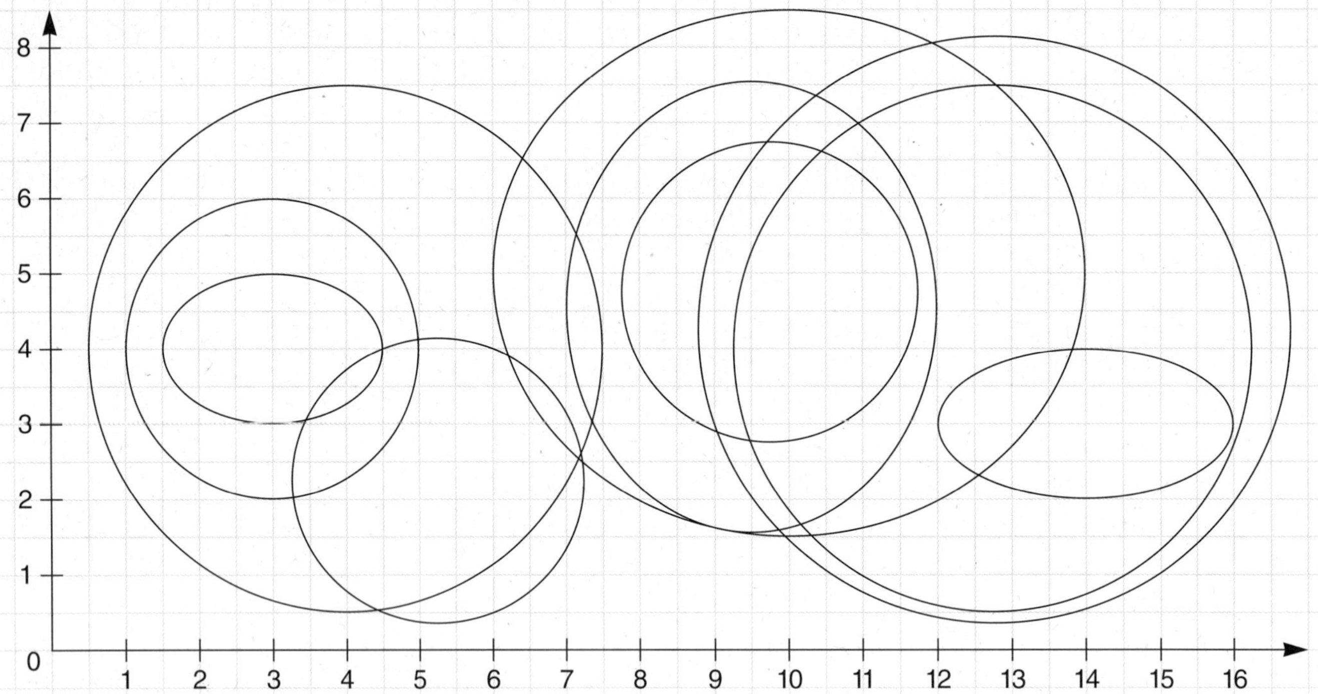

2. Ergänze im Koordinatensystem folgende Kreise:

Mittelpunkt	(13,5 | 2)	(11,5 | 5,5)	(14 | 6)	(4 | 6,5)	(1,5 | 5)	(11,5 | 5,5)	(8 | 2)	(14,5 | 9,5)	(8 | 5,5)
Radius in cm	1,5	1	1	1,5	0,5	0,5	1	1	2,5

a) Was passiert, wenn Rad A gedreht wird?
b) Die beiden rissigen Räder werden entfernt.
Wo (bei B, C, D oder E) muss ein Rad eingesetzt werden, damit das Ei bzw. die Glocke getroffen wird?

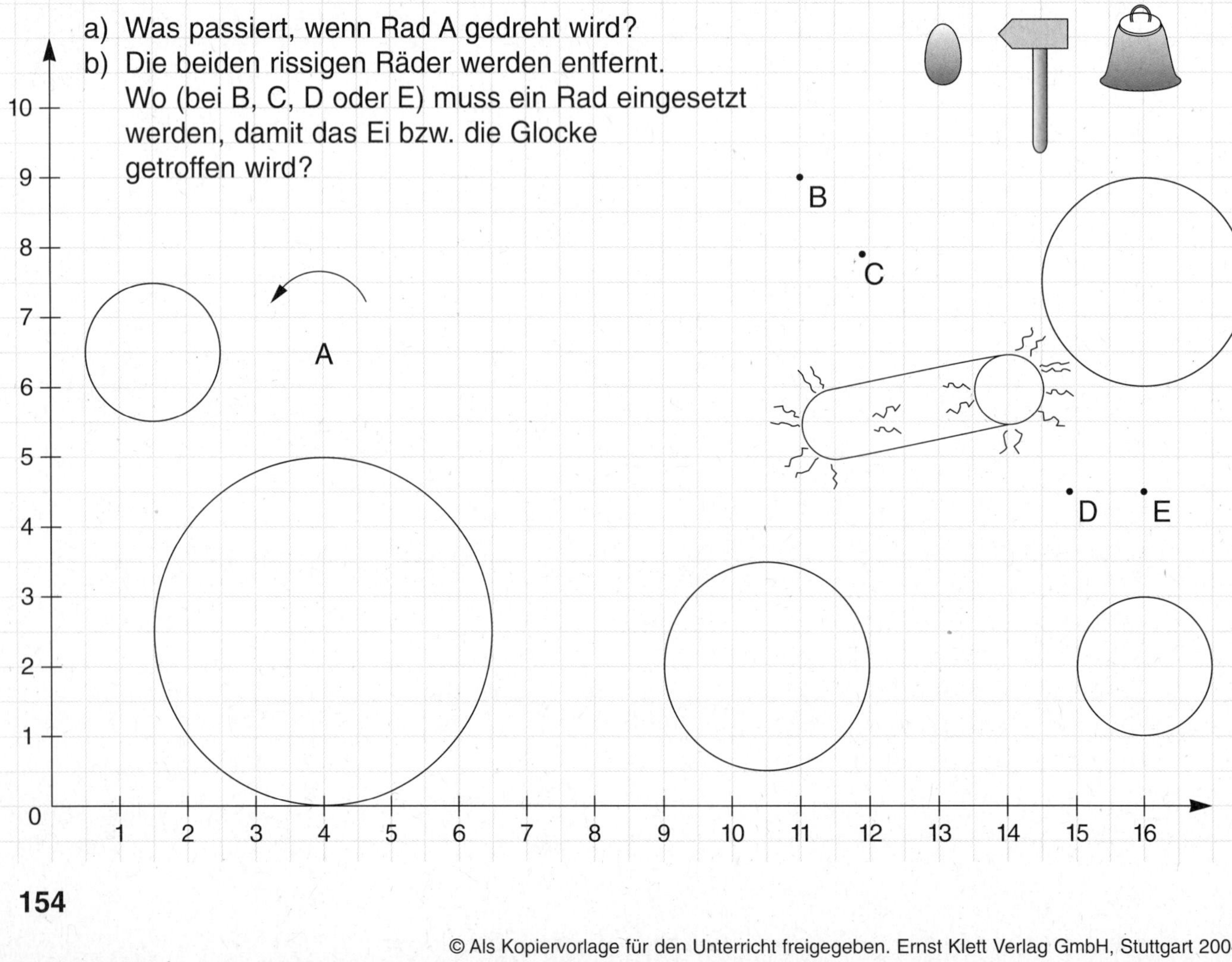

Trainingsblatt
Umgang mit dem Zirkel

1. Bestimme von allen Kreisen den Radius und zeichne den Mittelpunkt ein.

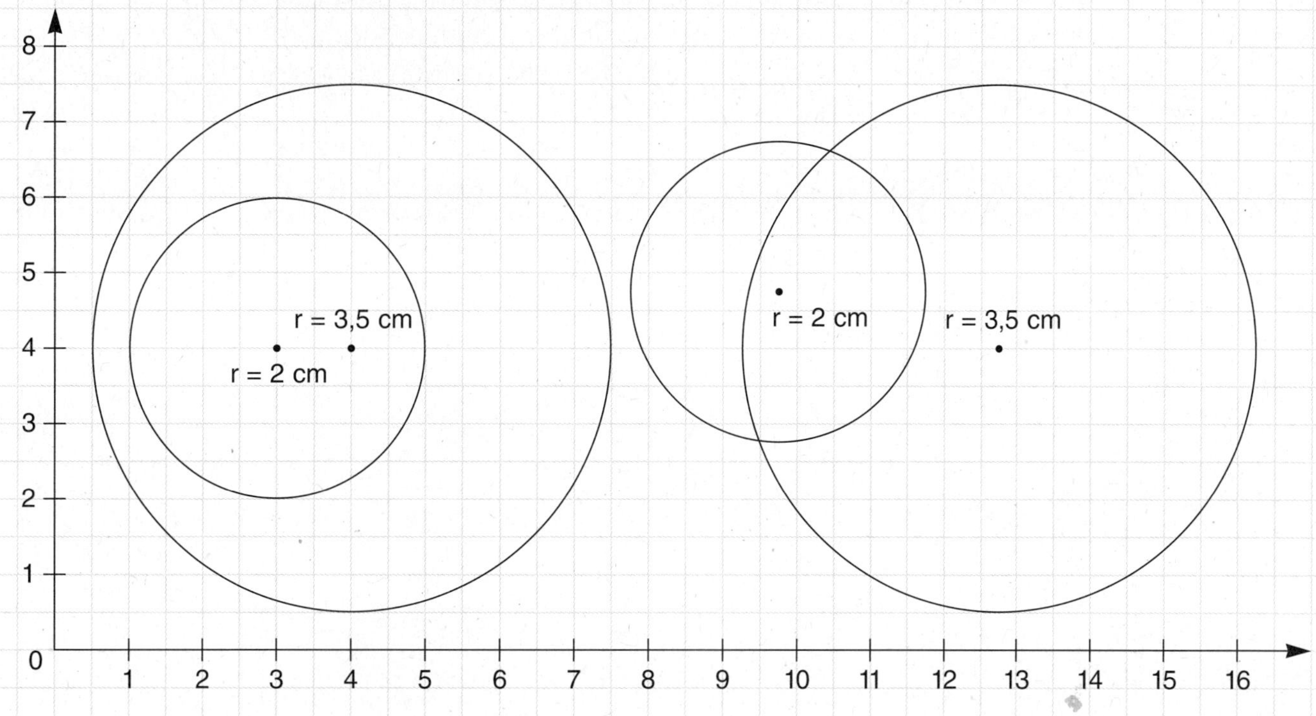

2. Ergänze im Koordinatensystem folgende Kreise:

Mittelpunkt	(13,5 | 2)	(11,5 | 5,5)	(14 | 6)	(4 | 6,5)	(1,5 | 5)	(11,5 | 5,5)	(8 | 2)	(14,5 | 9,5)	(8 | 5,5)
Radius in cm	1,5	1	1	1,5	0,5	0,5	1	1	2,5

a) Was passiert, wenn Rad A gedreht wird? Die Glocke tönt.

b) Die beiden rissigen Räder werden entfernt.
Wo (bei B, C, D oder E) muss ein Rad eingesetzt werden, damit das Ei bzw. die Glocke getroffen wird? (Ei: C, Glocke: E)

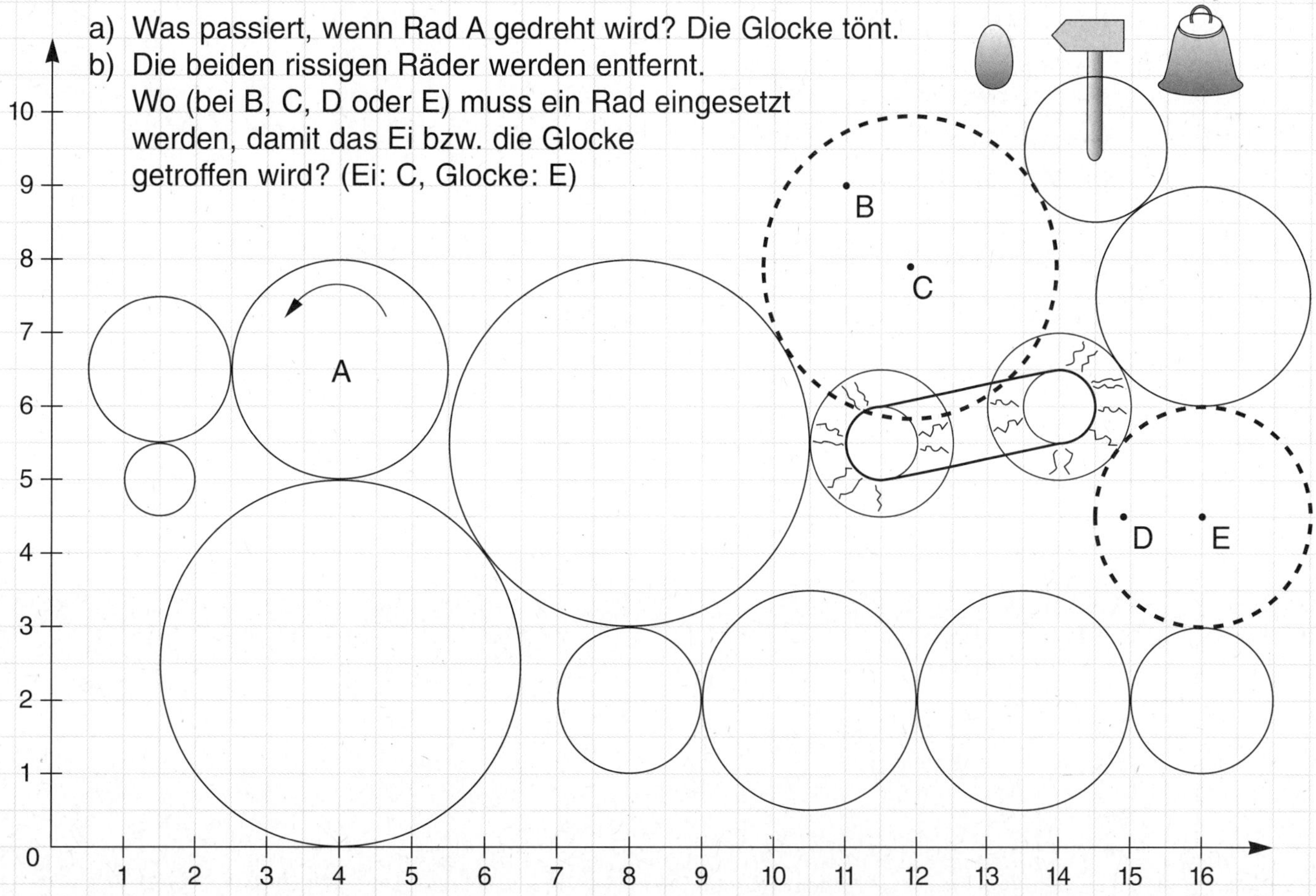

Mandala

Zeichne in den großen Kreis das nebenstehende Mandala.
Du benötigst dafür nur den Zirkel.
Nutze die eingezeichneten Punkte aus.

Du kannst dein Mandala noch bunt z. B. symmetrisch färben.

1. Auf dem Bild siehst du das Sternbild „Großer Wagen“, das auch „Großer Bär“ genannt wird.
a) Zeichne sieben Winkel ein.
b) Bezeichne die Winkel und miss sie mit dem Geodreieck.

2. Zeichne folgende Winkel um den gemeinsamen Scheitelpunkt A:
$\alpha = 72°$, $\beta = 90°$, $\gamma = 30°$, $\delta = 18°$, $\varepsilon = 129°$, $\varphi = 21°$

• A

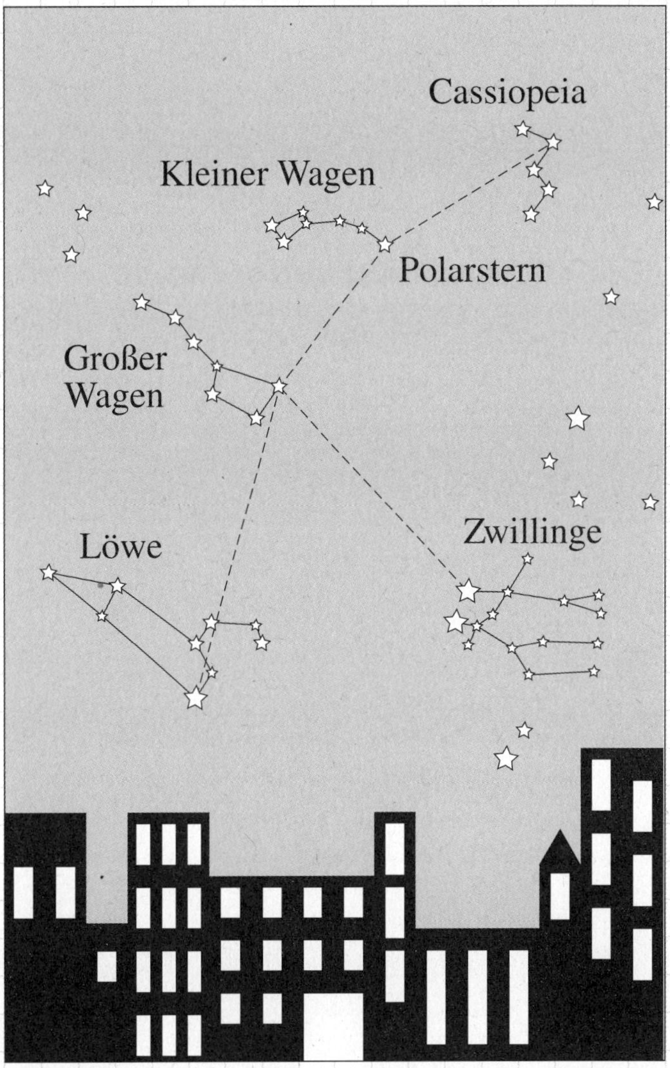

3. Wenn sternklare Nacht ist, kannst du auch die Umgebung des Großen Wagen erforschen.
Miss folgende Winkel am Sternenhimmel:

a) Löwe – Großer Wagen – Zwillinge

b) Zwillinge – Großer Wagen – Polarstern

c) Großer Wagen – Polarstern – Cassiopeia

4. Lass dir von deinem Nachbarn ein Phantasiesternbild (z. B. Toaster) sagen und erfinde dann ein Sternbild mit acht Sternen, das zu diesem Namen passt.
a) Zeichne dein Sternbild auf die Rückseite des Blattes
b) Beschrifte und miss die Winkel deines Sternbildes.

1. Auf dem Bild siehst du das Sternbild „Großer Wagen", das auch „Großer Bär" genannt wird.
a) Zeichne sieben Winkel ein.
b) Bezeichne die Winkel und miss sie mit dem Geodreieck.

$\alpha \approx 153°$ $\beta \approx 173°$

$\gamma \approx 154°$ $\delta \approx 82°$

$\varepsilon \approx 109°$ $\lambda \approx 97°$

$\varphi \approx 72°$

2. Zeichne folgende Winkel um den gemeinsamen Scheitelpunkt A:
$\alpha = 72°$, $\beta = 90°$, $\gamma = 30°$, $\delta = 18°$, $\varepsilon = 129°$, $\varphi = 21°$

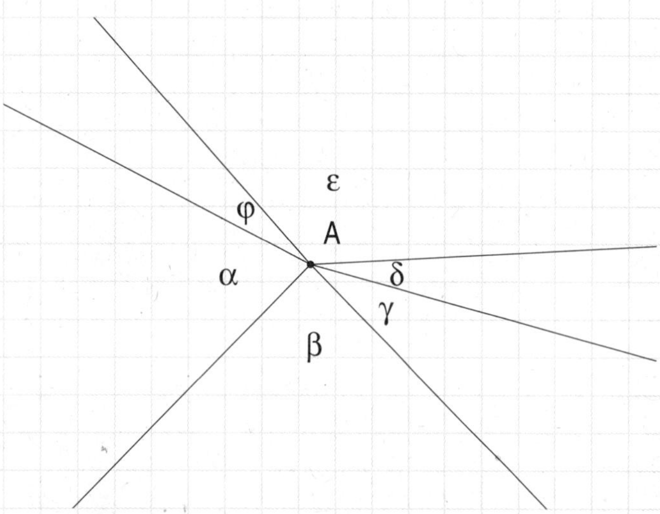

3. Wenn sternklare Nacht ist, kannst du auch die Umgebung des Großen Wagen erforschen.
Miss folgende Winkel am Sternenhimmel:

a) Löwe – Großer Wagen – Zwillinge 59°

b) Zwillinge – Großer Wagen – Polarstern 98°

c) Großer Wagen – Polarstern – Cassiopeia 158°

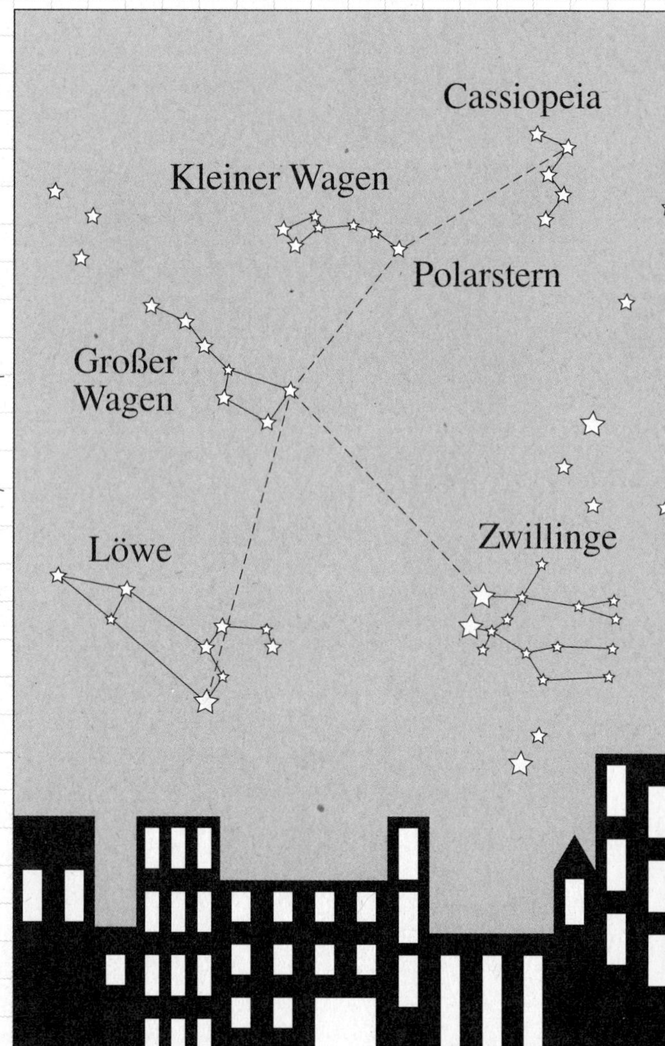

4. Lass dir von deinem Nachbarn ein Phantasiesternbild (z. B. Toaster) sagen und erfinde dann ein Sternbild mit acht Sternen, das zu diesem Namen passt.
a) Zeichne dein Sternbild auf die Rückseite des Blattes
b) Beschrifte und miss die Winkel deines Sternbildes.

Alle unten abgebildeten Körper kannst du mit einem **L** und einem **S** bauen.

1. Stelle die beiden Buchstaben selbst her. (z. B.) aus Holz, Styropor oder als Pappmodelle)

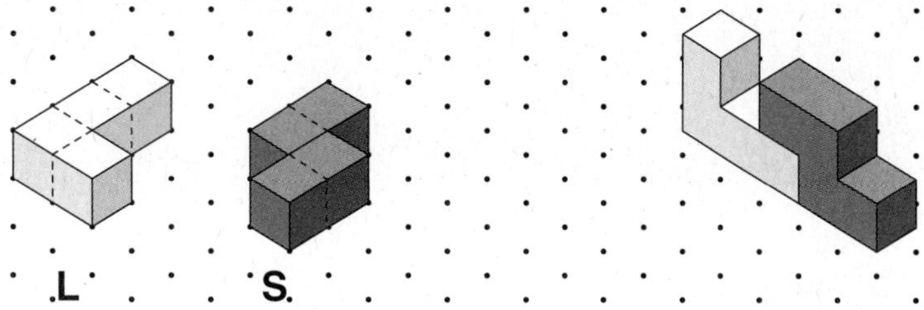

2. Baue die hier abgebildeten Körper mit deinen Buchstaben nach und male in den Zeichnungen a) bis n) jeweils das **S** an.

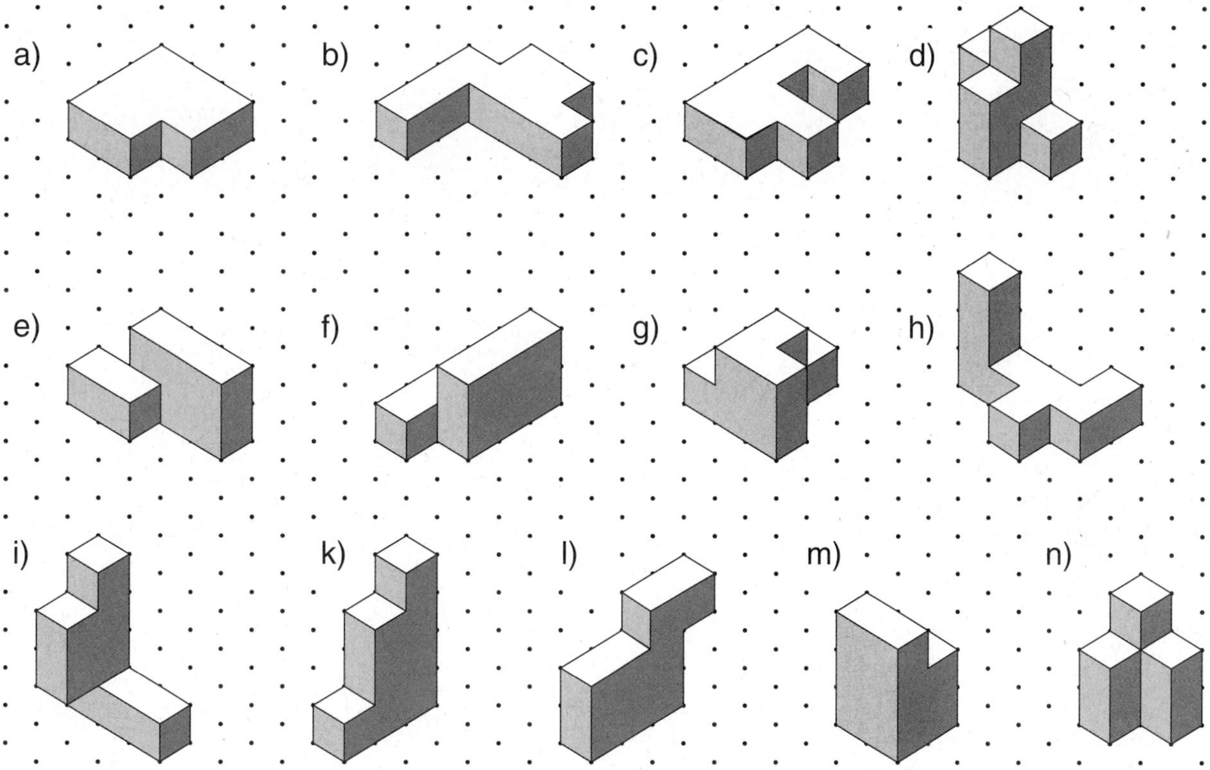

3. Baue weitere Körper mit einem **L** und einem **S**. Zeichne sie auf Punktpapier.

Arbeitsblatt: Körper aus Würfeln

Alle unten abgebildeten Körper kannst du mit einem **L** und einem **S** bauen.

1. Stelle die beiden Buchstaben selbst her. (z. B.) aus Holz, Styropor oder als Pappmodelle)

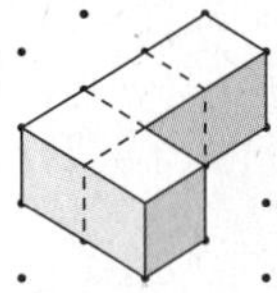

L

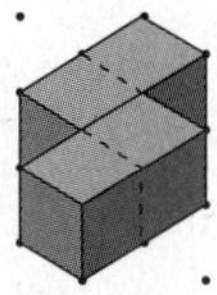

S

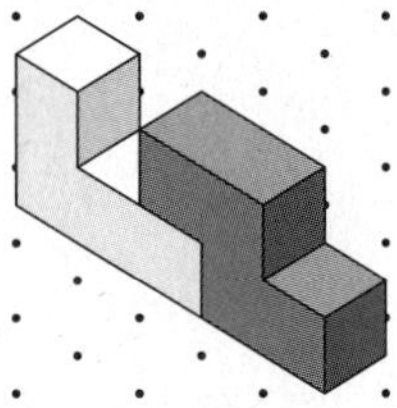

2. Baue die hier abgebildeten Körper mit deinen Buchstaben nach und male in den Zeichnungen a) bis n) jeweils das **S** an.

a)

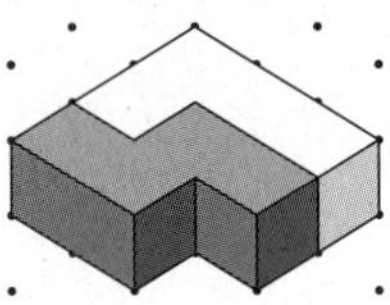

b)

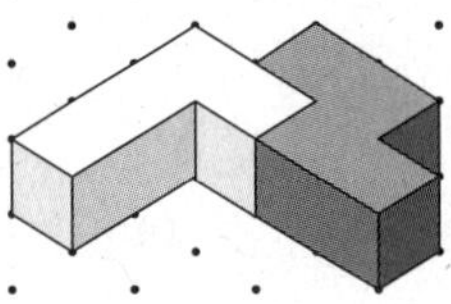

c)

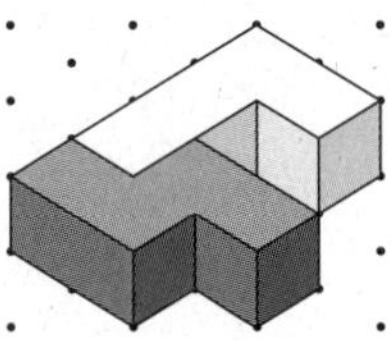

d)

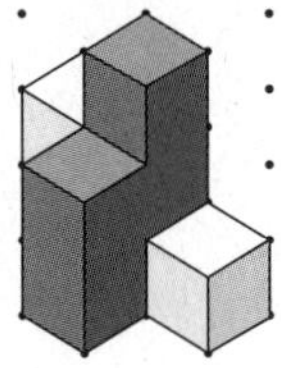

e)

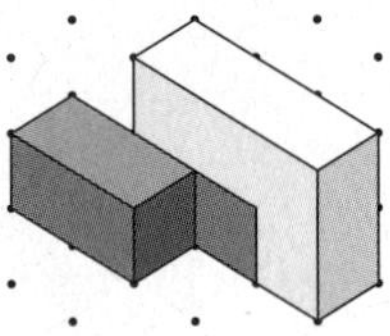

f)

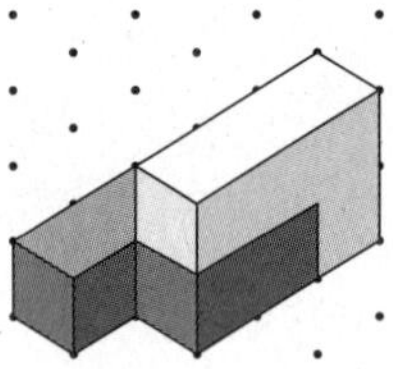

g)

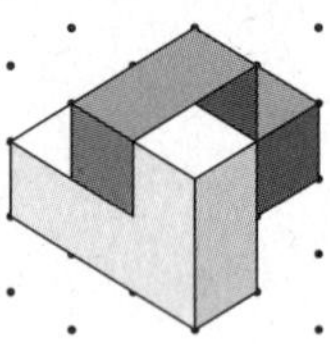

h)

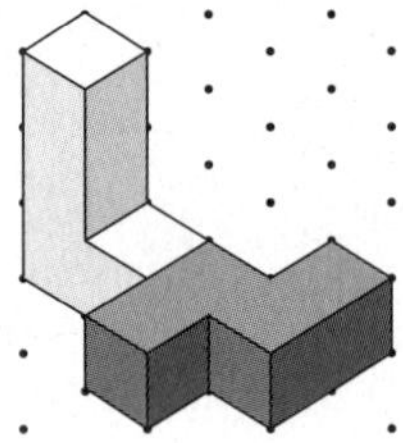

i)

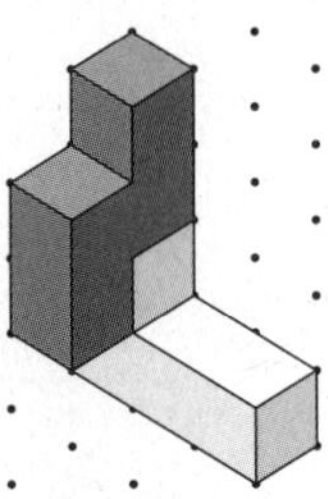

k)

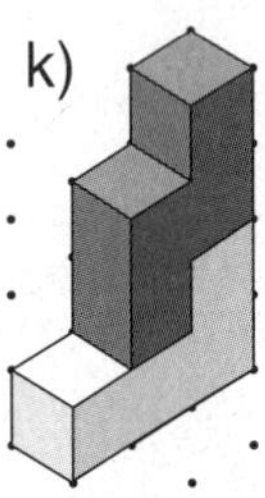

l)

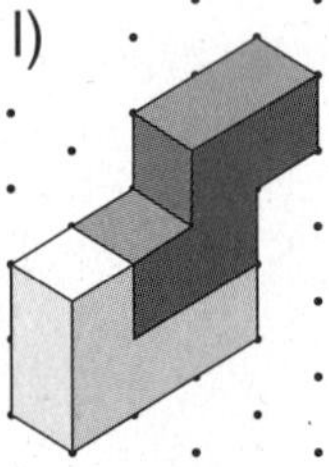

m)

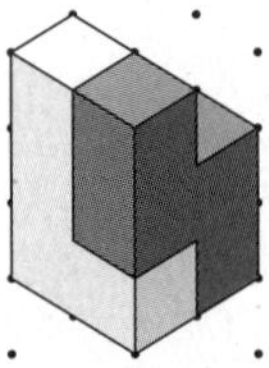

n)

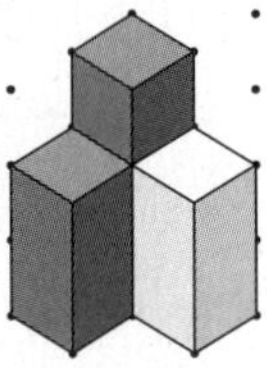

3. Baue weitere Körper mit einem **L** und einem **S**. Zeichne sie auf Punktpapier.

Punktraster

Historisches zu den Fachausdrücken Multiplikation und Division

Die Begriffe **Multiplikation** und multiplizieren stammen vom lateinischen „multiplicare“ ab. Übersetzt man „multiplicare“, so bedeutet es „viele Falten machen, mehrmals zusammenfalten“.
Man vermutet, dass der Begriff auf die ägyptische Art der Berechnung eines Produkts zurückgeht. Die Ägypter versuchten, die Multiplikationen so auf Additionen zurückzuführen, wie du im folgenden Beispiel siehst:

$29 \cdot 45 =$

$28 \cdot 45 + 1 \cdot 45$

$14 \cdot 90 + 1 \cdot 45$

$7 \cdot 180 + 1 \cdot 45$

$6 \cdot 180 + 1 \cdot 180 + 1 \cdot 45 =$

$3 \cdot 360 + 1 \cdot 180 + 1 \cdot 45 =$

$1 \cdot 1080 + 1 \cdot 180 + 1 \cdot 45 = 1080 + 180 + 45 = 1305$

Bei Columella (1. Jh. n. Chr.) findet man „multiplicare“ und „multiplicatio“; das Ergebnis der Multiplikation nennt er „summa ex multiplicatione“. Erst um 1250 findet man bei Johannes de Sacro Bosco dafür das lateinische Wort „productum“, was so viel wie „Hervorgebrachtes“ heißt. Daraus wurde 1489 bei Johannes Widmann von Eger unser Begriff **Produkt**.

Im 16. Jh. bürgerte sich allmählich ein, die Zahlen eines Produktes mit Faktoren zu bezeichnen. **Faktor** wird vom lateinische „facere“ (machen) hergeleitet, weil es bei den römischen Feldmessern im Sinne von multiplizieren verwendet worden war.

Der **Malpunkt** wurde von dem bekannten Mathematiker Gottfried Wilhelm Leibniz (1646–1716) in einem Brief an den Schweizer Mathematiker Johann Bernoulli (1667–1748) bekannt gemacht. Eigentlich hat den Malpunkt bereits 200 Jahre früher der fränkische Mathematiker Johannes Müller (1436–1476) erfunden; bekannt wurde der Malpunkt jedoch erst durch Leibniz.

Gottfried Wilhelm Leibniz

Viele Begriffe der **„Division“** gehen auf das lateinische „dividere“ (teilen, einteilen) zurück. Bei Gerbert von Aurillac (um 945–1003), dem Lehrer Kaiser Ottos III., findet man erstmals die Begriffe „divisio“ (Teilung), „divisor“ (Teiler) und „dividendus“ (zu Teilendes).

Das deutsche Wort **Quotient** taucht erstmals im Bamberger Rechenbuch von 1483 auf.

Leibniz hat auch den **Doppelpunkt** als Divisionszeichen eingeführt.

Trainingsblatt
Kreuzzahlrätsel: Multiplikation und Division natürlicher Zahlen

Alle Rechnungen kannst du im Kopf ausführen.

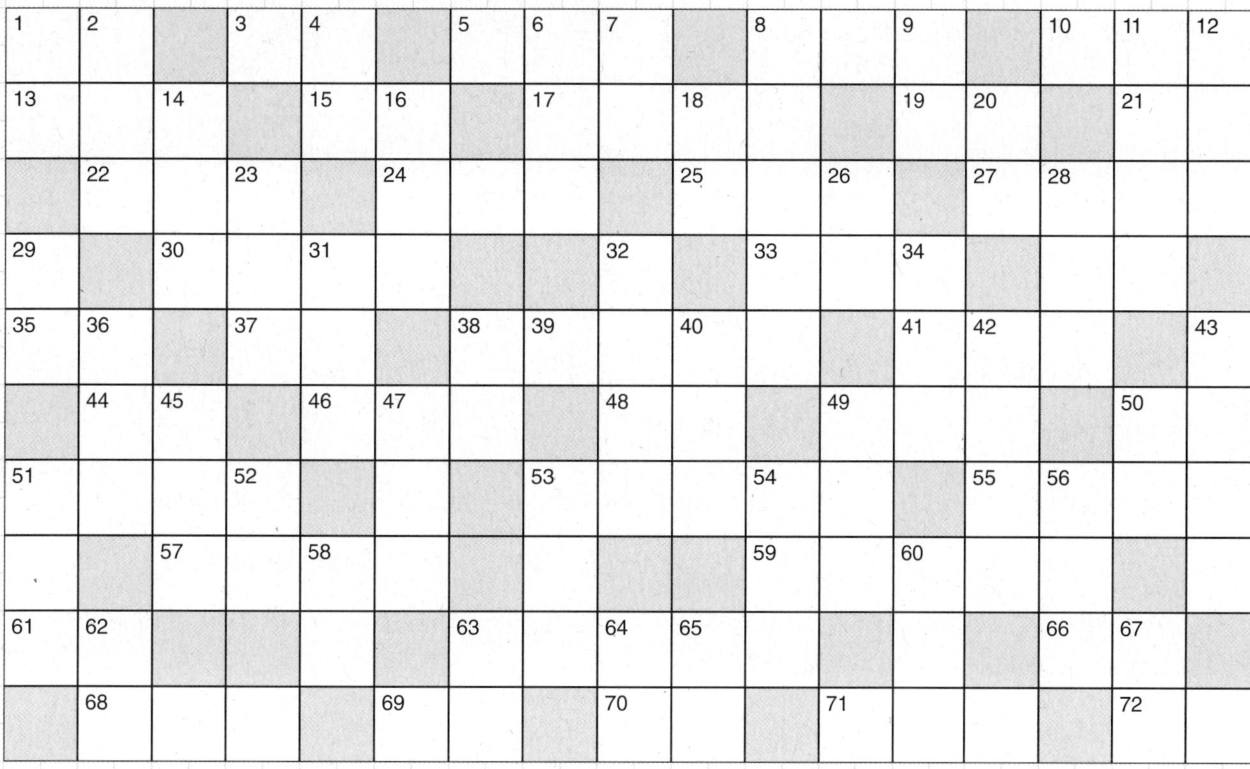

waagerecht:

1. 7·7
3. 60:4
5. 12·12
8. 3·41
10. 666:3
13. 101·4
15. 8·8
17. 5·1002
19. 11·5
21. 2·38
22. 312·3
24. 9·90
25. 1602 : 2
27. 60·70
30. 4·310
33. 132·2
35. 105 : 5
37. 90·6
38. 7·9010
41. 11·11
44. 3·14
46. 16·60
48. 5·5
49. 2025 : 5
50. 48 : 3
51. 1025·3
53. 108642 : 2
55. 2·606
57. 40·81
59. 6108·7
61. 8·9
63. 10·1012
66. 159 : 3
68. 39·20
69. 84 : 7
70. 128 : 2
71. 15·15
72. 102·3

senkrecht:

1. 11·4
2. 9·101
4. 7·8
6. 50·9
7. 280 : 7
8. 20·501
9. 5·7
11. 30·90
12. 13·20
14. 862 : 2
16. 60·8
18. 3·6
20. 6·9
23. 207·3
26. 64 : 4
28. 1477 : 7
29. 60 : 5
31. 9·51
32. 512·2
34. 5·82
36. 700 : 5
38. 360 : 6
40. 251·3
42. 5·503
43. 301·22
45. 91·3
47. 50·12
49. 4·103
50. 121 : 11
51. 2149 : 7
52. 2·26
53. 30·19
54. 3·80
56. 5·53
58. 4·12
60. 2106 : 3
62. 81 : 3
63. 72 : 6
64. 256 : 16
65. 72 : 3
67. 11·3

Trainingsblatt
Kreuzzahlrätsel: Multiplikation und Division natürlicher Zahlen

Alle Rechnungen kannst du im Kopf ausführen.

(1) 4	(2) 9		(3) 1	(4) 5		(5) 1	(6) 4	(7) 4		(8) 1	2	(9) 3		(10) 2	(11) 2	(12) 2
(13) 4	0	(14) 4		(15) 6	(16) 4		(17) 5	0	(18) 1	0		(19) 5	(20) 5		(21) 7	6
	(22) 9	3	(23) 6		(24) 8	1	0		(25) 8	0	(26) 1		(27) 4	(28) 2	0	0
(29) 1		(30) 1	2	(31) 4	0			(32) 1		(33) 2	6	(34) 4		1	0	
(35) 2	(36) 1		(37) 1	5		(38) 6	(39) 3	0	(40) 7	0		(41) 1	(42) 2	1		(43) 6
	(44) 4	(45) 2		(46) 9	(47) 6	0		(48) 2	5		(49) 4	0	5		(50) 1	6
(51) 3	0	7	(52) 5		0		(53) 5	4	3	(54) 2	1		(55) 1	(56) 2	1	2
0		(57) 3	2	(58) 4	0		7			(59) 4	2	(60) 7	5	6		2
(61) 7	(62) 2			8		(63) 1	0	(64) 1	(65) 2	0		0		(66) 5	(67) 3	
	(68) 7	8	0		(69) 1	2		(70) 6	4		(71) 2	2	5		(72) 3	4

waagerecht:

1. 7·7
3. 60:4
5. 12·12
8. 3·41
10. 666:3
13. 101·4
15. 8·8
17. 5·1002
19. 11·5
21. 2·38
22. 312·3
24. 9·90
25. 1602:2
27. 60·70
30. 4·310
33. 132·2
35. 105:5
37. 90·6
38. 7·9010
41. 11·11
44. 3·14
46. 16·60
48. 5·5
49. 2025:5
50. 48:3
51. 1025·3
53. 108642:2
55. 2·606
57. 40·81
59. 6108·7
61. 8·9
63. 10·1012
66. 159:3
68. 39·20
69. 84:7
70. 128:2
71. 15·15
72. 102·3

senkrecht:

1. 11·4
2. 9·101
4. 7·8
6. 50·9
7. 280:7
8. 20·501
9. 5·7
11. 30·90
12. 13·20
14. 862:2
16. 60·8
18. 3·6
20. 6·9
23. 207·3
26. 64:4
28. 1477:7
29. 60:5
31. 9·51
32. 512·2
34. 5·82
36. 700:5
38. 360:6
40. 251·3
42. 5·503
43. 301·22
45. 91·3
47. 50·12
49. 4·103
50. 121:11
51. 2149:7
52. 2·26
53. 30·19
54. 3·80
56. 5·53
58. 4·12
60. 2106:3
62. 81:3
63. 72:6
64. 256:16
65. 72:3
67. 11·3

Spielregeln: Zunächst vereinbaren die Spieler zwei (oder mehrere) Hämmer, die sie benutzen wollen und stellen jeder je eine ihrer Figuren auf die entsprechenden Felder. Nun würfeln die Spieler abwechselnd mit einem Dodekaederwürfel, entscheiden sich für einen ihrer Hämmer und multiplizieren Hammerwert und gewürfelte Augenzahl. Die Spielfigur wird dann auf diesen Produktwert in der Spirale gestellt. Wenn alle Spieler mit jedem ihrer Hämmer auf diese Weise einmal „geschlagen haben“, addiert jeder seine erhaltenen Werte.

Spielziel: Sieger ist der Spieler mit der höchsten Summe.

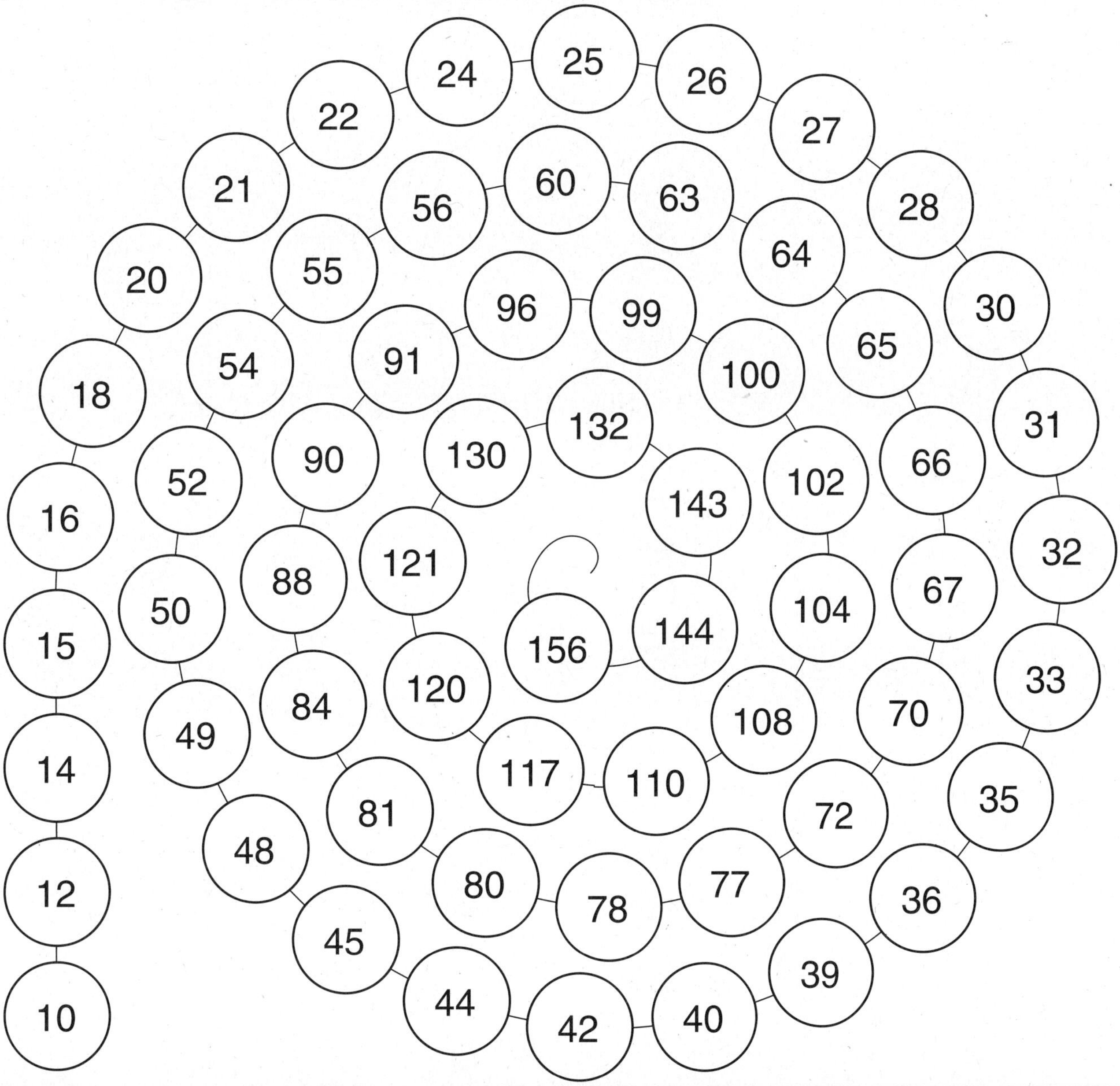

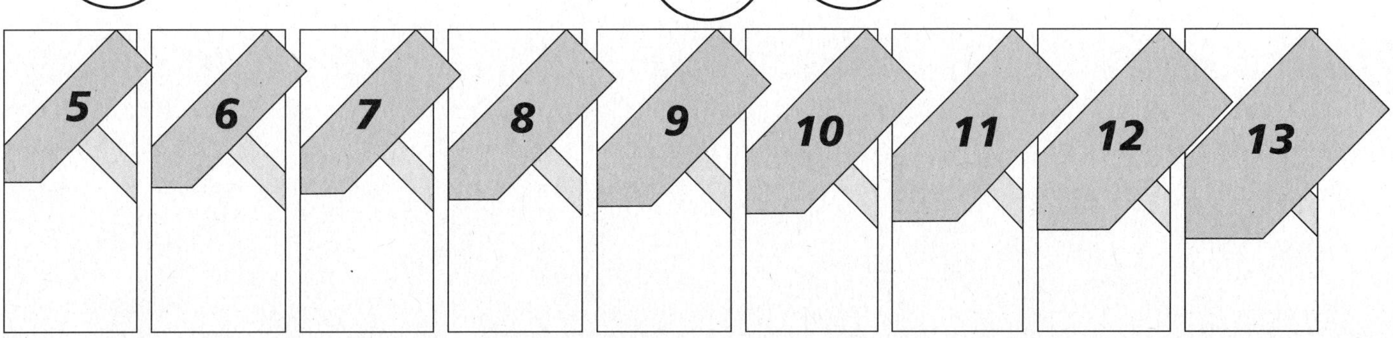

hier ↓ falten und zusammenkleben.

(84 : 12) · 12	(0 · 84) : 12	0.	84
(84 · 12) : 12	0 : (84 : 12)	0.	84
(84 : 0) · 12	0 : (84 · 12)	0.	Durch Null darf man nicht dividieren!
(84 : 0) : 12	(0 : 84) · 12	0.	Durch Null darf man nicht dividieren!
(84 · 0) : 12	(0 : 84) : 12	0.	0.

hier ↑ falten und zusammenkleben.

Wendekärtchen: Rechnen mit Null und Eins (Teil 2)

hier ↓ falten und zusammenkleben.

84 : (0 · 12)	84 · (0 : 12)	0.	Durch Null darf man nicht dividieren!
(84 · 12) · 0	(84 : 12) : 1	7	0.
84 · (12 : 0)	(84 · 1) : 12	7	Durch Null darf man nicht dividieren!
(84 : 12) · 0	(84 : 1) : 12	7	0.
(84 : 12) : 0	(84 : 1) · 12	1008	Durch Null darf man nicht dividieren!

Kreuzzahlrätsel: Multiplikation und Division natürlicher Zahlen, Potenzen

Für Nebenrechnungen verwende die Rückseite

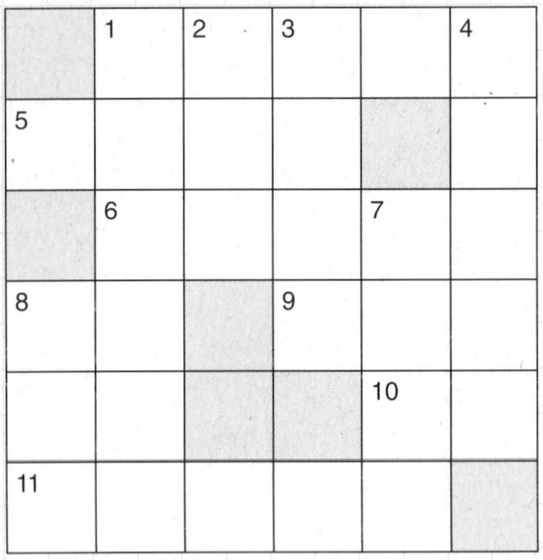

waagerecht:
1. $271 \cdot 234$
5. $|-9| - 37 + 4925$
6. $461 \cdot 214$
8. $1237 - 1172$
9. $10^2 + (29 \cdot 2)$
10. $1800 : 30$
11. $|27 - 54| \cdot 2318$

senkrecht:
1. $356 \cdot 1937$
2. $(20 \cdot 21) - 22$
3. $1823 + 2938$
4. $80 \cdot 606$
7. $121 \cdot 46$
8. $24 \cdot 29$

senkrecht:
1. $53142 : 102$
3. $(123 \cdot 45) : 45$
4. $13354 : 22$
6. $|35 - 93| + 679$
7. $60528 : 97$
9. $10^3 - (180 : 4)$

waagerecht:
2. $164220 : 391$
5. $(34 \cdot 34) - 729$
7. $157300 : 260$
8. $129 \cdot 263$
10. $26 \cdot [34 + (-5)]$

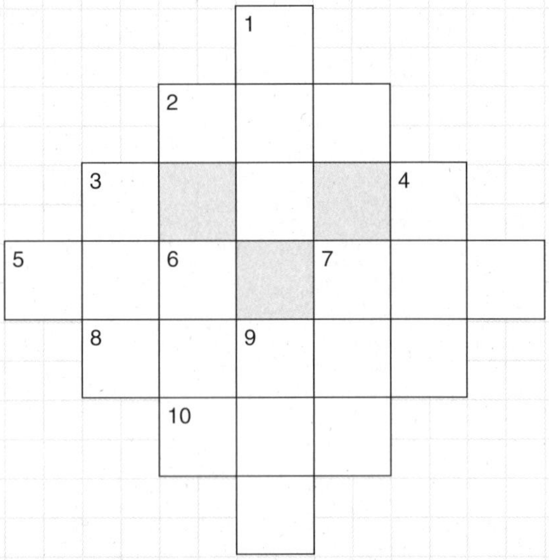

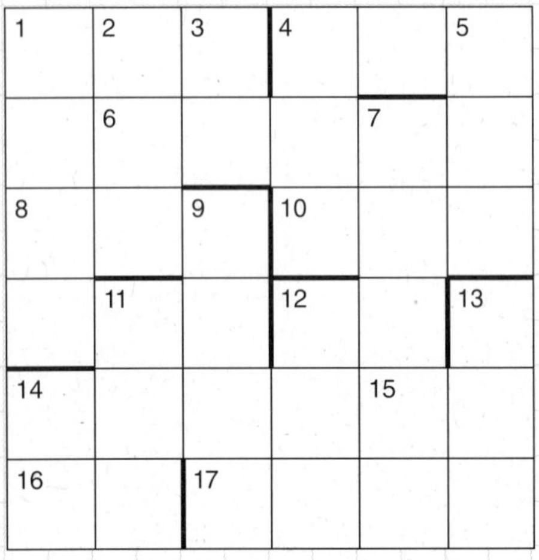

waagerecht:
1. Quadratzahl
4. Vielfaches von 14 senkrecht
6. Vielfaches von 97
7. Potenz mit Hochzahl 5
8. Potenz mit Grundzahl 7
10. Potenz
11. $3^2 \cdot (12^2 + 3 \cdot 2^5)$
14. $(11^2 + 10) \cdot 33 - 1$
15. Potenz
16. hat die gleichen Ziffern wie 14 senkrecht
17. hat nur gleiche Ziffern

senkrecht:
1. Potenz mit Grundzahl 11
2. Vielfaches von 23 und 9
3. Quadratzahl
4. Quadratzahl
5. siehe 10 waagerecht
7. 10faches von 7 waagerecht
9. Potenz mit Hochzahl 5
11. Vielfaches von 26
12. Potenz mit Hochzahl 4
13. 7faches einer Quadratzahl
14. Vielfaches von 14 waagerecht
15. Quadratzahl

Falls du Nebenrechnungen benötigst, verwende hierzu die Rückseite.

1. Bei diesen Rechenmauern wird nach oben multipliziert und nach unten dividiert.

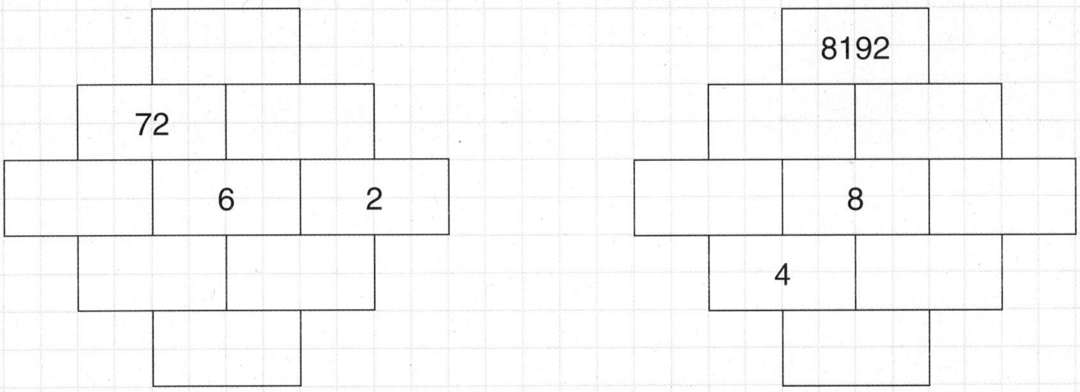

2.

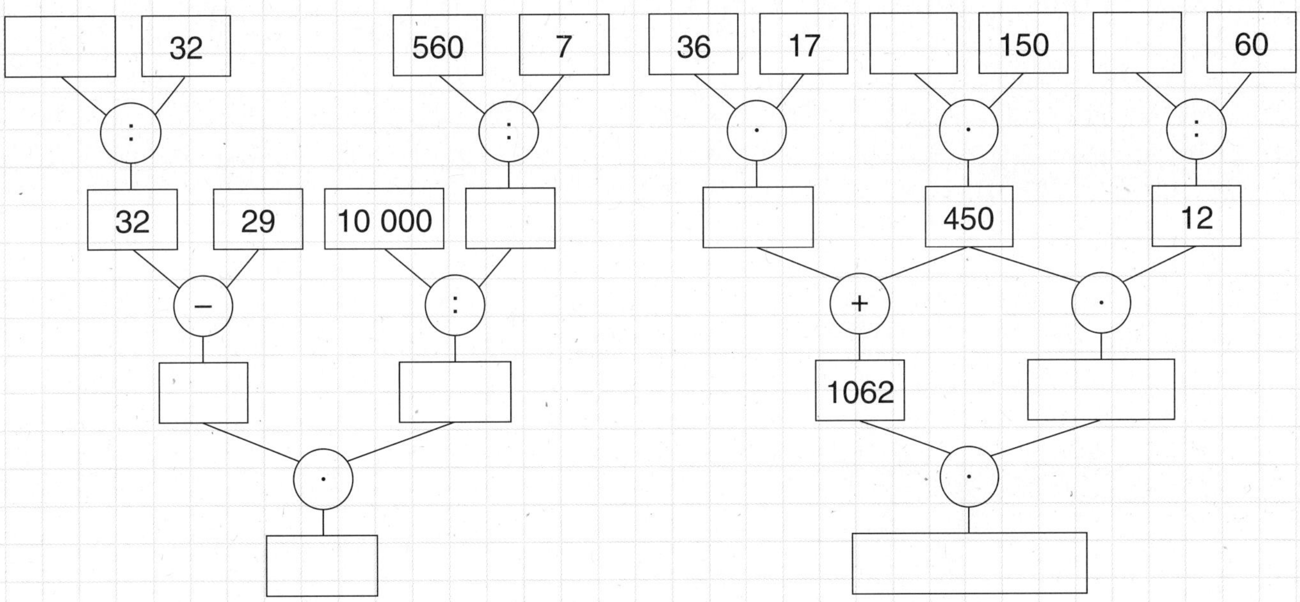

3.

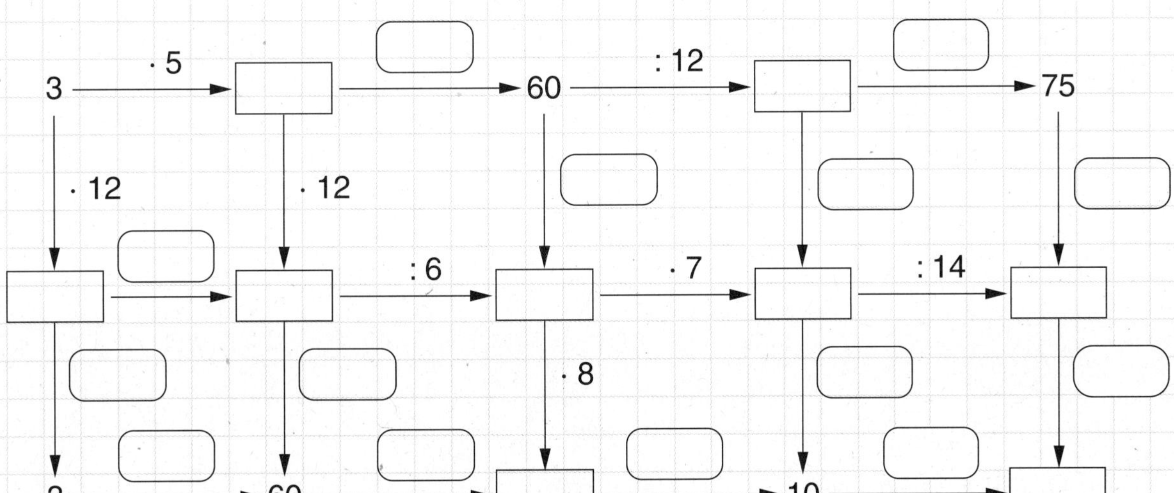

Trainingsblatt
Rechenmauern, -bäume und -netz: Multiplikation und Division natürlicher Zahlen

Falls du Nebenrechnungen benötigst, verwende hierzu die Rückseite.

1. Bei diesen Rechenmauern wird nach oben multipliziert und nach unten dividiert.

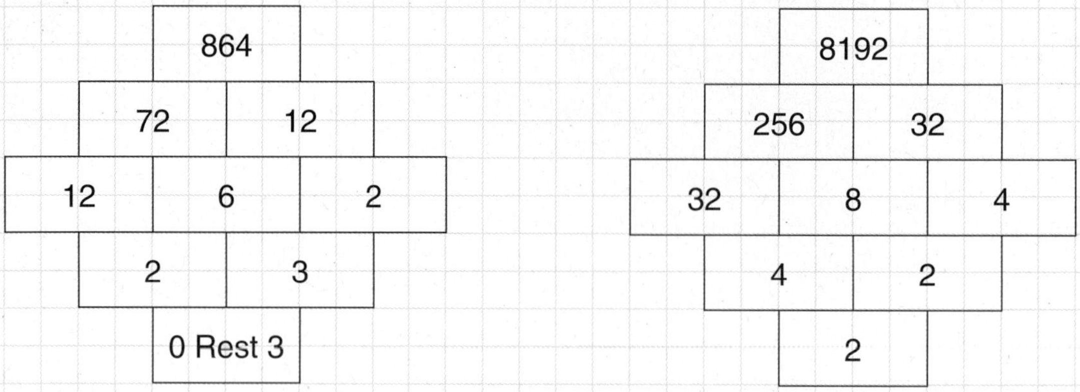

2.

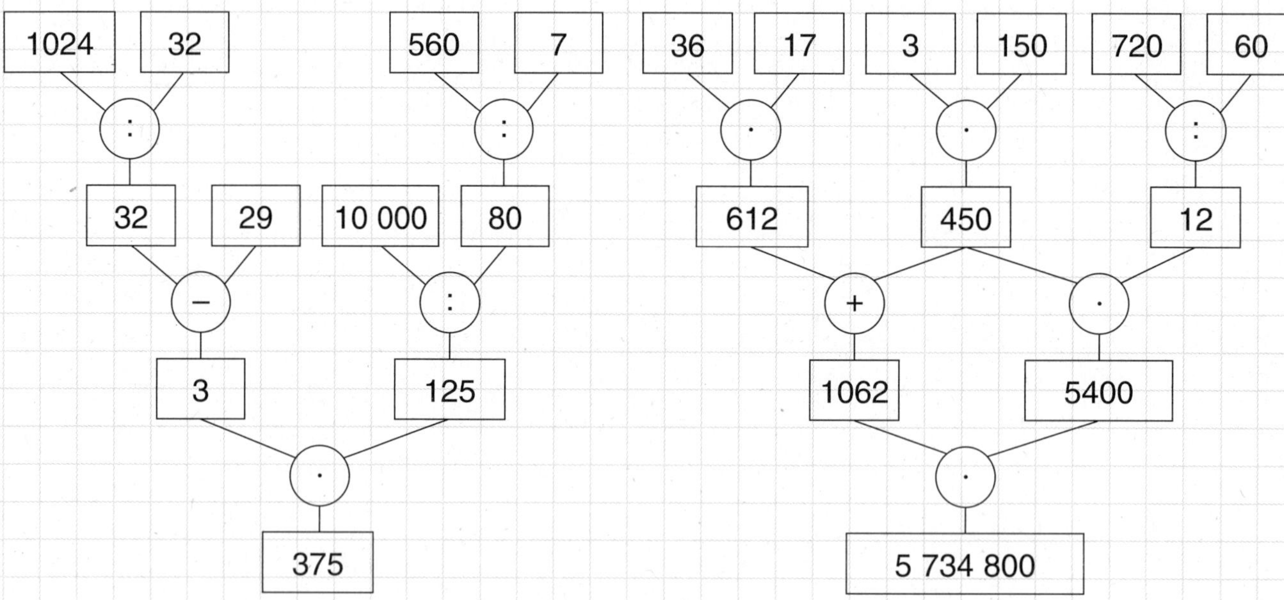

3.

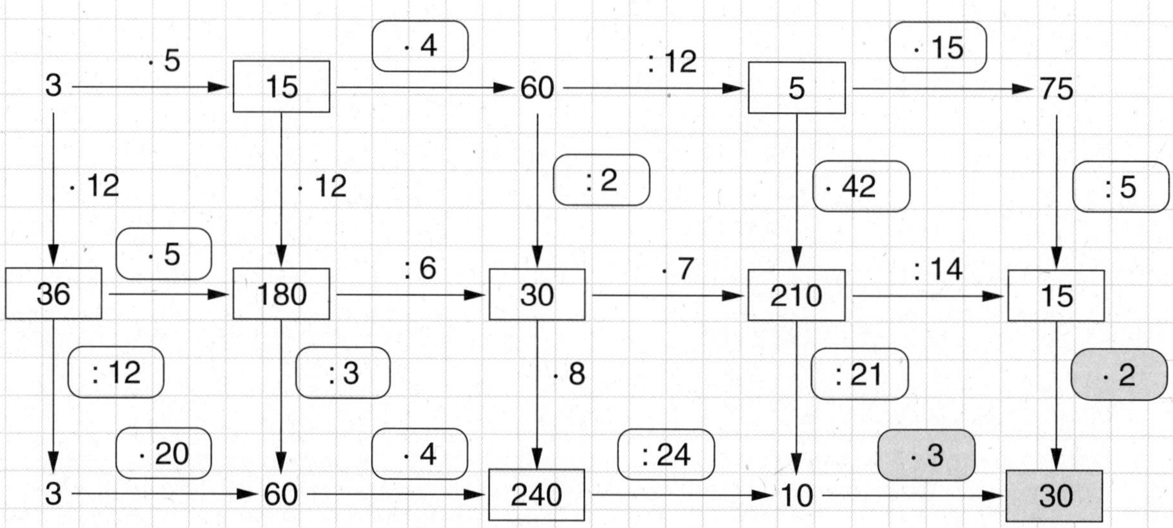

Die grau unterlegten Lösungen sind nicht eindeutig.
Statt 3, 2 und 30 könnten auch Vielfache davon (z. B. 6, 4 und 60) stehen.

1. Caro bekommt eine Kettenmail, die sie innerhalb einer Woche an drei weitere Leute senden soll mit der Bitte, dass auch diese wieder die E-Mail innerhalb einer Woche an drei weitere (neue) Leute senden sollen.
Vervollständige das untenstehende Baumdiagramm, welches das Versenden der E-Mails veranschaulichen soll. Trage dann in die Kästchen unten ein, wieviele Mails in jeder Woche abgesendet werden müssen.

1. Woche 2. Woche 3. Woche 4. Woche …

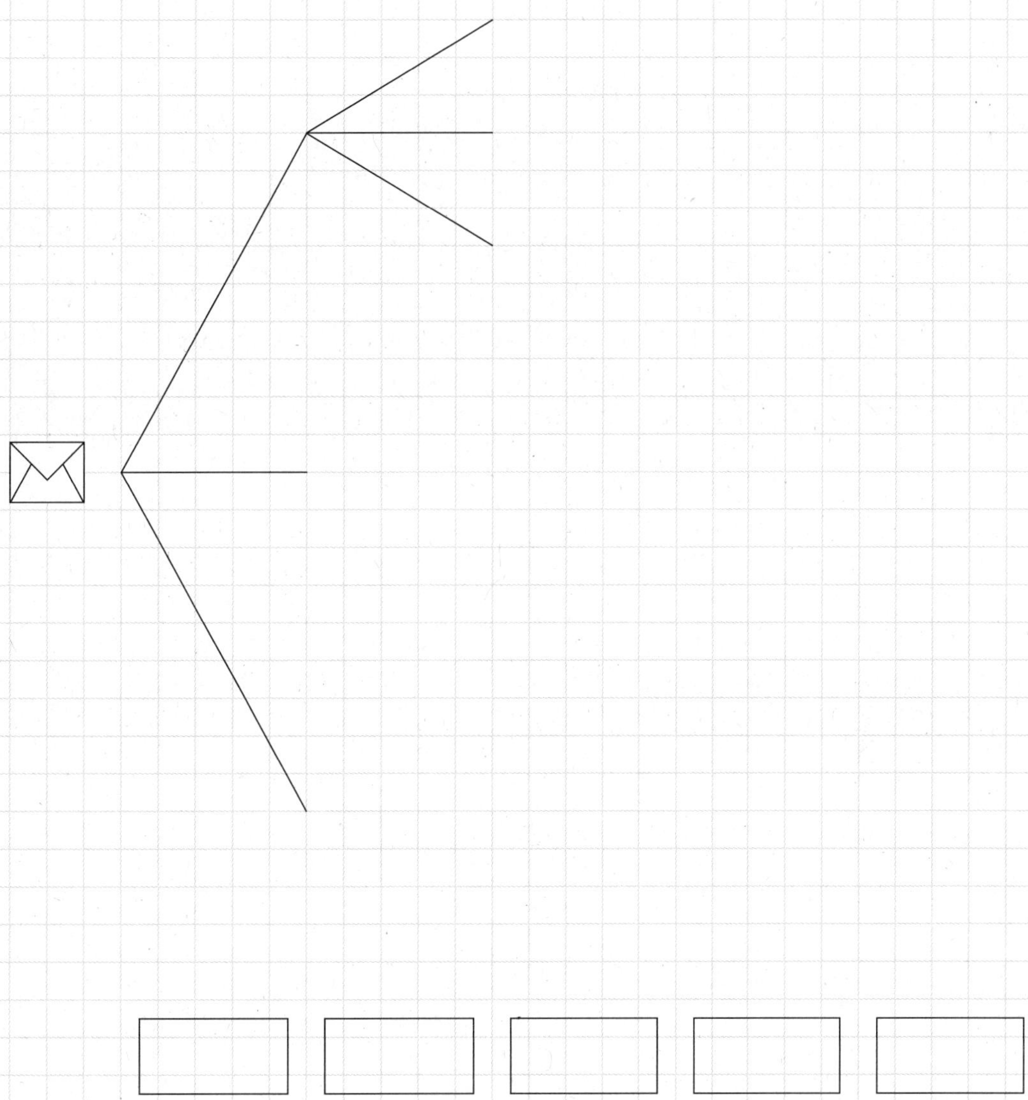

2. Faktorisiere folgende Zahlen so weit wie möglich.

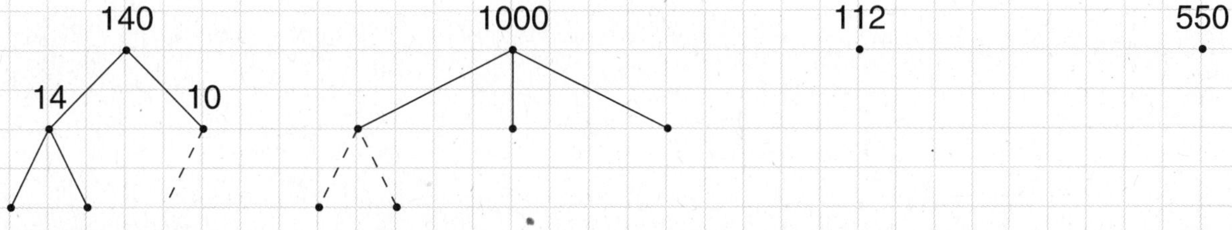

Arbeitsblatt: Potenzieren und Faktorisieren

1. Caro bekommt eine Kettenmail, die sie innerhalb einer Woche an drei weitere Leute senden soll mit der Bitte, dass auch diese wieder die E-Mail innerhalb einer Woche an drei weitere (neue) Leute senden sollen.
Vervollständige das untenstehende Baumdiagramm, welches das Versenden der E-Mails veranschaulichen soll. Trage dann in die Kästchen unten ein, wieviele Mails in jeder Woche abgesendet werden müssen.

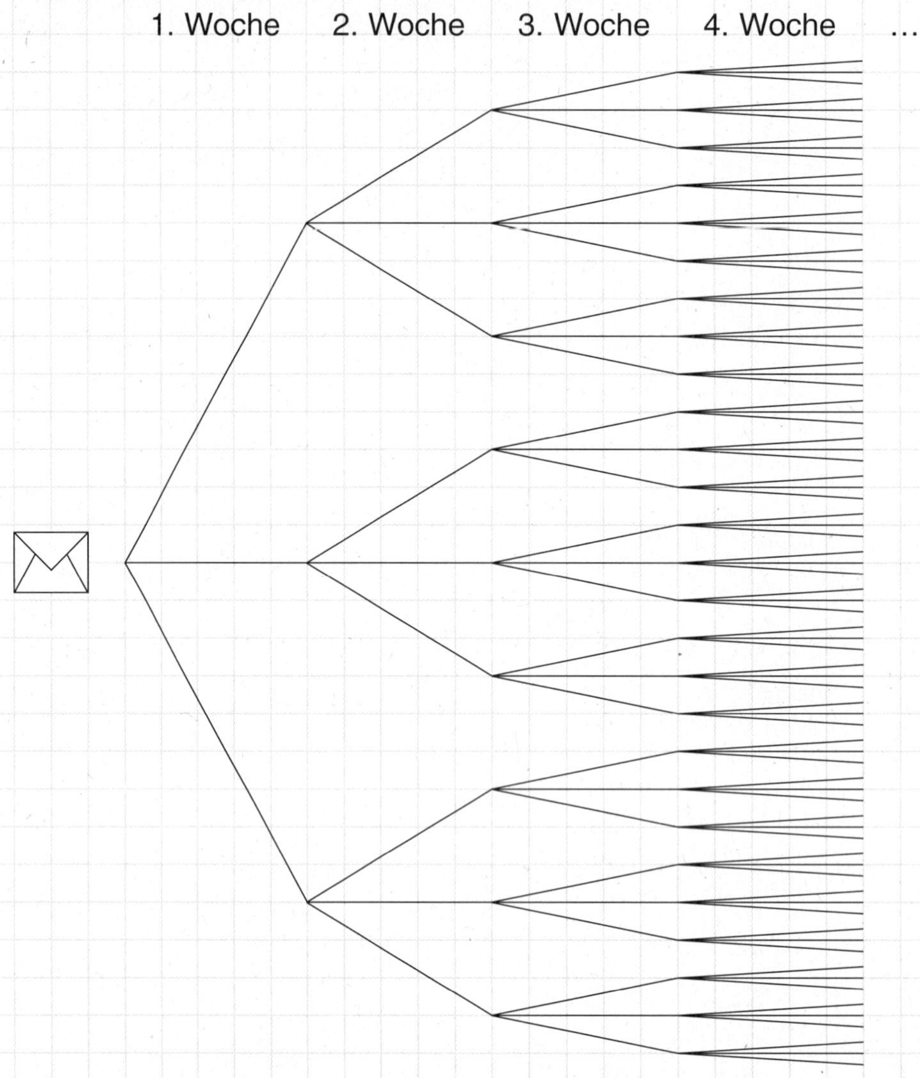

3	$3^2 = 9$	$3^3 = 27$	$3^4 = 81$	$3^5 = 243$

2. Faktorisiere folgende Zahlen so weit wie möglich.

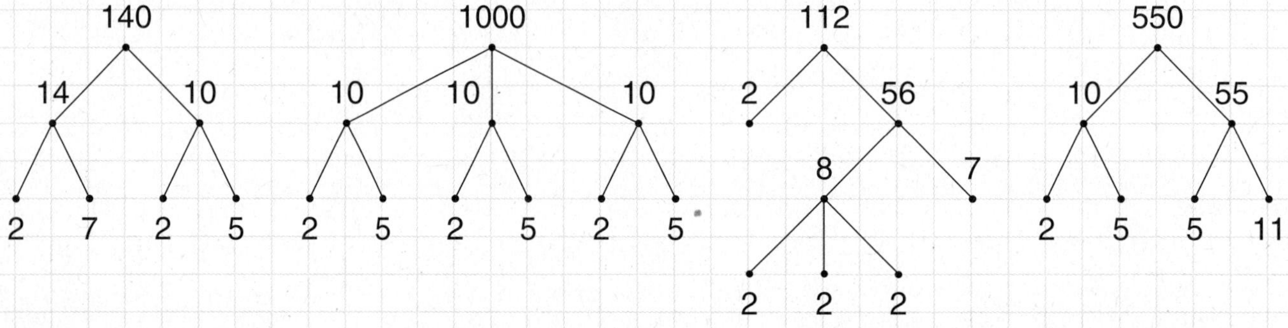

1. Dem Mathematiklehrer Adi Zion ist Wasser über die Folie gelaufen …, hilf ihm, die Tabelle zu vervollständigen!

Term	Ergebnis	Termname	Rechenart
$10 + [(20 \cdot 3) - 45:5]$			
$10 \square [(20 \cdot 3) - 45:5]$		Produkt	
$[(10 - 9) \cdot 11] \square 11$	1		
$[(10 - 9) \cdot 11] \square 11$	0		
$100 \cdot 5 \square (3 - 21:7)$			Subtraktion

2. Die Mathematiklehrerin Sue Menz-Eichen diktiert folgende Texte und findet anschließend in den eingesammelten Heften verschiedene Lösungen. Kreuze die richtigen Lösungen an.

a) Multipliziere die Differenz aus 250 und 130 mit dem Quotienten aus 240 und 12. Addiere anschließend das Produkt aus 32 und 140.

☐ $(250 - 130) \cdot (240:12) + (32 \cdot 140)$

☐ $(250 - 130) \cdot 240:12 + 32 \cdot 140$

☐ $[(250 - 130) \cdot 240:12] + 32 \cdot 140$

☐ $(250 - 130 \cdot 240):12 + 32 \cdot 140$

b) Subtrahiere 150 vom Produkt aus der Summe von 14 und 6 als erstem Faktor und dem Quotienten aus 130 und 5 als zweitem Faktor.

☐ $(14 + 6) \cdot (130:5) - 150$

☐ $(14 + 6) \cdot 130:5 - 150$

☐ $(14 + 6 \cdot 130:5) - 150$

☐ $[(14 + 6) \cdot (130:5)] - 150$

c) Wie lauten bei den richtigen Termen die Ergebnisse?

____________________ ____________________

3. Ersetze bei den folgenden Termen die Kästchen so durch Zahlen, dass du die Terme leicht berechnen kannst.

a) $47628:(221 - \square) =$

b) $(213 + 3228) \cdot (73 - \square) =$

c) $(27 \cdot \square):432 =$

d) $2133 \cdot (4212 : \square) =$

e) $85292:[21323 \cdot (378 - \square) + 1] =$

f) $748548:[721 - (600 + \square)] =$

1. Dem Mathematiklehrer Adi Zion ist Wasser über die Folie gelaufen …, hilf ihm, die Tabelle zu vervollständigen!

Term	Ergebnis	Termname	Rechenart
10 + [(20 · 3) – 45 : 5]	61	Summe	Addition
10 [·] [(20 · 3) – 45 : 5]	510	Produkt	Multiplikation
[(10 – 9) · 11] [:] 11	1	Quotient	Division
[(10 – 9) · 11] [–] 11	0	Differenz	Subtraktion
100 · 5 [–] (3 – 21 : 7)	500	Differenz	Subtraktion

2. Die Mathematiklehrerin Sue Menz-Eichen diktiert folgende Texte und findet anschließend in den eingesammelten Heften verschiedene Lösungen. Kreuze die richtigen Lösungen an.

a) Multipliziere die Differenz aus 250 und 130 mit dem Quotienten aus 240 und 12. Addiere anschließend das Produkt aus 32 und 140.

- [X] (250 – 130) · (240 : 12) + (32 · 140)
- [X] (250 – 130) · 240 : 12 + 32 · 140
- [X] [(250 – 130) · 240 : 12] + 32 · 140
- [ ] (250 – 130 · 240) : 12 + 32 · 140

b) Subtrahiere 150 vom Produkt aus der Summe von 14 und 6 als erstem Faktor und dem Quotienten aus 130 und 5 als zweitem Faktor.

- [X] (14 + 6) · (130 : 5) – 150
- [X] (14 + 6) · 130 : 5 – 150
- [ ] (14 + 6 · 130 : 5) – 150
- [X] [(14 + 6) · (130 : 5)] – 150

c) Wie lauten bei den richtigen Termen die Ergebnisse?

6880

370

3. Ersetze bei den folgenden Termen die Kästchen so durch Zahlen, dass du die Terme leicht berechnen kannst.

a) 47 628 : (221 – [220]) = 47 628

b) (213 + 3228) · (73 – [73]) = 0

c) (27 · [0]) : 432 = 0

d) 2133 · (4212 : [4212]) = 2133

e) 85 292 : [21 323 · (378 – [378]) + 1] = 85 292

f) 748 548 : [721 – (600 + [120])] = 748 548

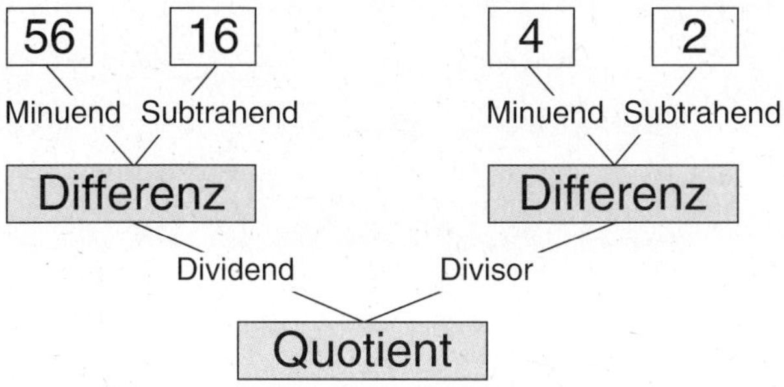

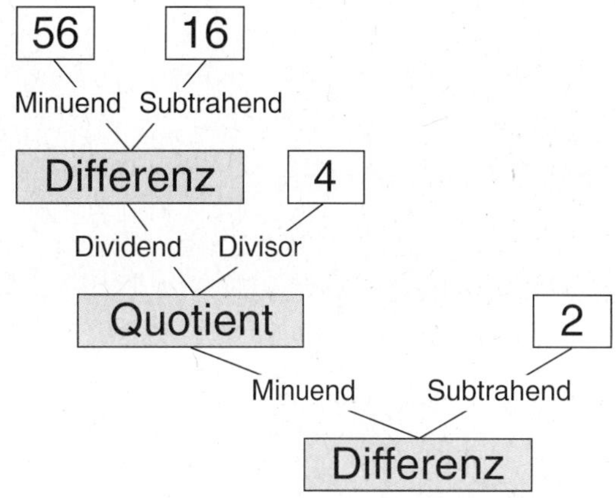

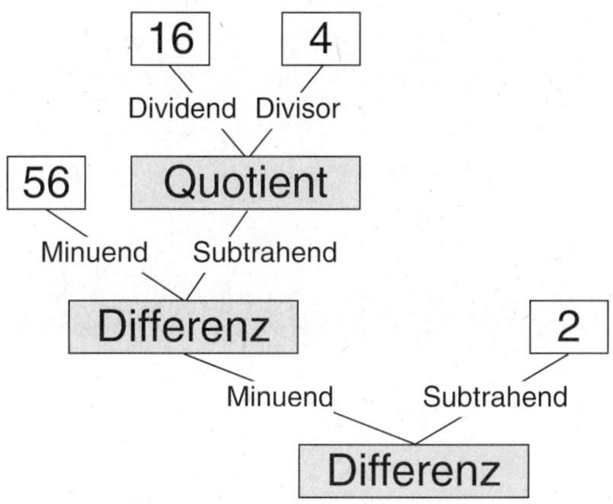

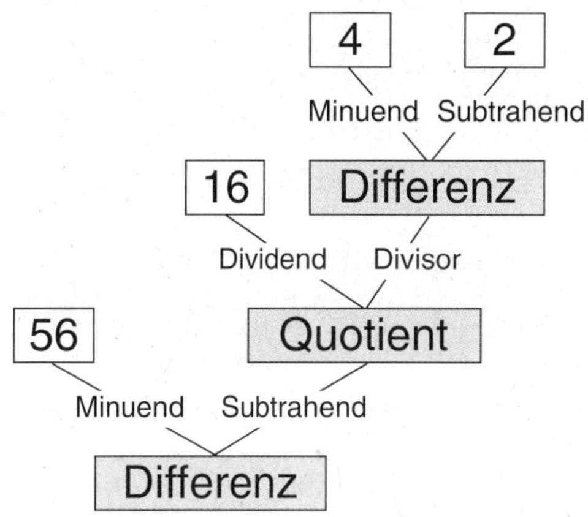

hier → falten und zusammenkleben.

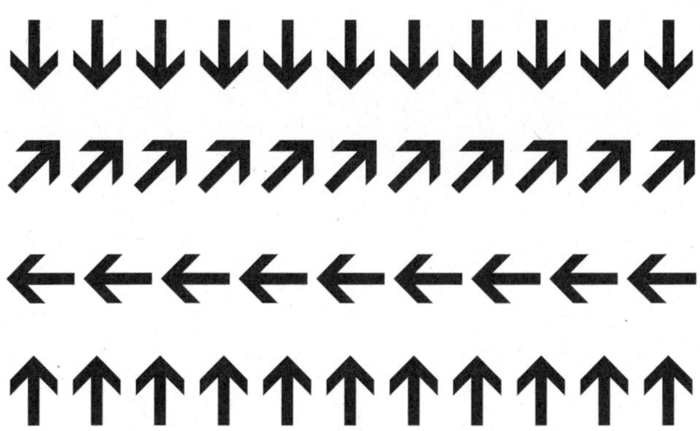

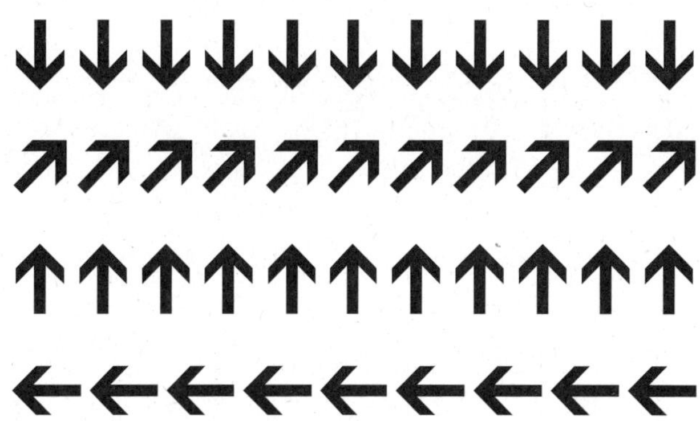

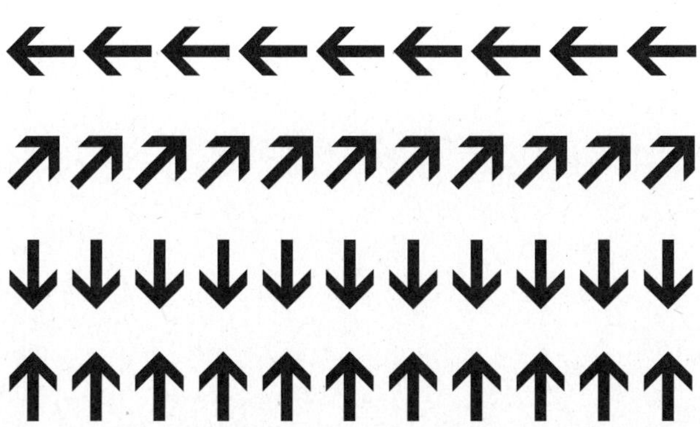

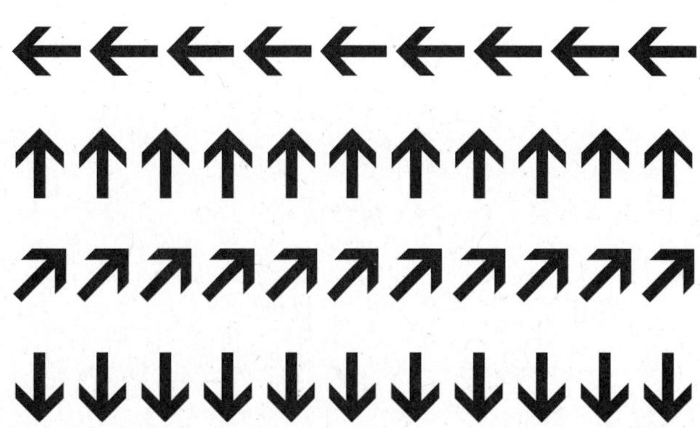

↗↗↗↗↗↗↗↗↗↗↗
↑↑↑↑↑↑↑↑↑↑↑
←←←←←←←←←
↓↓↓↓↓↓↓↓↓↓↓

↗↗↗↗↗↗↗↗↗↗↗
←←←←←←←←←
↑↑↑↑↑↑↑↑↑↑↑
↓↓↓↓↓↓↓↓↓↓↓

↑↑↑↑↑↑↑↑↑↑↑
↗↗↗↗↗↗↗↗↗↗↗
←←←←←←←←←
↓↓↓↓↓↓↓↓↓↓↓

↑↑↑↑↑↑↑↑↑↑↑
←←←←←←←←←
↓↓↓↓↓↓↓↓↓↓↓
↗↗↗↗↗↗↗↗↗↗↗

hier falten und zusammenkleben.

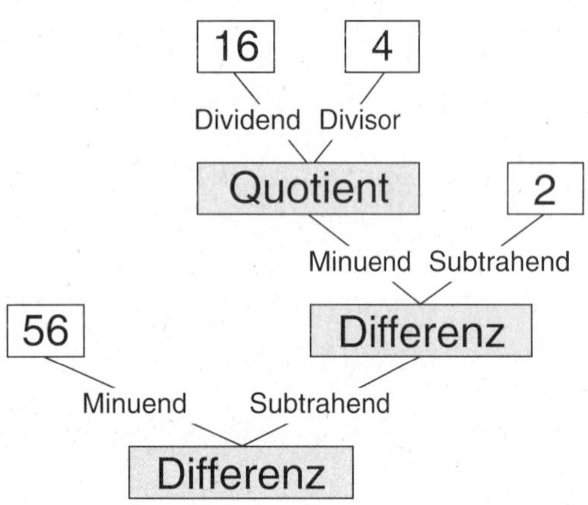

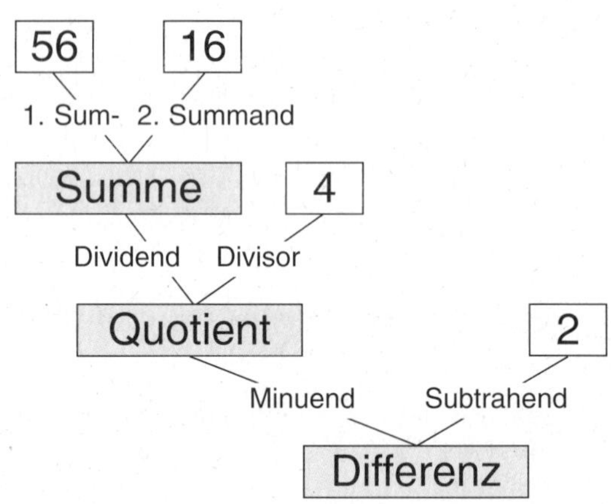

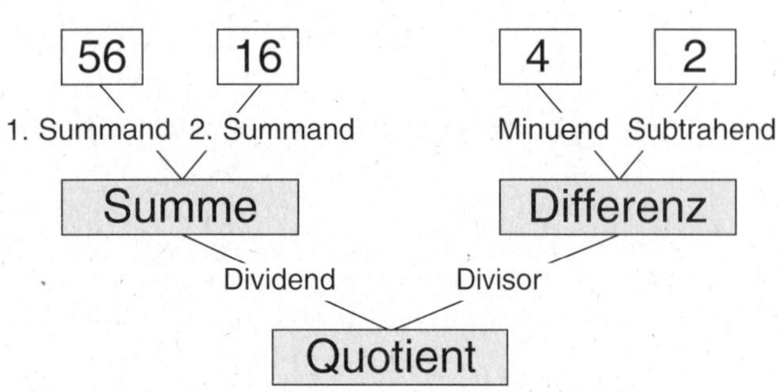

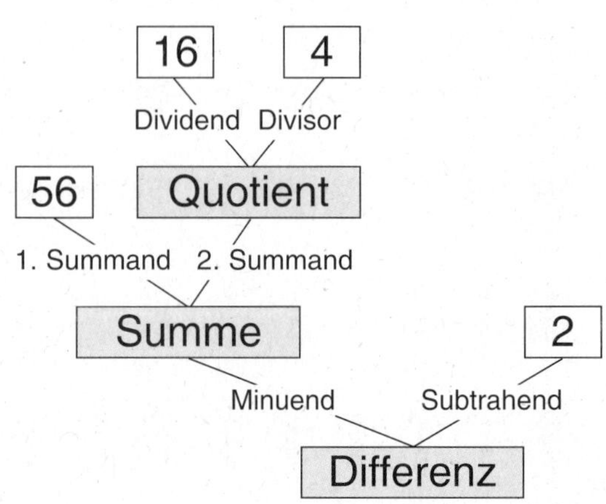

Dividiere die Differenz aus 56 und 16 durch die Differenz aus 4 und 2!	Subtrahiere die Zahl 2 von dem Quotienten, dessen Dividend die Differenz aus 56 und 16 und dessen Divisor 4 ist!
Subtrahiere von der Differenz aus 56 und dem Quotienten aus 16 und 4 die Zahl 2!	Subtrahiere den Quotienten, dessen Dividend 16 und dessen Divisor die Differenz aus 4 und 2 ist, von 56!
↓↓↓↓↓↓↓↓↓↓↓ ↗↗↗↗↗↗↗↗↗↗↗ ←←←←←←←←← ↑↑↑↑↑↑↑↑↑↑↑	↓↓↓↓↓↓↓↓↓↓↓ ↗↗↗↗↗↗↗↗↗↗↗ ↑↑↑↑↑↑↑↑↑↑↑ ←←←←←←←←←
←←←←←←←←← ↗↗↗↗↗↗↗↗↗↗↗ ↓↓↓↓↓↓↓↓↓↓↓ ↑↑↑↑↑↑↑↑↑↑↑	←←←←←←←←← ↑↑↑↑↑↑↑↑↑↑↑ ↗↗↗↗↗↗↗↗↗↗↗ ↓↓↓↓↓↓↓↓↓↓↓

hier → falten und zusammenkleben.

↗↗↗↗↗↗↗↗↗↗↗ ↑↑↑↑↑↑↑↑↑↑↑ ←←←←←←←←← ↓↓↓↓↓↓↓↓↓↓↓	↗↗↗↗↗↗↗↗↗↗↗ ←←←←←←←←← ↑↑↑↑↑↑↑↑↑↑↑ ↓↓↓↓↓↓↓↓↓↓↓
↑↑↑↑↑↑↑↑↑↑↑ ↗↗↗↗↗↗↗↗↗↗↗ ←←←←←←←←← ↓↓↓↓↓↓↓↓↓↓↓	↑↑↑↑↑↑↑↑↑↑↑ ←←←←←←←←← ↓↓↓↓↓↓↓↓↓↓↓ ↗↗↗↗↗↗↗↗↗↗↗
Subtrahiere die Differenz, deren Minuend der Quotient aus 16 und 4 und deren Subtrahend 2 ist, von 56!	Subtrahiere von dem Quotienten, dessen Dividend die Summe aus 56 und 16 und dessen Divisor 4 ist, die Zahl 2!
Dividiere die Summe aus 56 und 16 durch die Differenz aus 4 und 2!	Addiere den Quotienten aus 16 und 4 zu 56 und subtrahiere 2 von dem Ergebnis!

hier ↑ falten und zusammenkleben.

$(56 - 16) : (4 - 2)$	$(56 - 16) : 4 - 2$
$56 - 16 : 4 - 2$	$56 - 16 : (4 - 2)$
↓↓↓↓↓↓↓↓↓↓↓ ↗↗↗↗↗↗↗↗↗↗↗ ←←←←←←←←←←← ↑↑↑↑↑↑↑↑↑↑↑	↓↓↓↓↓↓↓↓↓↓↓ ↗↗↗↗↗↗↗↗↗↗↗ ↑↑↑↑↑↑↑↑↑↑↑ ←←←←←←←←←←←
←←←←←←←←←←← ↗↗↗↗↗↗↗↗↗↗↗ ↓↓↓↓↓↓↓↓↓↓↓ ↑↑↑↑↑↑↑↑↑↑↑	←←←←←←←←←←← ↑↑↑↑↑↑↑↑↑↑↑ ↗↗↗↗↗↗↗↗↗↗↗ ↓↓↓↓↓↓↓↓↓↓↓

hier → falten und zusammenkleben.

↗↗↗↗↗↗↗↗↗↗↗ ↑↑↑↑↑↑↑↑↑↑↑ ←←←←←←←←← ↓↓↓↓↓↓↓↓↓↓↓	↗↗↗↗↗↗↗↗↗↗↗ ←←←←←←←←← ↑↑↑↑↑↑↑↑↑↑↑ ↓↓↓↓↓↓↓↓↓↓↓
↑↑↑↑↑↑↑↑↑↑↑ ↗↗↗↗↗↗↗↗↗↗↗ ←←←←←←←←← ↓↓↓↓↓↓↓↓↓↓↓	↑↑↑↑↑↑↑↑↑↑↑ ←←←←←←←←← ↓↓↓↓↓↓↓↓↓↓↓ ↗↗↗↗↗↗↗↗↗↗↗
$56 - (16:4 - 2)$	$(56 + 16):4 - 2$
$(56 + 16):(4 - 2)$	$56 + 16:4 - 2$

hier ➤ falten und zusammenkleben.

20	8.
50	48
↓↓↓↓↓↓↓↓↓↓↓ ↗↗↗↗↗↗↗↗↗↗↗ ←←←←←←←←← ↑↑↑↑↑↑↑↑↑↑↑	↓↓↓↓↓↓↓↓↓↓↓ ↗↗↗↗↗↗↗↗↗↗↗ ↑↑↑↑↑↑↑↑↑↑↑ ←←←←←←←←←
←←←←←←←←← ↗↗↗↗↗↗↗↗↗↗↗ ↓↓↓↓↓↓↓↓↓↓↓ ↑↑↑↑↑↑↑↑↑↑↑	←←←←←←←←← ↑↑↑↑↑↑↑↑↑↑↑ ↗↗↗↗↗↗↗↗↗↗↗ ↓↓↓↓↓↓↓↓↓↓↓

hier falten und zusammenkleben.

↗↗↗↗↗↗↗↗↗↗↗ ↑↑↑↑↑↑↑↑↑↑↑ ←←←←←←←←← ↓↓↓↓↓↓↓↓↓↓↓	↗↗↗↗↗↗↗↗↗↗↗ ←←←←←←←←← ↑↑↑↑↑↑↑↑↑↑↑ ↓↓↓↓↓↓↓↓↓↓↓
↑↑↑↑↑↑↑↑↑↑↑ ↗↗↗↗↗↗↗↗↗↗↗ ←←←←←←←←← ↓↓↓↓↓↓↓↓↓↓↓	↑↑↑↑↑↑↑↑↑↑↑ ←←←←←←←←← ↓↓↓↓↓↓↓↓↓↓↓ ↗↗↗↗↗↗↗↗↗↗↗
54	16
36	58

hier → falten und zusammenkleben.

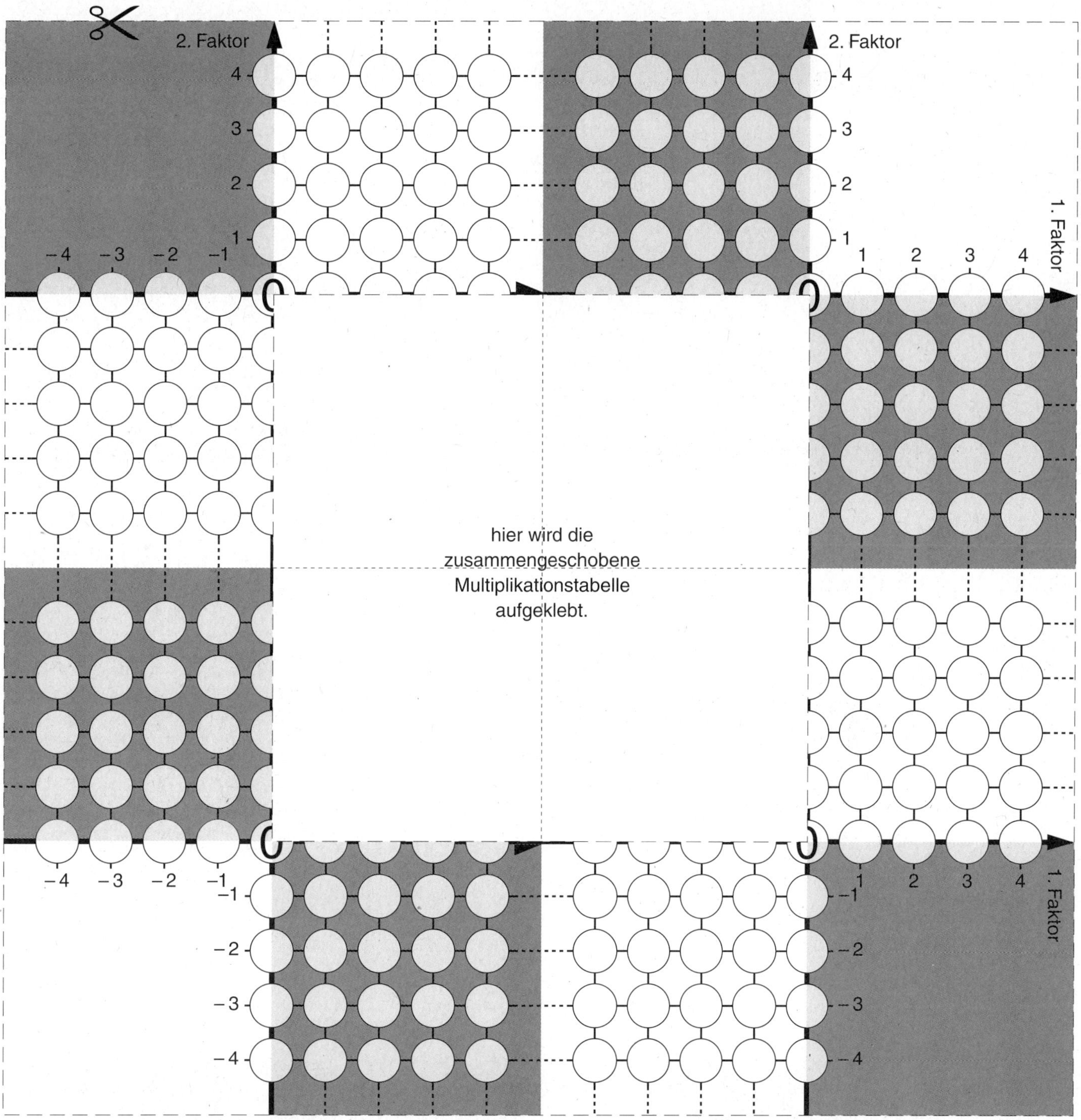
2. Faktor
4
3
2
1
-4
-3
-2
-1
0
1. Faktor
hier wird die zusammengeschobene Multiplikationstabelle aufgeklebt.

1. Falte die Multiplikationstabelle wie abgebildet.
dreimal längs: und dreimal quer:

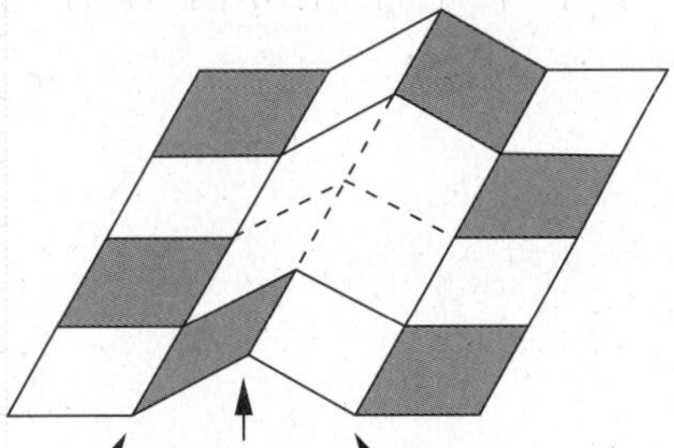

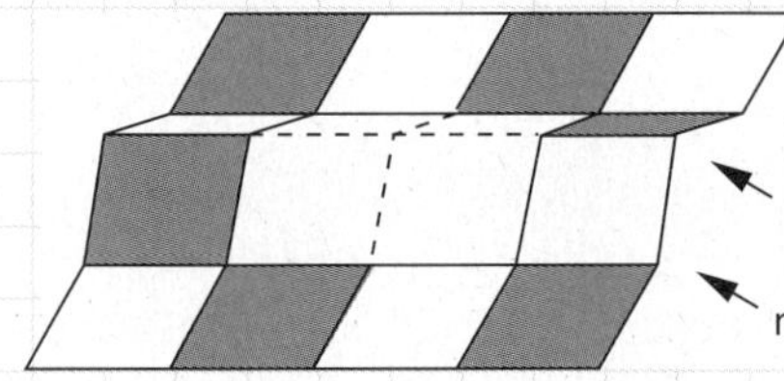

2. Schneide die Multiplikationstabelle und das innere Quadrat an den gestrichelten Linien aus.

3. Schiebe das Papier wie abgebildet zusammen und klebe es auf das ausgeschnittene innere Quadrat.

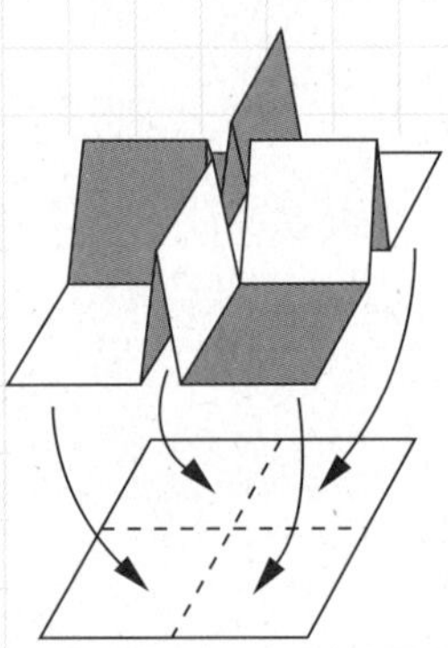

Wenn du von oben daraufblickst, siehst du jetzt ein Koordinatensystem mit dem Nullpunkt in der Mitte.

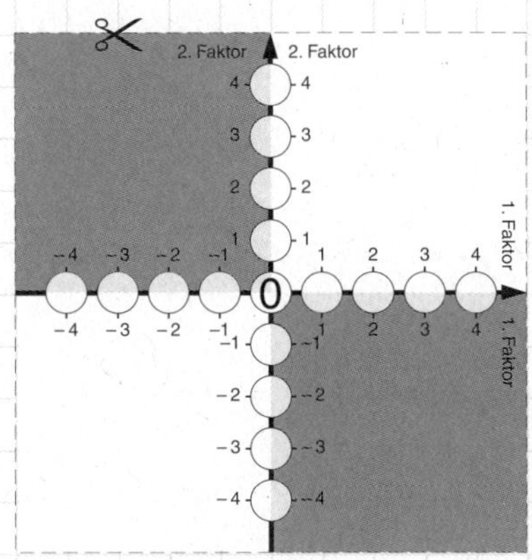

4. Klappe nun eine der hochstehenden Flächen auf den ersten Quadranten im Koordinatensystem.
Trage in die Kreise jeweils das Produkt aus den beiden an den Koordinatenachsen eingetragenen Faktoren ein.

Beispiel:

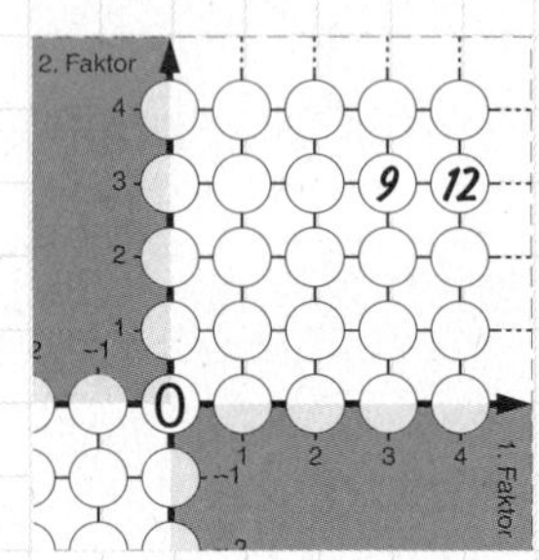

Welche Zahlen müssen in die Kreise eingetragen werden, die auf der Koordinatenachse liegen?

5. Klappe nun die Fläche, die du ausgefüllt hast, um und trage die richtigen Produkte auf der Rückseite ein. Beachte dabei, dass nun einer der beiden Faktoren negativ ist.
Tipp: Vergleiche 4 · 3 = 12 und 3 · 3 = 9. 3 · 3 kannst du erhalten, wenn du von 4 · 3 = 12 die Zahl 3 subtrahierst. Vergleiche nun ebenso 1 · 3 und 0 · 3. Was erwartest du also für 0 · 3 und (−1) · 3?

6. Du hast sicher bemerkt, dass du auf jeden Quadranten zwei Flächen zum Eintragen der Produkte klappen kannst.
Somit kannst du für beide Faktoren nachvollziehen, was geschieht, wenn der Faktor sein Vorzeichen wechselt.
Sicher findest du nun heraus, wie alle übrigen Felder deiner Multiplikationstabelle auszufüllen sind.
Tipp: Fällt dir an der farblichen Gestaltung deiner Multiplikationstabelle etwas auf?

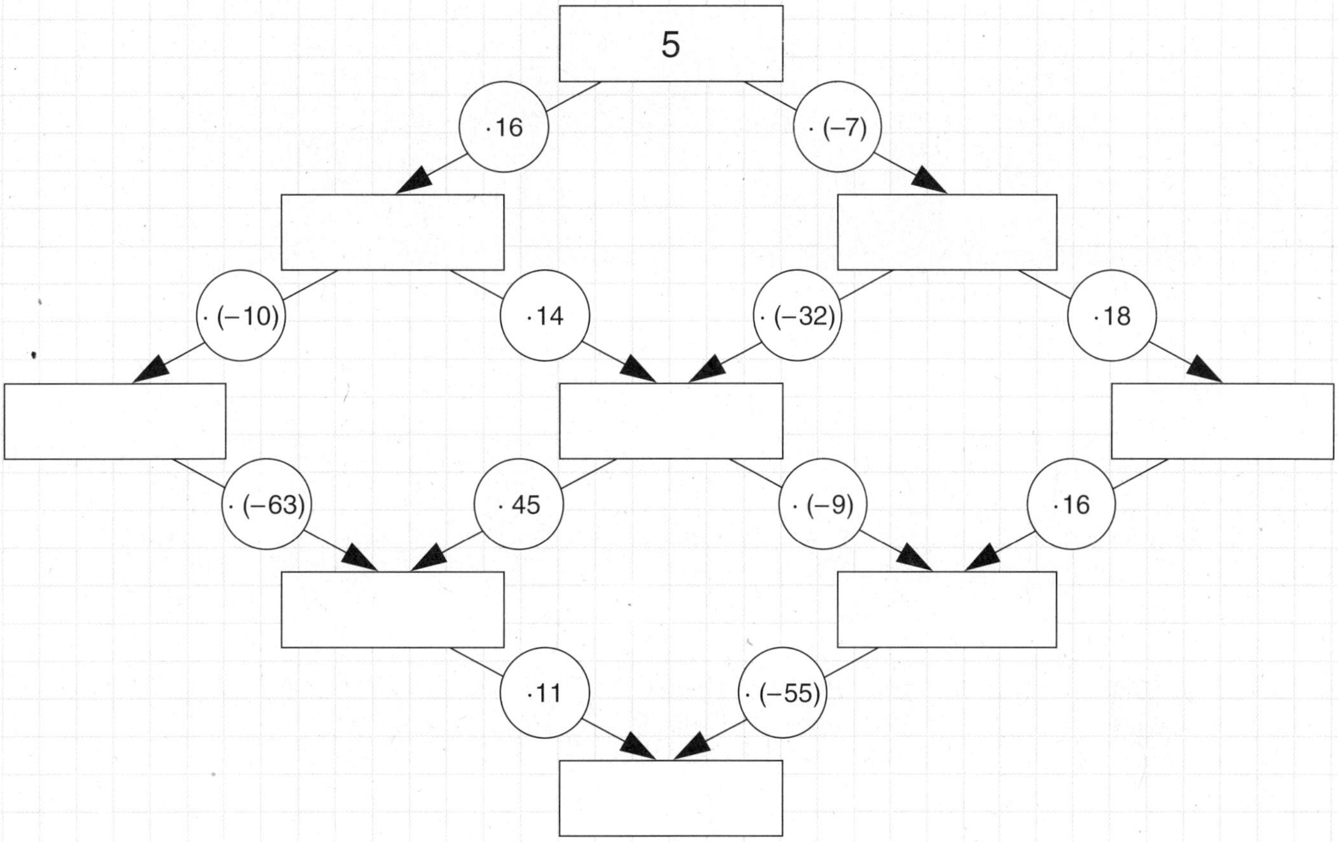
5
· 16
· (−7)
· (−10)
· 14
· (−32)
· 18
· (−63)
· 45
· (−9)
· 16
· 11
· (−55)

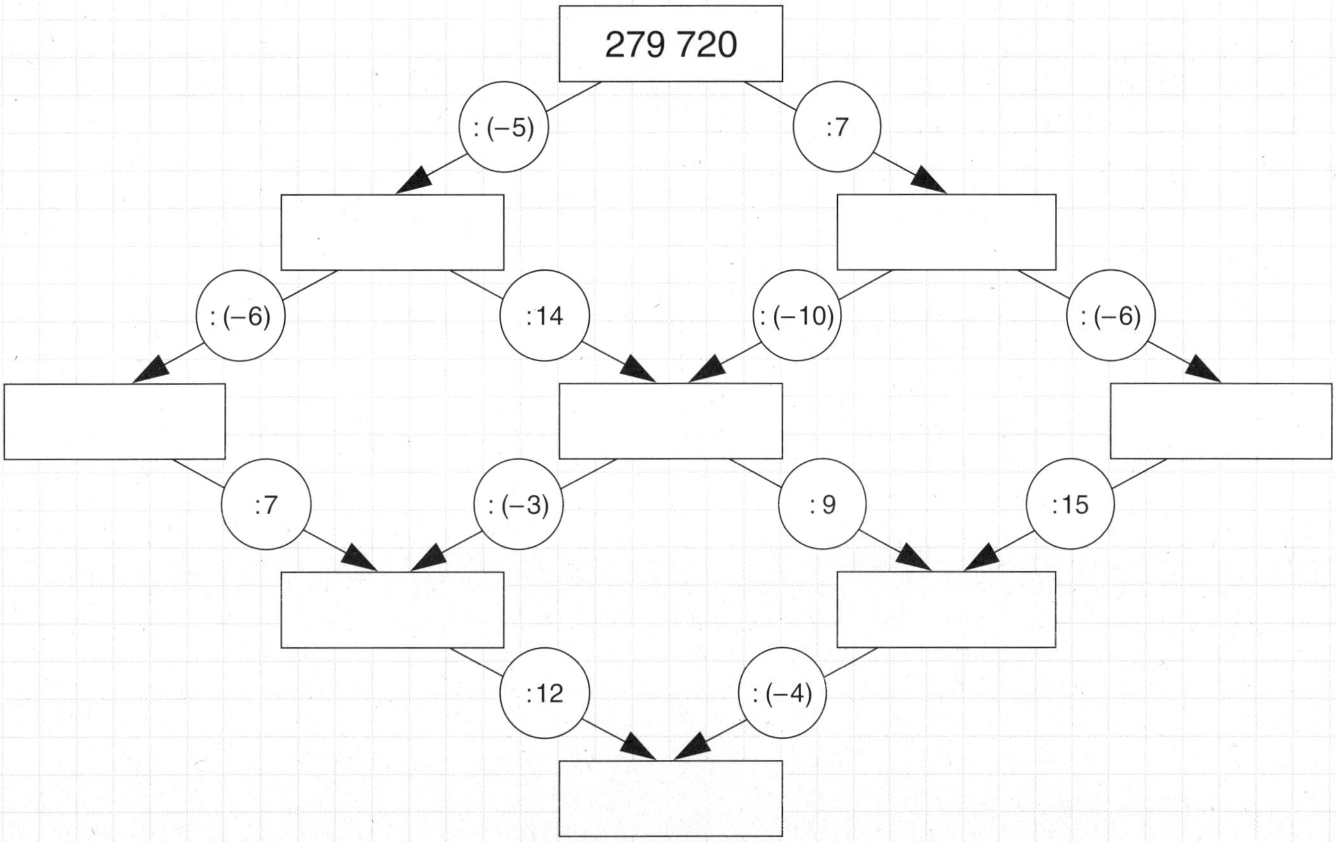
279 720
: (−5)
: 7
: (−6)
: 14
: (−10)
: (−6)
: 7
: (−3)
: 9
: 15
: 12
: (−4)

Rechennetze: Multiplikation und Division ganzer Zahlen

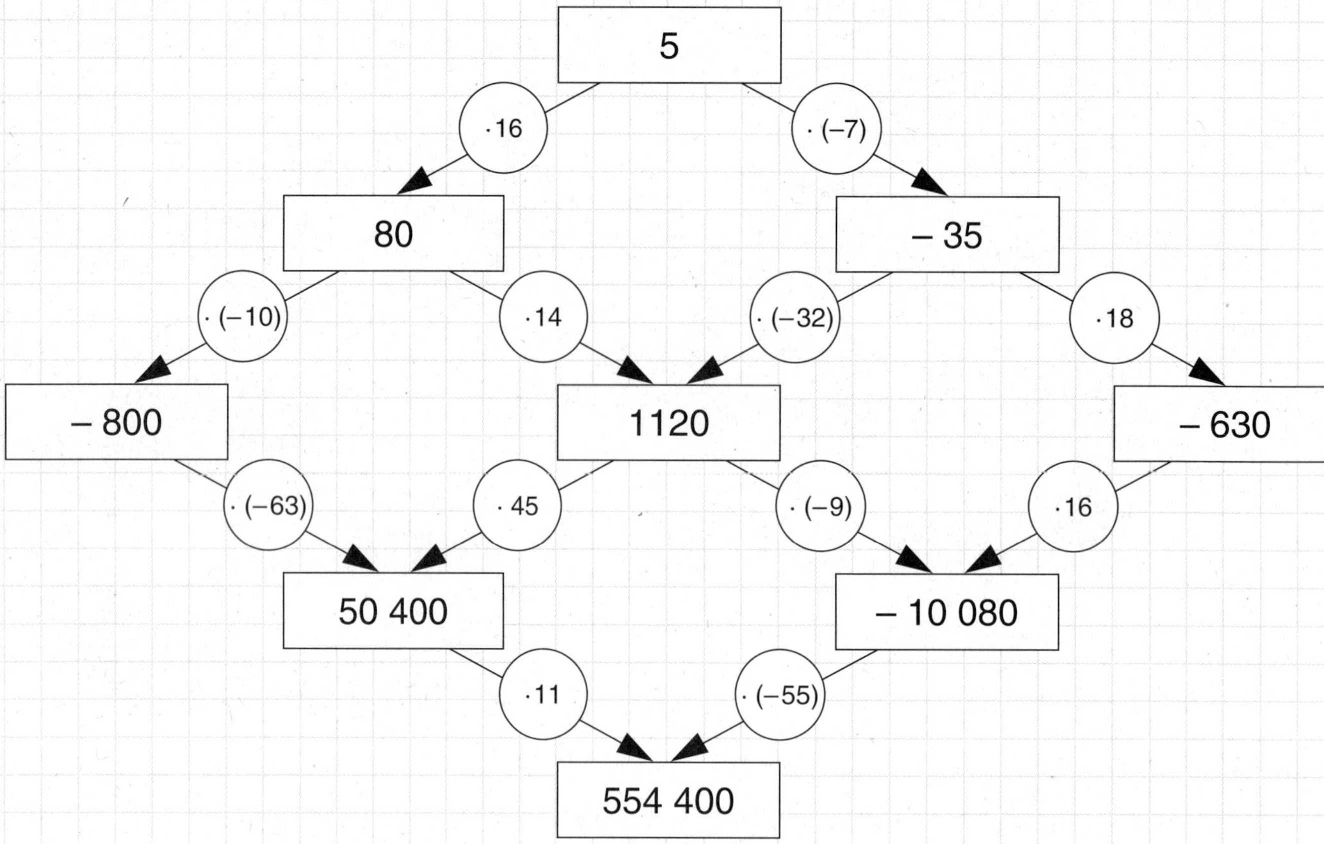

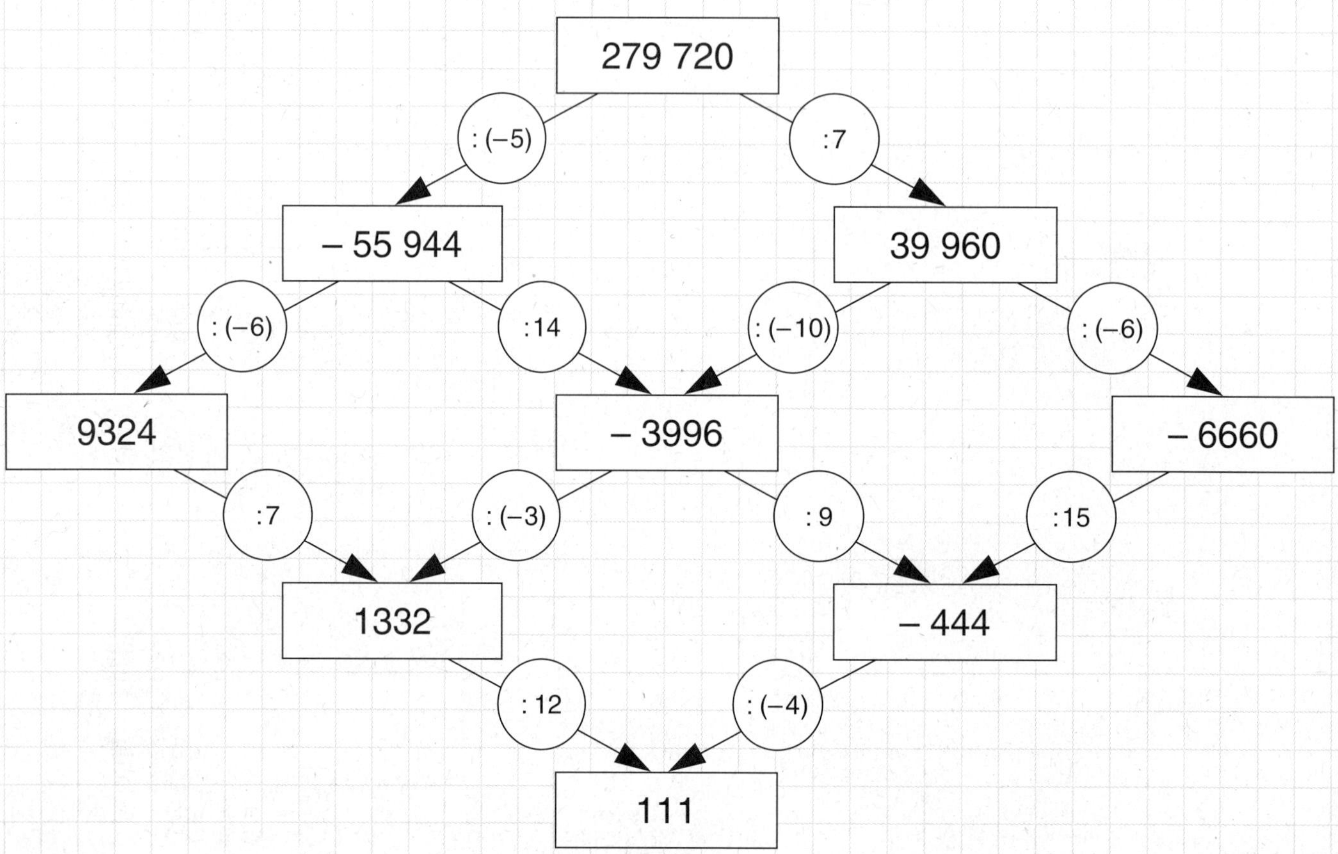

Zauberschlangen: Rechnen mit ganzen Zahlen

Setze bei Start eine beliebige Zahl ein und rechne.

a)

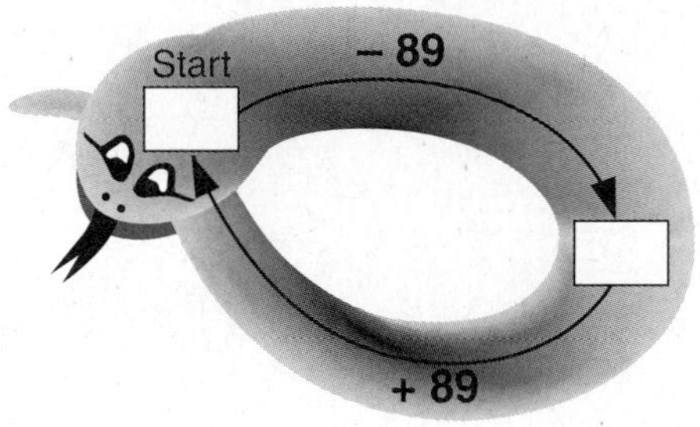

b)

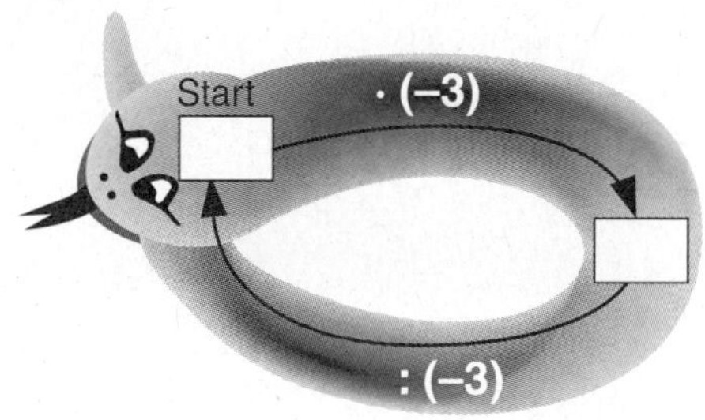

c)

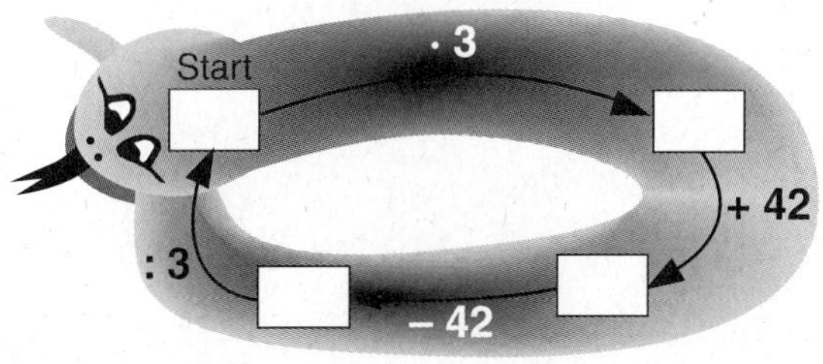

d)

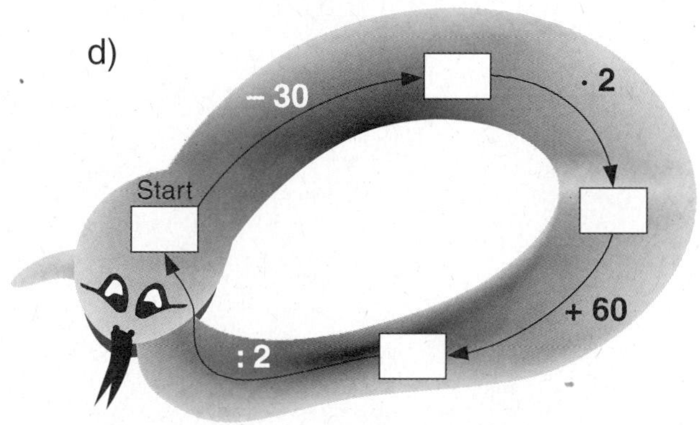

e) Erfinde eine eigene Zauberschlange:

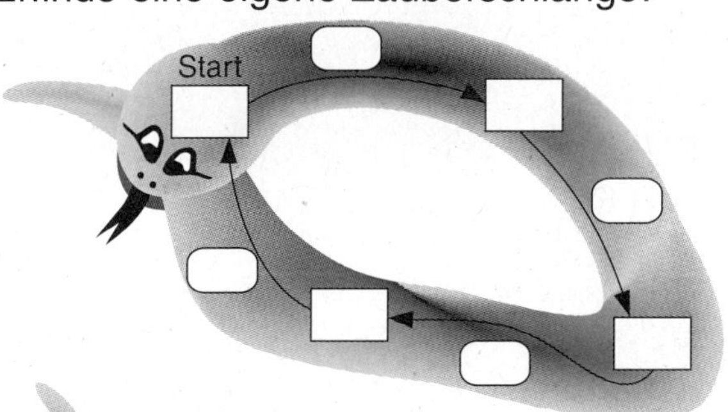

f)

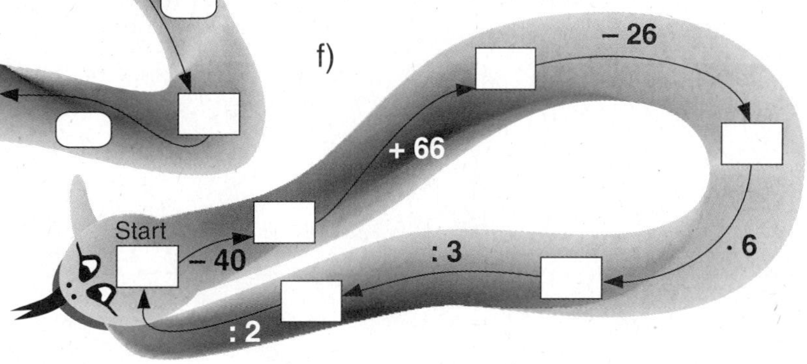

g)

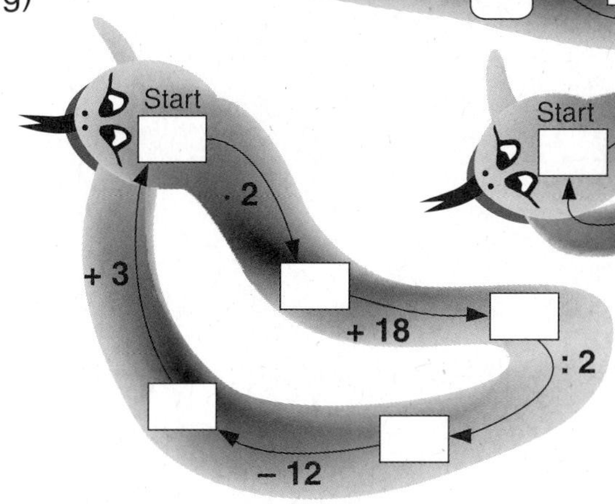

h) Müsste sich diese Zauberschlange auch in den Schwanz beißen?

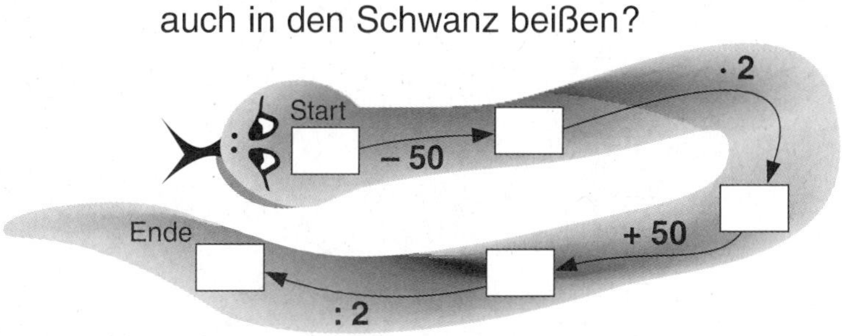

i) Wie muss die fehlende Rechenanweisung lauten?

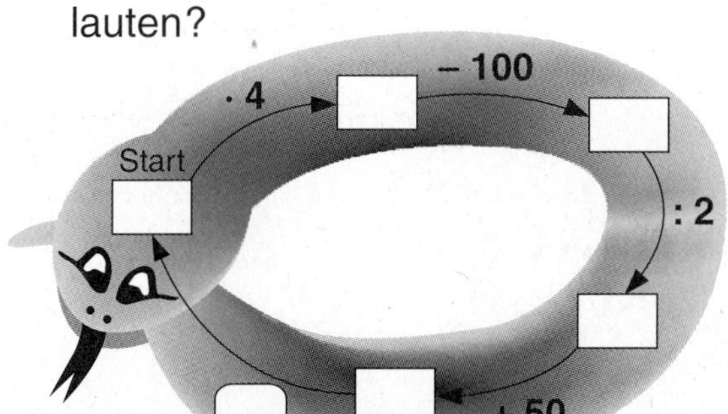

k) Erfinde eine lange Zauberschlange:

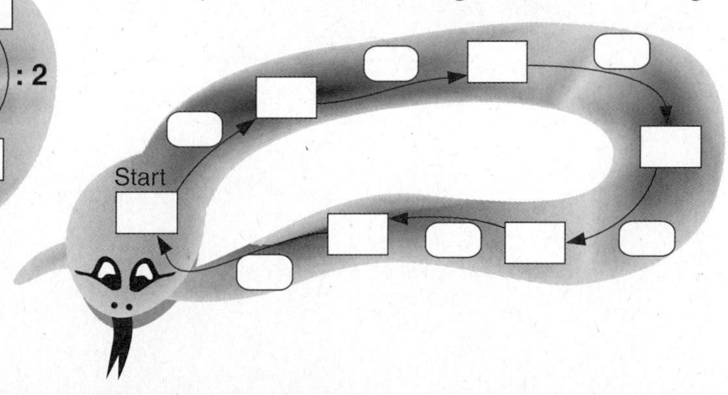

Trainingsblatt
Rechenbäume: Rechnen mit ganzen Zahlen

Trainingsblatt
Rechenbäume: Rechnen mit ganzen Zahlen

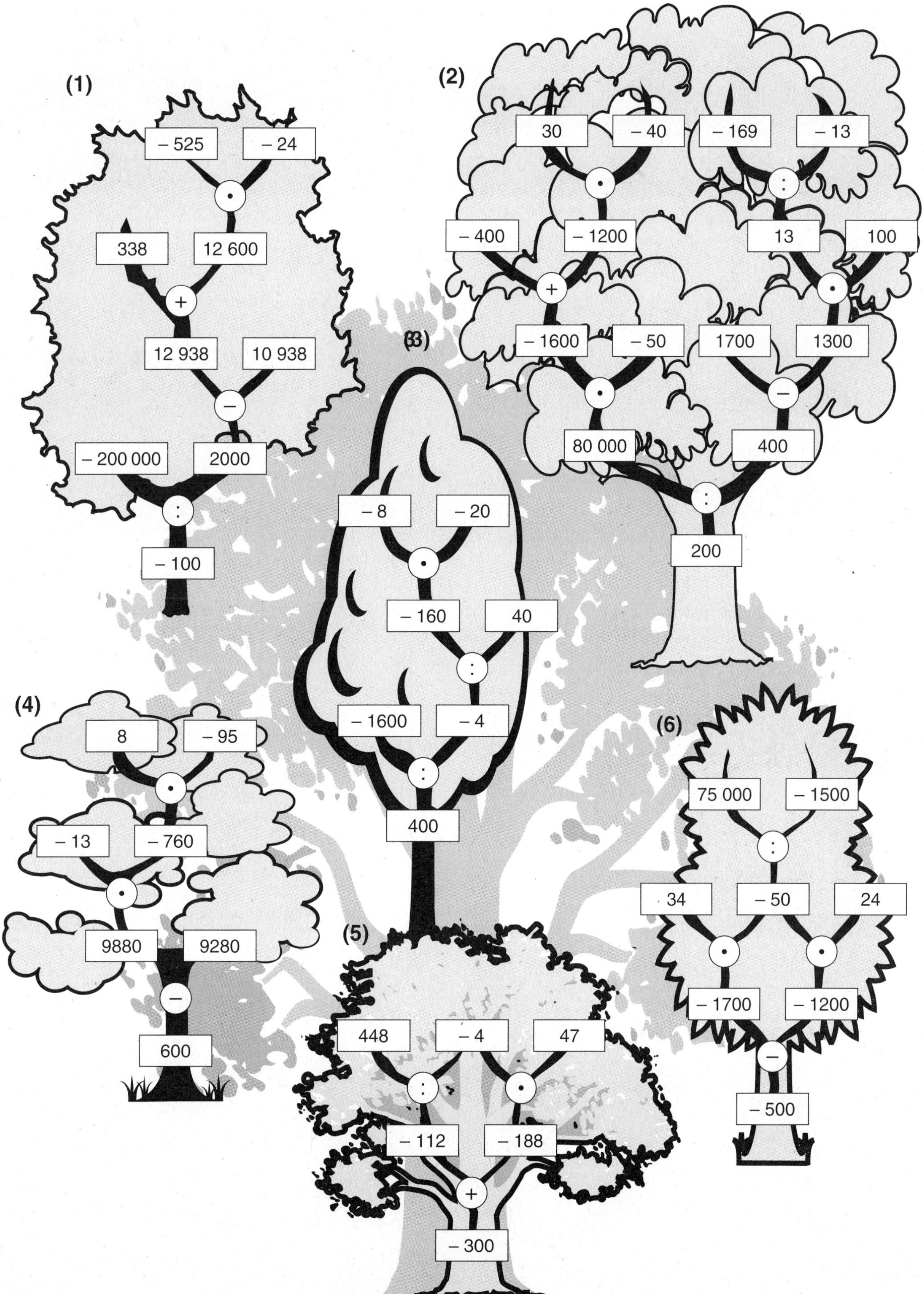

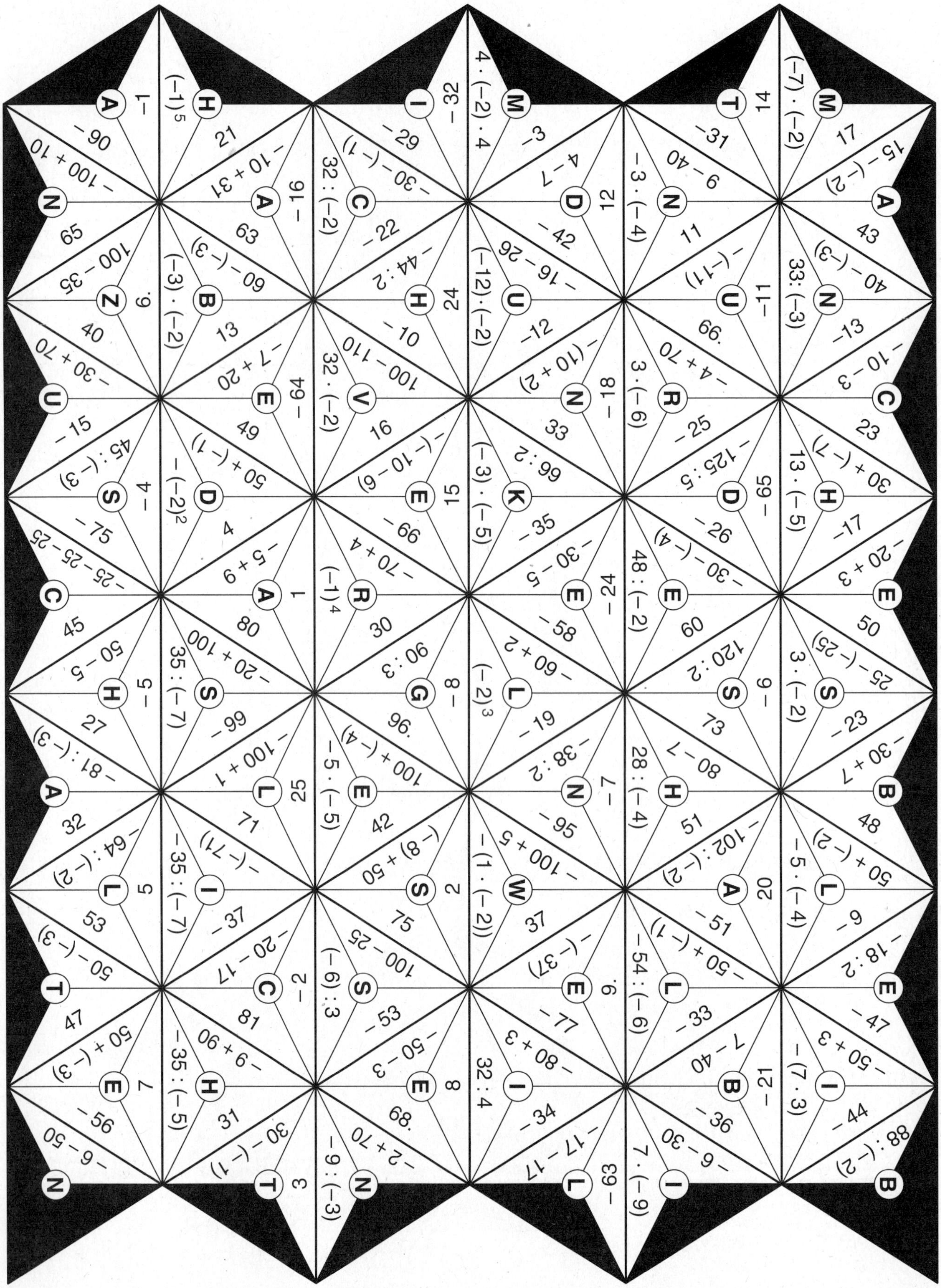
-1
$(-1)^5$
A
H
-90
21
-100 + 10
-10 + 31
N
A
-16
32 : (-2)
C
-30 - (-1)
-29
I
-32
4 · (-2) · 4
M
-3
4 - 7
D
12
-3 · (-4)
N
9 - 40
-31
T
14
(-7) · (-2)
M
17
15 - (-2)
A
65
100 - 35
Z
9
B
(-3) · (-2)
60 - (-3)
63
-22
-44 : 2
H
24
(-12) · (-2)
U
-16 - 26
-42
11
-(-11)
U
-11
33 : (-3)
N
40 - (-3)
43
40
-30 + 70
U
13
-7 + 20
E
-64
32 · (-2)
V
100 - 110
-10
-12
-(10 + 2)
N
-18
3 · (-6)
R
-4 + 70
66
-13
-10 - 3
C
-15
45 : (-3)
S
-4
$-(-2)^2$
D
50 + (-1)
49
16
-(-10 - 6)
E
15
(-3) · (-5)
K
66 : 2
33
-25
-125 : 5
D
-65
13 · (-5)
H
30 + (-7)
23
-75
-25 - 25 - 25
C
4
-5 + 9
A
1
$(-1)^4$
R
-70 + 4
-66
-35
-30 - 5
E
-24
48 : (-2)
E
-30 - (-4)
-26
-17
-20 + 3
E
45
50 - 5
H
-5
35 : (-7)
S
-20 + 100
80
30
90 : 3
G
-8
$(-2)^3$
L
-60 + 2
-58
60
120 : 2
S
-6
3 · (-2)
S
25 - (-25)
50
27
-81 : (-3)
A
-99
-100 + 1
L
25
-5 · (-5)
E
100 + (-4)
96
-19
-38 : 2
N
-7
28 : (-4)
H
-80 - 7
73
-23
-30 + 7
B
32
-64 : (-2)
L
5
-35 : (-7)
I
-(-71)
71
42
(-8) + 50
S
2
-(1 · (-2))
W
-100 + 5
-95
51
-102 : (-2)
A
20
-5 · (-4)
L
50 + (-2)
48
53
50 - (-3)
T
-37
-20 - 17
C
-2
(-6) : 3
S
100 - 25
75
37
-(-37)
E
9
-54 : (-6)
L
-50 + (-1)
-51
-9
-18 : 2
E
47
50 + (-3)
E
7
-35 : (-5)
H
-9 + 90
81
-53
-50 - 3
E
8
32 : 4
I
-80 + 3
-77
-33
7 - 40
B
-21
-(7 · 3)
I
-50 + 3
-47
-56
-6 - 50
N
31
30 - (-1)
T
3
-9 : (-3)
N
-2 + 70
68
-34
-17 - 17
L
-63
7 · (-9)
I
-6 - 30
-36
-44
88 : (-2)
B

Trainingsblatt
Rechnen mit ganzen Zahlen

1. Ergänze die Tabelle.

·	2	−3	−9	23	−52	76
0						
−1						
3						
−3						
8						
−10						
30						
−86						
−100						

2. Setze geschickt Klammern und berechne dann.

a) $(-7) \cdot 6 \cdot (-20) \cdot 5 =$

b) $18 \cdot 25 \cdot 4 \cdot (-2) =$

c) $(-9) \cdot (-125) \cdot 8 \cdot 25 \cdot 2 =$

d) $66 \cdot (-3) \cdot (-4) \cdot (-250) =$

3. Rechne geschickt im Kopf.

a) $18 + 93 - 2 \cdot 9 =$

b) $4 \cdot 16 - 6 \cdot 16 =$

c) $(-2) \cdot (11) - 317 + 22 =$

d) $(-7) \cdot 63 + (-33) \cdot (-7) =$

e) $12 \cdot 9 - 2 \cdot 9 =$

f) $17 \cdot (-3) - 3 \cdot (-3) =$

4. Rechne möglichst vorteilhaft.

a) $(-63) : 3 + 21 : 3 =$

b) $(-4) \cdot 125 \cdot (-25) \cdot 8 =$

c) $189 : (-9) - 225 : (-9) =$

d) $(-17) \cdot 2 \cdot 50 \cdot (-3) =$

Trainingsblatt
Rechnen mit ganzen Zahlen

1. Ergänze die Tabelle.

•	2	−3	−9	23	−52	76
0	0	0	0	0	0	0
−1	−2	3	9	−23	52	−76
3	6	−9	−27	69	−156	228
−3	−6	9	27	−69	156	−228
8	16	−24	−72	184	−416	608
−10	−20	30	90	−230	520	−760
30	60	−90	−270	690	−1560	2280
−86	−172	258	774	−1978	4472	−6536
−100	−200	300	900	−2300	5200	−7600

2. Setze geschickt Klammern und berechne dann.

a) $(-7)\cdot 6\cdot(-20)\cdot 5 =$ $(-7)\cdot 6\cdot[(-20)\cdot 5] = (-7)\cdot 6\cdot(-100) = 4200$

b) $18\cdot 25\cdot 4\cdot(-2) =$ $18\cdot(25\cdot 4)\cdot(-2) = 18\cdot 100\cdot(-2) = -3600$

c) $(-9)\cdot(-125)\cdot 8\cdot 25\cdot 2 =$ $(-9)\cdot[(-125)\cdot 8]\cdot(25\cdot 2) = (-9)\cdot(-1000)\cdot 50 = 450\,000$

d) $66\cdot(-3)\cdot(-4)\cdot(-250) =$ $66\cdot(-3)\cdot[(-4)\cdot(-250)] = 66\cdot(-3)\cdot 1000 = -198\,000$

3. Rechne geschickt im Kopf.

a) $18 + 93 - 2\cdot 9 =$ 93

b) $4\cdot 16 - 6\cdot 16 =$ −32

c) $(-2)\cdot(11) - 317 + 22 =$ −317

d) $(-7)\cdot 63 + (-33)\cdot(-7) =$ −210

e) $12\cdot 9 - 2\cdot 9 =$ 90

f) $17\cdot(-3) - 3\cdot(-3) =$ −42

4. Rechne möglichst vorteilhaft.

a) $(-63):3 + 21:3 =$ $(-63 + 21):3 = (-42):3 = -14$

b) $(-4)\cdot 125\cdot(-25)\cdot 8 =$ $[(-4)\cdot(-25)]\cdot(125\cdot 8) = 100\cdot 1000 = 10\,000$

c) $189:(-9) - 225:(-9) =$ $(189 - 225):(-9) = (-36):(-9) = 4$

d) $(-17)\cdot 2\cdot 50\cdot(-3) =$ $(-17)\cdot(2\cdot 50)\cdot(-3) = (-17)\cdot 100\cdot(-3) = 5100$

Arbeitsblatt: Rechnen mit ganzen Zahlen

1. Berechne und ordne die Ergebnisse nach ihrer Größe. Beginne mit der kleinsten Zahl und trage sie in die Ungleichung ein. Das Lösungswort erhältst du, wenn du danach unter das jeweilige Ergebnis den der Aufgabe vorangestellten Buchstaben schreibst.

R $(-25):(-5) + 49:7 + 77 =$

S $(-2)^2 \cdot [-65:5 + 23 \cdot (-3)] =$

O $[(-2^3 + 4^2)^2 - (-63 + 15)]:(-2) =$

H $27:(-9) - 63 \cdot 5 - 91 \cdot (-10) =$

T $93 - [-20 - 3 \cdot (74 - 12)] \cdot (-2) =$

C $(-38) \cdot (-5) + (-81:9) \cdot 5 =$

☐ ☐ ☐ ☐ ☐ ☐

Lösungswort: ____ ____ ____ ____ ____ ____

2. Setze die richtige Zahl ein. Für Nebenrechnungen benutze die Rückseite.

a) $(-18) \cdot$ ☐ $= 108$

b) $63:$ ☐ $= -9$

c) $97 -$ ☐ $= -15$

d) ☐ $: 12 = -144$

e) $-108 -$ ☐ $= 0$

f) ☐ $\cdot (-34) - = 306$

g) ☐ $- 84 = -2$

h) ☐ $: (-3) = 513$

i) $28 \cdot$ ☐ $= -224$

3. Rechne vorteilhaft.

a) $69 \cdot (-3) + 31 \cdot (-3) =$

b) $72:5 - 12:5 =$

c) $-3677:(-2) + 7:(-2) =$

4. Schreibe den richtigen Term auf und berechne ihn dann.

a) Multipliziere die Summe aus 12 und −7 mit −3. Subtrahiere davon das Produkt mit den Faktoren 3^2 und −5.

b) Dividiere das Produkt der Zahlen (−212) und (−17) durch die Summe der Zahlen 57 und −4.

Arbeitsblatt: Rechnen mit ganzen Zahlen

1. Berechne und ordne die Ergebnisse nach ihrer Größe. Beginne mit der kleinsten Zahl und trage sie in die Ungleichung ein. Das Lösungswort erhältst du, wenn du danach unter das jeweilige Ergebnis den der Aufgabe vorangestellten Buchstaben schreibst.

R $(-25):(-5) + 49:7 + 77 = 5 + 7 - 77 = 12 + 77 = \mathbf{89}$

S $(-2)^2 \cdot [-65:5 + 23 \cdot (-3)] = 4 \cdot [-13 - 69] = 4 \cdot (-82) = \mathbf{-328}$

O $[(-2^3 + 4^2)^2 - (-63 + 15)]:(-2) = [(-8 + 16]^2 - (-48)]:(-2) = [8^2 + 48] : (-2) =$
$= [64 + 48] : (-2) = 112:(-2) = \mathbf{-56}$

H $27:(-9) - 63 \cdot 5 - 91 \cdot (-10) = -3 - 315 + 910 = -318 + 910 = \mathbf{592}$

T $93 - [-20 - 3 \cdot (74 - 12)] \cdot (-2) = 93 - [-20 - 3 \cdot 62] \cdot (-2) =$
$93 - [-20 - 186] \cdot (-2) = 93 - (-206) \cdot (-2) = 93 - 412 = \mathbf{-319}$

C $(-38) \cdot (-5) + (-81:9) \cdot 5 = 190 + (-9) \cdot 5 = 190 + (-45) = \mathbf{145}$

$-328 < -319 < -56 < 89 < 145 < 592$

Lösungswort: **S T O R C H**

2. Setze die richtige Zahl ein. Für Nebenrechnungen benutze die Rückseite.

a) $(-18) \cdot \boxed{(-6)} = 108$

b) $63 : \boxed{(-7)} = -9$

c) $97 - \boxed{112} = -15$

d) $\boxed{-1728} : 12 = -144$

e) $-108 - \boxed{(-108)} = 0$

f) $\boxed{(-9)} \cdot (-34) - = 306$

g) $\boxed{82} - 84 = -2$

h) $\boxed{(-1539)} : (-3) = 513$

i) $28 \cdot \boxed{(-8)} = -224$

3. Rechne vorteilhaft.

a) $69 \cdot (-3) + 31 \cdot (-3) = (69 + 31) \cdot (-3) = 100 \cdot (-3) = -300$

b) $72:5 - 12:5 = (72 - 12):5 = 60:5 = 12$

c) $-3677:(-2) + 7:(-2) = (-3677 + 7):(-2) = (-3670):(-2) = 1835$

4. Schreibe den richtigen Term auf und berechne ihn dann.

a) Multipliziere die Summe aus 12 und −7 mit −3. Subtrahiere davon das Produkt mit den Faktoren 3^2 und −5.
$[(12) + (-7)] \cdot (-3) - 3^2 \cdot (-5) =$
$5 \cdot (-3) - 9 \cdot (-5) = -15 + 45 = 30$

b) Dividiere das Produkt der Zahlen (−212) und (−17) durch die Summe der Zahlen 57 und −4.
$(-212) \cdot (-17) : [57 + (-4)] =$
$3604 : 53 = 68$

58	$8\cdot(-3)+8\cdot(-7)$	230	$4\cdot(-8)+6\cdot(-8)$	7	$-48+20-52$	−28	$-120-29+69$
−80	$(-24-5)\cdot(-2)$	480	$25-13+46$	−77	$45-85+98$	−88	$(-29)\cdot(55-57)$
−77	$2\cdot23\cdot5$	−88	$(-9)\cdot23+19\cdot23$	58	$2\cdot(-5)\cdot(-23)\,(-1)^2$	7	$30+153+47$
7	$(-2)^2\cdot7\cdot(-1)^3$	58	$-72:2+16:2$	−80	$9\cdot7-13\cdot7$	15	$7\cdot11-7\cdot15$
−28	$104:4-44:4$	−77	$5\cdot14-5\cdot11$	230	$15\cdot5-12\cdot5$	−80	$115-51-49$
480	$(-7)\cdot(10+1)$	7	$-33-93+49$	480	$-25-27-25$	58	$-14\cdot7+3\cdot7$
15	$84:7-35:7$	−46	$7\cdot13-7\cdot12$	−28	$16\cdot7-15\cdot7$	−46	$107-51-49$
−46	$2\cdot48\cdot5$	−28	$24\cdot24-4\cdot24$	−88	$48\cdot14-48\cdot4$	−77	$490-55+45$
−88	$-156:6-120:6$	−80	$23\cdot14-23\cdot16$	15	$100:(-4)+84:(-4)$	230	$-146+55+45$
230	$(-8)\cdot(10+1)$	15	$-51+12-49$	−46	$-25-38-25$	480	$-17\cdot8+6\cdot8$

1. In welcher Einheit wird die Masse jeweils gewogen?

a) Lokomotive ________ b) Mücke ________ c) Mensch ________

d) Brief ________ e) Wal ________ f) Lineal ________

2. Schätze und miss dann das Gewicht folgender Gegenstände.

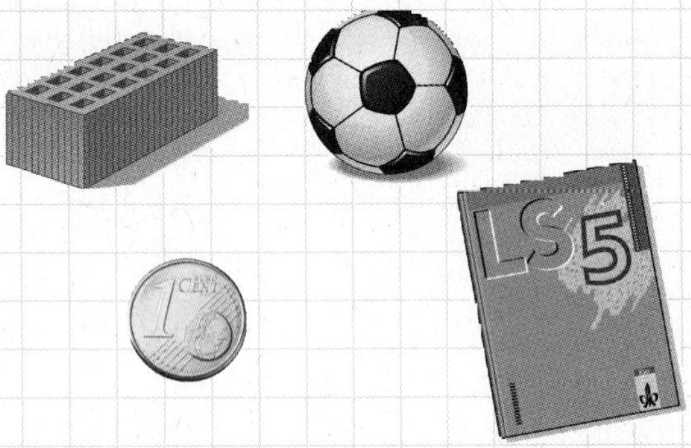

Gegenstand	Gewicht geschätzt	Gewicht gemessen
Ziegelstein		
1 ct-Stück		
Fußball		
LS-Buch		

3. Immer zwei Größen bilden ein Paar. Eine Größe fällt aus dem Rahmen. Unterstreiche jedes Paar mit einer eigenen Farbe.

a)	1,002 kg	1 kg 20 g	1002 g	1,020 kg	1,200 kg
b)	918,3 cm	9183 cm	91,83 m	9 m 183 mm	918,3 m
c)	75,430 t	7543 kg	75 t 43 kg	75,043 t	75 t 430 kg
d)	5 h 25 min	4 h 1 min 15 s	4 h 85 s	4 h 75 s	4 h 85 min

4. Ordne nach der Größe

a) 2,340 km 2,430 km 2,043 km 2,034 km 2,403 km 2,304 km

___ < ___ < ___ < ___ < ___ < ___

b) 7,314 t 7140,3 kg 7,341 t 7,431 kg 7 t 43 kg 7340 kg

___ > ___ > ___ > ___ > ___ > ___

c) 842 cm 84,26 m 842,0 dm 84 m 2 cm 84 m 120 cm 84,002 m

___ < ___ < ___ < ___ < ___ < ___

5. Schreibe mit Komma (Eine Tonne hat 1000 kg.)

a)

24673 m	24 km 73 m	246 km 7 m	24 km 3 cm	24 km 73 dm

b)

7 t 20 kg	70020 kg	7200 kg	7 t 2000 g	70202 kg

Trainingsblatt
Größen

LÖSUNG

1. In welcher Einheit wird die Masse jeweils gewogen?

a) Lokomotive t   b) Mücke mg   c) Mensch kg

d) Brief g   e) Wal t   f) Lineal g (nicht cm!)

2. Schätze und miss dann das Gewicht folgender Gegenstände.

Gegenstand	Gewicht geschätzt	Gewicht gemessen
Ziegelstein		
1 ct-Stück		
Fußball		
LS-Buch		

3. Immer zwei Größen bilden ein Paar. Eine Größe fällt aus dem Rahmen. Unterstreiche jedes Paar mit einer eigenen Farbe.

a) 1,002 kg   1 kg 20 g   1002 g   1,020 kg   ~~1,200 kg~~

b) 918,3 cm   9183 cm   91,83 m   9 m 183 mm   ~~918,3 m~~

c) 75,430 t   ~~7543 kg~~   75 t 43 kg   75,043 t   75 t 430 kg

d) 5 h 25 min   4 h 1 min 15 s   ~~4 h 85 s~~   4 h 75 s   4 h 85 min

4. Ordne nach der Größe

a) 2,340 km   2,430 km   2,043 km   2,034 km   2,403 km   2,304 km
2,034 km < 2,043 km < 2,304 km < 2,340 km < 2,403 km < 2,430 km

b) 7,314 t   7140,3 kg   7,341 t   7,431 kg   7 t 43 kg   7340 kg
7,341 t > 7340 kg > 7,314 t > 7140,3 kg > 7,043 t > 7,431 kg

c) 842 cm   84,26 m   842,0 dm   84 m 2 cm   84 m 120 cm   84,002 m
842 cm < 84,002 m < 84 m 2 cm < 842,0 dm < 84,26 m < 84 m 120 cm

5. Schreibe mit Komma (Eine Tonne hat 1000 kg.)

a)

24673 m	24 km 73 m	246 km 7 m	24 km 3 cm	24 km 73 dm
24,673 km	24,073 km	246,007 km	24,00003 km	24,0073 km

b)

7 t 20 kg	70020 kg	7200 kg	7 t 2000 g	70202 kg
7,02 t	70,02 t	7,2 t	7,002 t	70,202 t

Arbeitsblatt: Zeitdauern und Zeitpunkte

1. Erläutere den Unterschied zwischen Zeitdauern und Zeitpunkten und gib jeweils ein Beispiel an.

2. Ergänze die Tabelle.

Holzkirchen Abfahrt	Fahrtdauer	München Ankunft	Umstiegzeit	Abfahrt	Fahrtdauer	Nürnberg Ankunft	Gesamtdauer
11.33 Uhr		12.18 Uhr	0:14 h			14.24 Uhr	
			0:22 h	12.48 Uhr		14.27 Uhr	2:27 h
13.00 Uhr	0:26 h			13.41 Uhr			2:29 h
	0:28 h	14.28 Uhr		14.48 Uhr	1:40 h		
		16.18 Uhr			1:52 h	18.24 Uhr	2:51 h

3. Im Stadtrat wird darüber diskutiert, wann die Busse von Linie 1 und Linie 2 vom Maxplatz abfahren sollen.

a) Linie 1 soll alle 20 min abfahren. Gib alle weiteren Abfahrtszeiten zwischen 8.00 Uhr und 10.00 Uhr an:
Linie 1 – Abfahrt: 8.05/ /...

b) Linie 2 könnte alle 12 min oder alle 15 min fahren. Gib die möglichen Abfahrtszeiten bis 10.00 Uhr an:
Linie 2 – alle 12 min: 8.09/ /...

Linie 2 – alle 15 min: 8.09/ /...

c) In welchem Fall und zu welchen Zeiten fahren Linie 1 und Linie 2 gleichzeitig ab?

4.

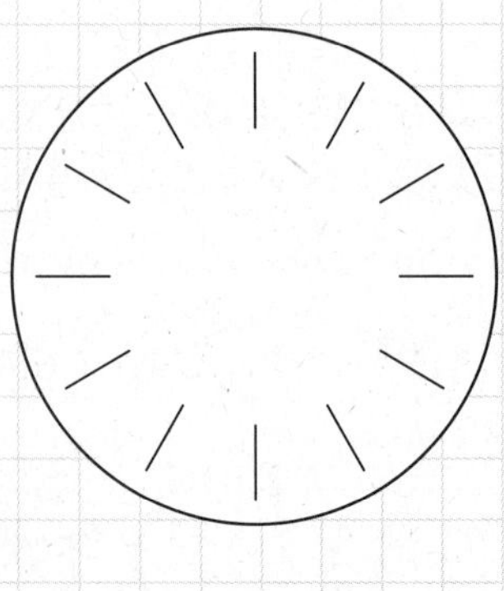

a) Wie viel Uhr kann es sein, wenn der große Zeiger auf einen der 12 Striche zeigt, und der kleine auf dem großen Zeiger senkrecht steht? Zeichne!

b) Wie viel Zeit ist vergangen, wenn der kleine Zeiger einen Winkel von 120° zurückgelegt hat?

Arbeitsblatt: Zeitdauern und Zeitpunkte

1. Erläutere den Unterschied zwischen Zeitdauern und Zeitpunkten und gib jeweils ein Beispiel an.
Zeitdauern geben die Länge eines Zeitraumes an; z. B. dauert die Bearbeitung diese Arbeitsblattes bestimmt länger als 10 min.
Mit Zeitpunkten wird eine bestimmte Uhrzeit am Tag bestimmt; z. B. verabredet man sich um 15.00 Uhr am Freibadeingang.

2. Ergänze die Tabelle.

Holzkirchen Abfahrt	Fahrtdauer	München Ankunft	Umstiegzeit	Abfahrt	Fahrtdauer	Nürnberg Ankunft	Gesamtdauer
11.33 Uhr	0:45 h	12.18 Uhr	0:14 h	12.32 Uhr	1:52 h	14.24 Uhr	2:51 h
12.00 Uhr	0:26 h	12.26 Uhr	0:22 h	12.48 Uhr	1:39 h	14.27 Uhr	2:27 h
13.00 Uhr	0:26 h	13.26 Uhr	0:15 h	13.41 Uhr	1:48 h	15.29 Uhr	2:29 h
14.00 Uhr	0:28 h	14.28 Uhr	0:20 h	14.48 Uhr	1:40 h	16.28 Uhr	2:28 h
15.33 Uhr	0:45 h	16.18 Uhr	0:14 h	16.32 Uhr	1:52 h	18.24 Uhr	2:51 h

3. Im Stadtrat wird darüber diskutiert, wann die Busse von Linie 1 und Linie 2 vom Maxplatz abfahren sollen.

a) Linie 1 soll alle 20 min abfahren. Gib alle weiteren Abfahrtszeiten zwischen 8.00 Uhr und 10.00 Uhr an:
Linie 1 – Abfahrt: 8.05 / 8.25 / 8.45 / 9.05 / 9.25 / 9.45 Uhr

b) Linie 2 könnte alle 12 min oder alle 15 min fahren. Gib die möglichen Abfahrtszeiten bis 10.00 Uhr an:
Linie 2 – alle 12 min: 8.09 / 8.21 / 8.33 / 8.45 / 8.57 / 9.09 / 9.21 / 9.33 / 9.45 / 9.57 Uhr

Linie 2 – alle 15 min: 8.09 / 8.24 / 8.39 / 8.54 / 9.09 / 9.24 / 9.39 / 9.54 Uhr

c) In welchem Fall und zu welchen Zeiten fahren Linie 1 und Linie 2 gleichzeitig ab?
gleichzeitig: Linie 2 im 12 min-Takt um 8.45 Uhr und 9.45 Uhr

4.

a) Wie viel Uhr kann es sein, wenn der große Zeiger auf einen der 12 Striche zeigt, und der kleine auf dem großen Zeiger senkrecht steht? Zeichne! 3 Uhr, 9 Uhr, 15 Uhr oder 21 Uhr

b) Wie viel Zeit ist vergangen, wenn der kleine Zeiger einen Winkel von 120° zurückgelegt hat?
4 Stunden

1. Gib das Ergebnis in der in Klammern angegebenen Einheit an:

a) 2 h 17 min – 1 h 45 min = (min)

b) 12 t 380 g – 8,05 t = (t)

c) (27 m + 35 dm) · 2 – (1 km : 250 + 16 dm) : 4 = (m)

d) 6 kg 24 g : 5 + 13 kg 176 g : 5 = (kg)

e) 2 d 18 h : 2 – 3 · 7 h 20 min = (h)

2. Überschlage zunächst und berechne dann:

a) 34,8 kg · 13 ≈

Rechnung:

b) 1213,8 t : 42 kg ≈

Rechnung:

c) 94,5 km : 420 m ≈

Rechnung:

d) 1848,60 € : 195 ct ≈

Rechnung:

3. In jedem Päckchen passt jeweils ein Resultat nicht zu den übrigen. Unterstreiche dieses.

a) 320,32 m – 230,23 m =

430,43 m – 340,34 m =

540,54 m – 450,45 m =

650,65 m – 500,56 m =

760,76 m – 670,67 m =

870,87 m – 780,78 m =

b) 19,652 kg + 23,471 kg =

29,553 kg + 23,671 kg =

39,454 kg + 23,871 kg =

49,355 kg + 24,071 kg =

59,256 kg + 23,871 kg =

69,157 kg + 24,471 kg =

1. Gib das Ergebnis in der in Klammern angegebenen Einheit an:

a) 2 h 17 min – 1 h 45 min = (min)   137 min – 105 min = 32 min

b) 12 t 380 g – 8,05 t = (t)   12 t 380 g – 8 t 50 kg = 4 t 330 kg = 4,33 t

c) (27 m + 35 dm) · 2 – (1 km : 250 + 16 dm) : 4 = (m)
= (270 dm + 35 dm) · 2 – (10 000 dm : 250 + 16 dm) : 4 =
= 305 dm · 2 – (40 dm + 16 dm) : 4 = 610 dm – 56 dm : 4 =
= 610 dm – 14 dm = 596 dm = 59,6 m

d) 6 kg 24 g : 5 + 13 kg 176 g : 5 = (kg)   6024 g : 5 + 13 176 g : 5 =
= (6024 g + 13 176 g) : 5 = 19 200 g : 5 = 3840 g = 3,840 kg

e) 2 d 18 h : 2 – 3 · 7 h 20 min = (h)   66 h : 2 – 3 · 7 h 20 min = 33 h – 22 h = 11 h

2. Überschlage zunächst und berechne dann:

a) 34,8 kg · 13 ≈   50 kg · 10 = 500 kg

Rechnung: 34 800 g · 13 = (34 800 · 13) g = 452 400 g = 452,4 kg

b) 1213,8 t : 42 kg ≈   1 200 000 kg : 40 kg = 30 000

Rechnung: 1 213 800 kg : 42 kg = 1 213 800 : 42 = 28 900

c) 94,5 km : 420 m ≈   80 km : 400 m = 200

Rechnung: 94 500 m : 420 m = 225

d) 1848,60 € : 195 ct ≈   2000 € : 2 € = 1000

Rechnung: 184 860 ct : 195 ct = 948

3. In jedem Päckchen passt jeweils ein Resultat nicht zu den übrigen. Unterstreiche dieses.

a)

320,32 m – 230,23 m =	90,09 m
430,43 m – 340,34 m =	90,09 m
540,54 m – 450,45 m =	90,09 m
650,65 m – 500,56 m =	<u>150,09 m</u>
760,76 m – 670,67 m =	90,09 m
870,87 m – 780,78 m =	90,09 m

b)

19,652 kg + 23,471 kg =	43,123 kg
29,553 kg + 23,671 kg =	53,224 kg
39,454 kg + 23,871 kg =	63,325 kg
49,355 kg + 24,071 kg =	73,426 kg
59,256 kg + 23,871 kg =	<u>83,127 kg</u>
69,157 kg + 24,471 kg =	93,628 kg

1. Auf einem Lastwagen, der höchstens mit 10 t beladen werden darf, stehen bereits 9 Kisten mit je 490 kg.
Wie viele Kisten von 210 kg dürfen noch zugeladen werden?

2. Frau Kaiser geht mit einem 20 €-Schein zum Einkaufen. Sie kauft 3 Flaschen Apfelsaft zu je 0,95 €, 8 Päckchen Mehl zu je 1,05 € und 4 kg Zucker zu je 89 Cent.
Wie viel Geld bleibt übrig?

3. Thomas und Florian planen eine eintägige Radtour. Thomas schlägt eine Route vor, die auf einer Karte mit dem Maßstab 1 : 150 000 eine Länge von 42 cm hat.
a) Wie weit ist die Strecke in Wirklichkeit?
b) Florian will höchstens 54 km fahren. Wie viele Zentimeter sind dies auf der Karte?

4. Wegen Geschäftsaufgabe wird ein Computer für 248 € verkauft. Das Geschäft, das dieses Gerät für 280 € eingekauft hat, macht bei diesem Angebot einen Verlust von 53 €.
a) Wie hoch waren die Geschäftskosten?
b) Was kostete dieser Computer vor dem Räumungsverkauf, wenn das Geschäft ursprünglich einen Gewinn von 98 € erzielen wollte?

5. Eine Modelleisenbahn ist im Maßstab 1 : 90 gebaut worden.
a) Wie lang ist ein Wagen in Wirklichkeit, wenn er im Modell 18 cm lang ist?
b) Wie groß muss ein Mensch im Modell dargestellt werden, der in Wirklichkeit 1,71 m ist?

6. Ein Fallschirmspringer springt in 950 m Höhe aus dem Flugzeug. Nach 13 Sekunden freiem Fall öffnet er den Fallschirm. Er fällt dann in jeder Sekunde 5 Meter.
95 Sekunden nach dem Absprung landet er.
Wie weit ist der Fallschirmspringer mit geschlossenem Fallschirm gefallen?

1. Wie viele kg können noch zugeladen werden?
10 t – (490 kg · 9) = 10 t – 4410 kg = 10 000 kg – 4410 kg = 5590 kg

Wie viele Kisten sind dies?
5590 kg : 210 kg = 5590 : 210 = 26 R 130

oder mit Gesamtterm: [10 t – (490 kg · 9)] : 210 kg

Antwort: Es dürfen noch 26 Kisten zugeladen werden.

2. Gesamtterm: 20 € – (3 · 0,95 € + 8 · 1,05 € + 4 · 89 ct) =
= 2000 ct – (3 · 95 ct + 8 · 1,05 ct + 4 · 89 ct) =
= 2000 ct – (285 ct + 840 ct + 356 ct) =
= 2000 ct – 1481 ct = 519 ct = 5,19 €

Antwort: Es bleiben 5,19 € übrig.

3. a) 42 cm · 150 000 = 6 300 000 cm = 63 km

Antwort: Die Strecke ist in Wirklichkeit 63 km lang.

b) 5 400 000 cm: 150 000 = 540 cm : 15 = 36 cm

Antwort: Es sind 36 cm auf der Karte.

4. a) (248 € + 53 €) – 280 € = 301 € – 280 € = 21 €.

Antwort: Die Geschäftskosten betrugen 21 €.

b) 1. Möglichkeit: 280 € + 98 € + 21 € = 399 €
2. Möglichkeit: (53 € + 98 €) + 248 € = 399 €

Antwort: Der Computer kostete zuvor 399 €.

5. a) 18 cm · 90 = 1620 cm = 16,2 m

Antwort: Der Wagen ist in Wirklichkeit 16,2 m lang.

b) 1710 mm : 90 = 19 mm

Antwort: Der Mensch muss im Modell 19 mm groß sein.

6. Wie weit flog der Fallschirmspringer mit geöffnetem Fallschirm?
95 s – 13 s = 82 s 82 · 5 s = 410 m

Wie weit fiel er mit geschlossenem Fallschirm?
950 m – 410 m = 540 m

Antwort: Er fiel 540 m mit geschlossenem Fallschirm.

An den schwarzen Linien ausschneiden, mischen und zu einer Dominoschlange legen.

8 km 7 dm	43 kg 7000 g	50 kg	630 min
10 h 30 min	6 h 3 min 10 s	21 790 s	$5\frac{3}{4}$ m
57,5 dm	43,7 kg	43 700 g	82,5 m
81 m 15 dm	8,07 km	8 km 70 m	4,37 t
4 t 370 kg	59 m 14 dm	60,4 m	5,75 dm
5 dm 7 cm 5 mm	14 h 60 min	15 h	8,025 m
8 m 2 cm 5 mm	85,01 t	85 t 10 kg	8,0007 km
80 007 dm	5,75 m	57 dm 50 mm	1 d 20 min
1460 min	$82\frac{1}{2}$ m	8250 cm	8 t 51 kg
8051 kg	2 d 15 h	63 h	8 km 700 dm
8070 m	4037 kg	4 t 37 kg	$57\frac{1}{2}$ cm
$5\frac{3}{4}$ dm	23 h 90 min	1 d 30 min	8510 kg
8,51 t	6000,4 t	600 m 40 mm	2420 min
4 h 20 min	80 dm 1 cm 15 mm	$802\frac{1}{2}$ cm	800 070 cm

(1)

(2)

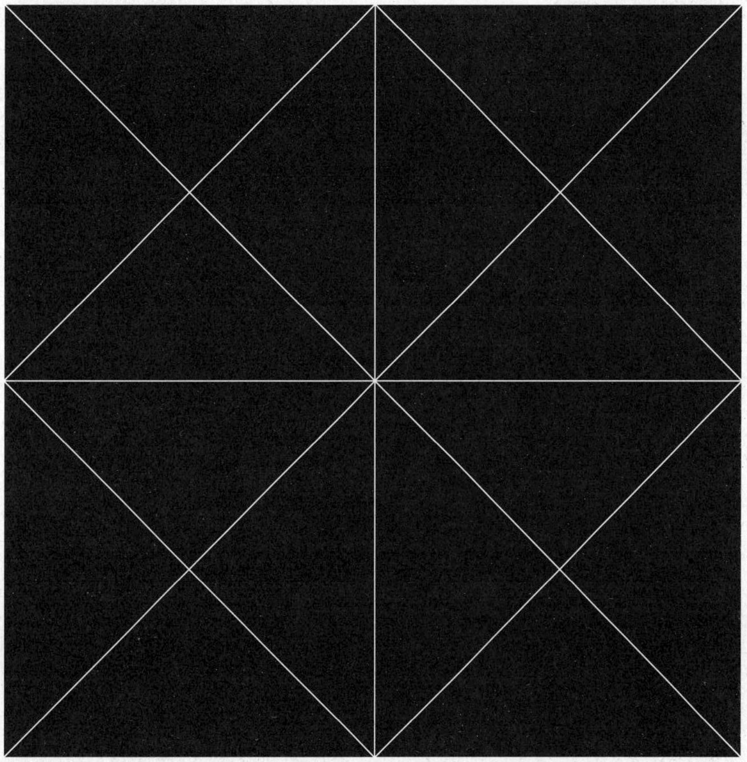

Tangram – Legevorlagen

!Top Secret!

Spielregeln: Bestimme die Flächeninhalte durch Auszählen der Kästchen. Die Anzahl der Kästchen einer Fläche gibt an, der wievielte Buchstabe im ABC genommen werden soll. Finde den Lösungssatz.
Beispiel:
1. Fläche: 4 Kästchen → 4. Buchstabe im Alphabet = D

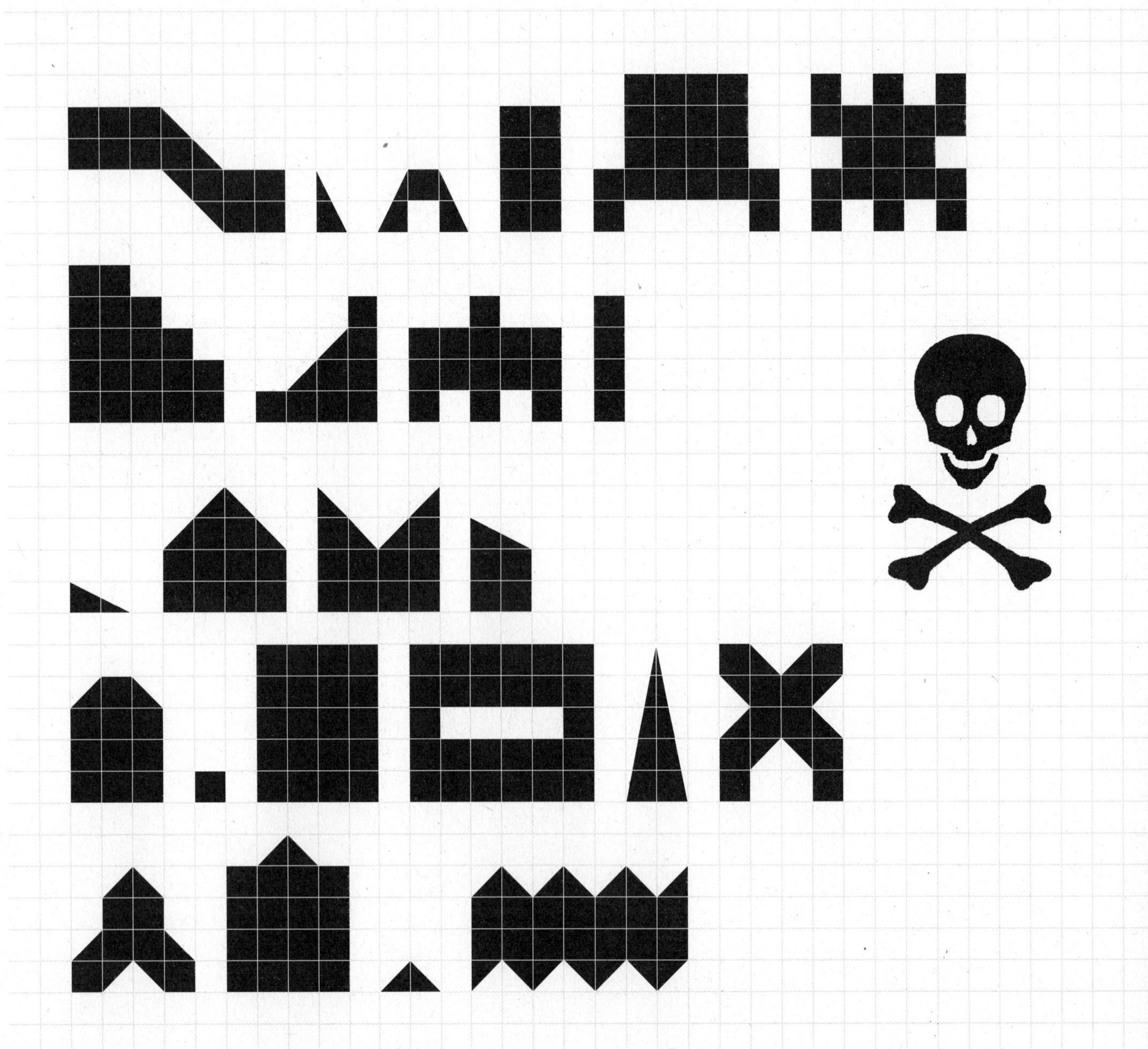

Lösungssatz: N ....

Quadratdezimeter und Quadratzentimeter

Damit die Schüler selbst mit Quadratdezimetern und Quadratzentimetern arbeiten können, wäre es sinnvoll, ihnen diese Flächeneinheiten (zum Zerschneiden) in die Hand zu geben.

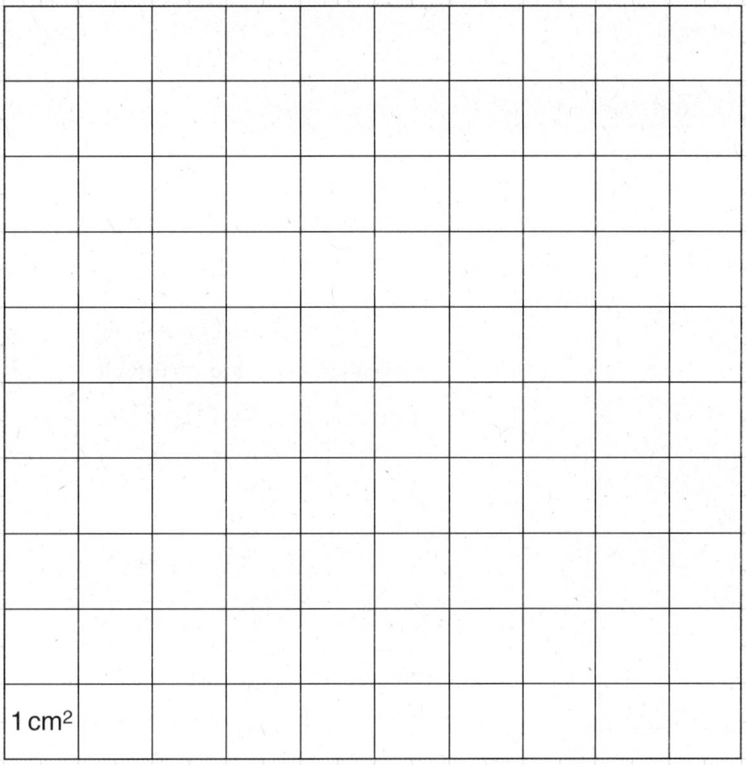

1. Gib in den Einheiten an, die in Klammern stehen:

a) $27\,m^2$ (dm^2, a) =

b) 431,5 ha (a, m^2) =

c) $18{,}93\,dm^2$ (mm^2, m^2) =

d) $2367\,mm^2$ (dm^2, m^2) =

2. Runde auf die Einheit, die in Klammern steht:

a) $431{,}2\,m^2$ (a) ≈

b) $319\,a\,415\,m^2$ (ha) ≈

c) $364\,km^2$ 13 a(km^2) ≈

d) $999\,dm^2\;7\,cm^2$ (m^2) ≈

e) $99\,dm^2\;87\,cm^2$ (m^2) ≈

f) $145\,a\;598\,m^2$ (ha) ≈

3. Schätze die Größe der Fläche. Streiche die falschen Angaben durch.

a) Postkarte	b) Teppich	c) Schulhof	d) Briefmarke
$1{,}5\,m^2$	$6\,m^2$	$8\,km^2$	$600\,mm^2$
$150\,cm^2$	6 a	$800\,m^2$	$60\,cm^2$
$15\,dm^2$	$60\,cm^2$	$8000\,dm^2$	$6\,dm^2$

4. Immer zwei Paare gehören zusammen und eine Zahl fällt aus dem Rahmen. Unterstreiche jedes Paar mit einer eigenen Farbe.

a) $67\,m^2\;5\,dm^2$ / $66\,m^2\;50\,cm^2$ / $66{,}50\,m^2$ / $66\,m^2\;105\,dm^2$ / $66{,}005\,m^2$

b) $3{,}0412\,dm^2$ / $304\,dm^2\;12\,cm^2$ / $3\,dm^2\;412\,mm^2$ / $34\,dm^2\;12\,cm^2$ / $3\,m^2\;4\,dm^2\;12\,cm^2$

c) 15 ha $1\,m^2$ / 1,0515 ha / 1 ha $515\,m^2$ / $0{,}15001\,km^2$ / 151 a $1\,m^2$

d) $60051\,cm^2$ / $6\,m^2\;51\,cm^2$ / $600\,dm^2\;5\,cm^2$ / $60\,m^2\;5\,dm^2$ / $6{,}0005\,m^2$

5. Berechne:

a) $3{,}4\,m^2 + 206\,dm^2 =$

b) $27\,a + 1{,}42\,ha - 2300\,m^2 =$

c) $(63\,cm^2 : 3) + 50\,dm^2 =$

d) $214\,dm^2 : 2 - 6400\,cm^2 : 2 =$

e) $35\,a + 36\,a : 6 =$

f) $418\,mm^2 : 2\,mm^2 + 1\,cm^2 : 4\,mm^2 =$

1. Gib in den Einheiten an, die in Klammern stehen:

a) $27\,\text{m}^2$ (dm^2, a) = $2700\,\text{dm}^2 = 0{,}27\,\text{a}$

b) $431{,}5\,\text{ha}$ (a, m^2) = $43150\,\text{a} = 4\,315\,000\,\text{m}^2$

c) $18{,}93\,\text{dm}^2$ (mm^2, m^2) = $189\,300\,\text{mm}^2 = 0{,}1893\,\text{m}^2$

d) $2367\,\text{mm}^2$ (dm^2, m^2) = $0{,}2367\,\text{dm}^2 = 0{,}002367\,\text{m}^2$

2. Runde auf die Einheit, die in Klammern steht:

a) $431{,}2\,\text{m}^2$ (a) ≈ 4 a

b) $319\,\text{a}\ 415\,\text{m}^2$ (ha) ≈ 3 ha

c) $364\,\text{km}^2\ 13\,\text{a}$ (km^2) ≈ $364\,\text{km}^2$

d) $999\,\text{dm}^2\ 7\,\text{cm}^2$ (m^2) ≈ $10\,\text{m}^2$

e) $99\,\text{dm}^2\ 87\,\text{cm}^2$ (m^2) ≈ $1\,\text{m}^2$

f) $145\,\text{a}\ 598\,\text{m}^2$ (ha) ≈ 2 ha

3. Schätze die Größe der Fläche. Streiche die falschen Angaben durch.

a) Postkarte	b) Teppich	c) Schulhof	d) Briefmarke
~~$1{,}5\,\text{m}^2$~~	$6\,\text{m}^2$	~~$8\,\text{km}^2$~~	$600\,\text{mm}^2$
$150\,\text{cm}^2$	~~6 a~~	$800\,\text{m}^2$	~~$60\,\text{cm}^2$~~
~~$15\,\text{dm}^2$~~	~~$60\,\text{cm}^2$~~	~~$8000\,\text{dm}^2$~~	~~$6\,\text{dm}^2$~~

4. Immer zwei Paare gehören zusammen und eine Zahl fällt aus dem Rahmen.
Unterstreiche jedes Paar mit einer eigenen Farbe.

a) $67\,\text{m}^2\ 5\,\text{dm}^2$ / $66\,\text{m}^2\ 50\,\text{cm}^2$ / ~~$66{,}50\,\text{m}^2$~~ / $66\,\text{m}^2\ 105\,\text{dm}^2$ / $66{,}005\,\text{m}^2$

b) $3{,}0412\,\text{dm}^2$ / $304\,\text{dm}^2\ 12\,\text{cm}^2$ / $3\,\text{dm}^2\ 412\,\text{mm}^2$ / ~~$34\,\text{dm}^2\ 12\,\text{cm}^2$~~ / $3\,\text{m}^2\ 4\,\text{dm}^2\ 12\,\text{cm}^2$

c) $15\,\text{ha}\ 1\,\text{m}^2$ / $1{,}0515\,\text{ha}$ / $1\,\text{ha}\ 515\,\text{m}^2$ / $0{,}15001\,\text{km}^2$ / ~~$151\,\text{a}\ 1\,\text{m}^2$~~

d) $60051\,\text{cm}^2$ / $6\,\text{m}^2\ 51\,\text{cm}^2$ / $600\,\text{dm}^2\ 5\,\text{cm}^2$ / ~~$60\,\text{m}^2\ 5\,\text{dm}^2$~~ / $6{,}0005\,\text{m}^2$

5. Berechne:

a) $3{,}4\,\text{m}^2 + 206\,\text{dm}^2 = 340\,\text{dm}^2 + 206\,\text{dm}^2 = 546\,\text{dm}^2$

b) $27\,\text{a} + 1{,}42\,\text{ha} - 2300\,\text{m}^2 = 2700\,\text{m}^2 + 14\,200\,\text{m}^2 - 2300\,\text{m}^2 = 14\,600\,\text{dm}^2$

c) $(63\,\text{cm}^2 : 3) + 50\,\text{dm}^2 = 21\,\text{cm}^2 + 5000\,\text{cm}^2 = 5021\,\text{cm}^2$

d) $214\,\text{dm}^2 : 2 - 6400\,\text{cm}^2 : 2 = 107\,\text{dm}^2 - 32\,\text{dm}^2 = 75\,\text{dm}^2$

e) $35\,\text{a} + 36\,\text{a} : 6 = 35\,\text{a} + 6\,\text{a} = 41\,\text{a}$

f) $418\,\text{mm}^2 : 2\,\text{mm}^2 + 1\,\text{cm}^2 : 4\,\text{mm}^2 = 209 + 25 = 234$

Miss zuerst die Seitenlängen a und b der Rechtecke. Lege die Rechtecke mit cm-Quadraten aus und bestimme so deren Flächeninhalt A.

a) 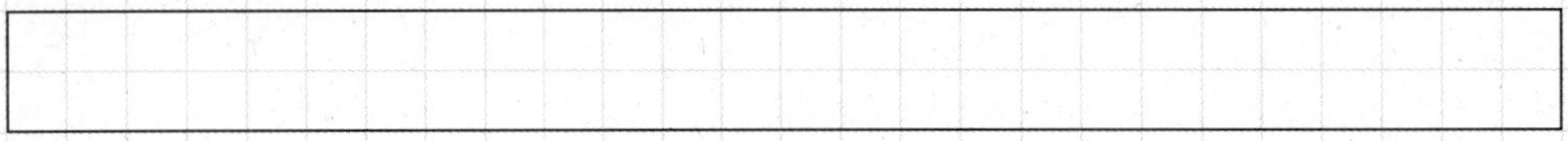

a =

b =

A =

b) 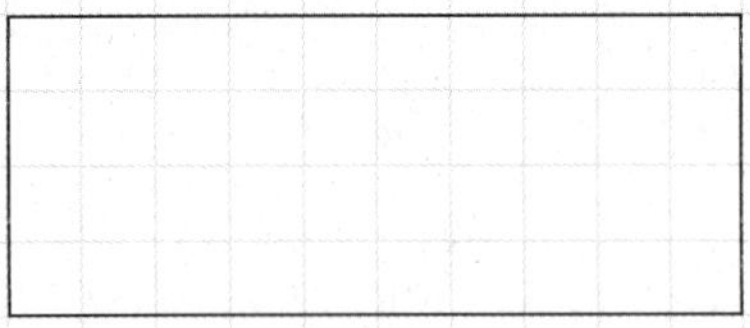

a =

b =

A =

c) 

a =

b =

A =

d) 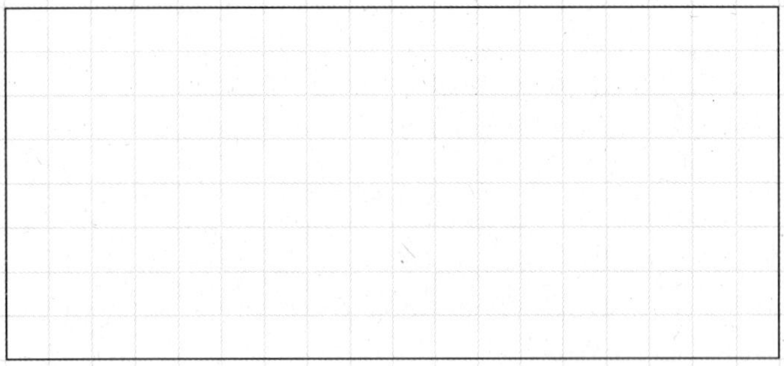

a =

b =

A =

e) 

a =

b =

A =

f) 

a =

b =

A =

Arbeitsblatt: Flächeninhalt des Rechtecks

Miss zuerst die Seitenlängen a und b der Rechtecke. Lege die Rechtecke mit cm-Quadraten aus und bestimme so deren Flächeninhalt A.

a) 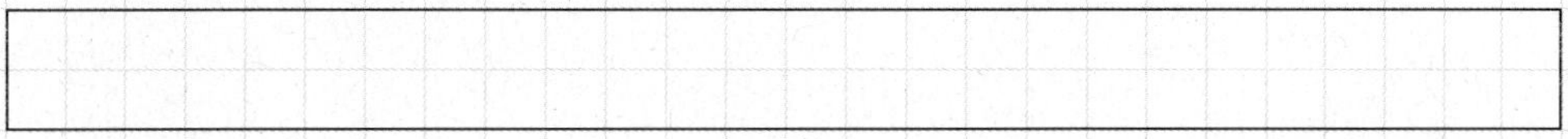

a = 13 cm

b = 1 cm

A = 13 cm²

b) 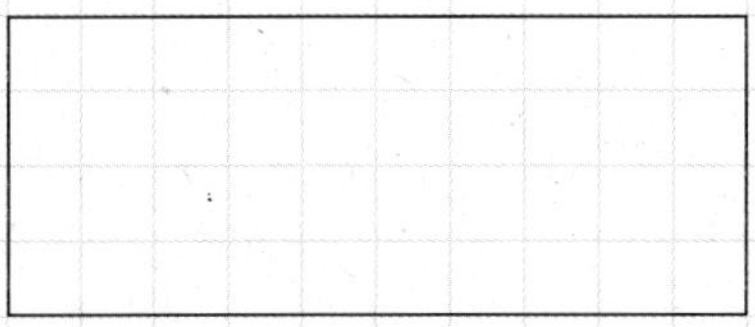

a = 5 cm

b = 2 cm

A = 10 cm²

c) 

a = 4 cm

b = 4 cm

A = 16 cm²

d) 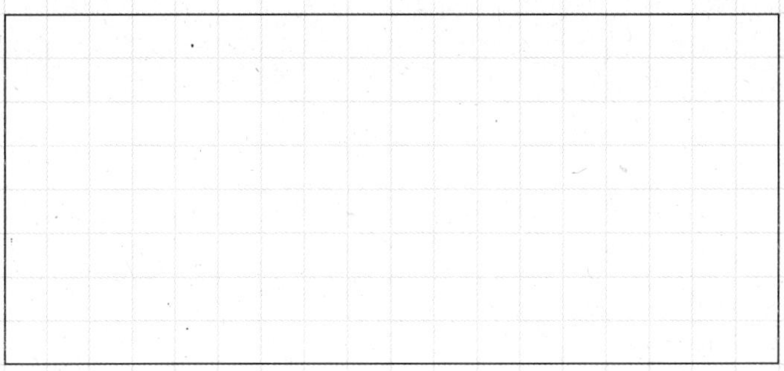

a = 9 cm

b = 4 cm

A = 36 cm²

e) 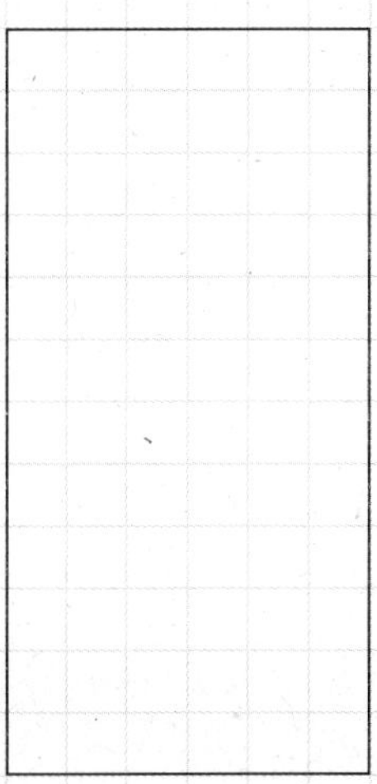

a = 3 cm

b = 6 cm

A = 18 cm²

f) 

a = 7 cm

b = 7 cm

A = 49 cm²

Trainingsblatt
Flächeninhalt des Rechtecks

1. Miss die Seitenlängen der folgenden Rechtecke und berechne anschließend ihren Flächeninhalt.

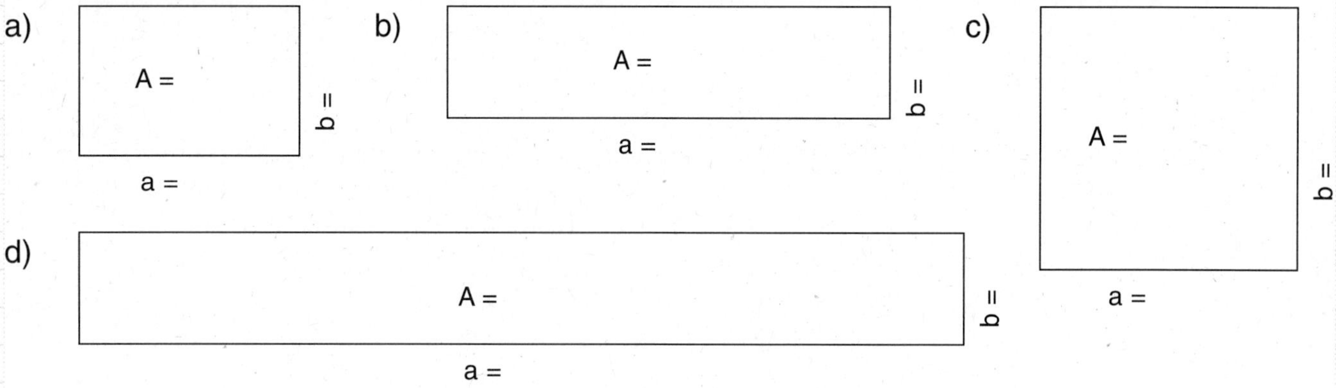

2. Verschiedene Rechtecke haben die Fläche 48 dm^2. Welche Seitenlängen können diese Rechtecke haben? Setze in die Tabelle ein.

A (dm^2)	48	48	48	48	48	48	48	48	48	48
l (dm)										
b (dm)										

3. Berechne für die Rechtecke die fehlenden Größen.

	a)	b)	c)	d)	e)
Länge	8 cm	4 cm			6 m
Breite	12 cm		5 cm	25 mm	
Flächeninhalt			20 cm^2		36 m^2
Umfang		20 cm		110 mm	

4. a) Welche Seitenlänge hat ein Quadrat mit dem Flächeninhalt 196 dm^2.

Antwort:

b) Ein Rechteck ist fünfmal so lang wie breit; seine Fläche beträgt 605 cm^2. Welche Länge und Breite hat es?

Antwort:

LÖSUNG

1. Miss die Seitenlängen der folgenden Rechtecke und berechne anschließend ihren Flächeninhalt.

a)
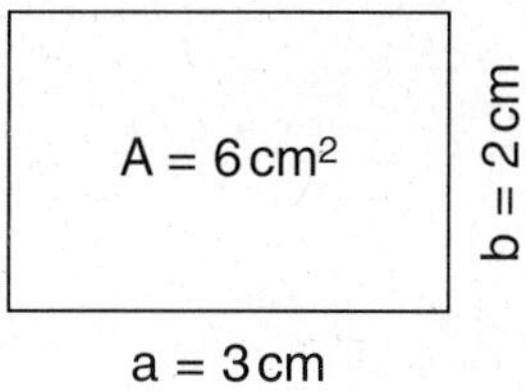

b)
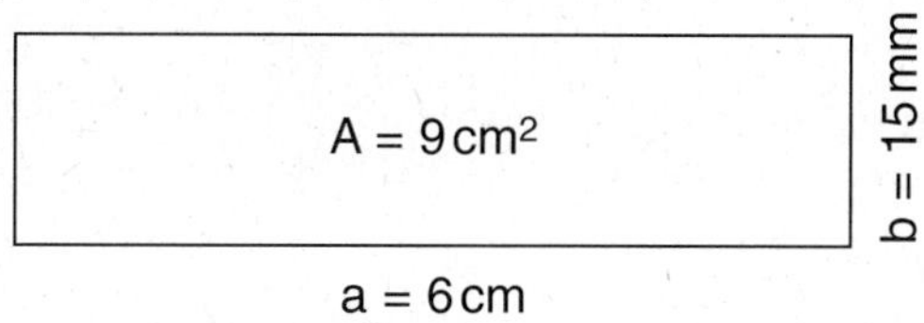

c)
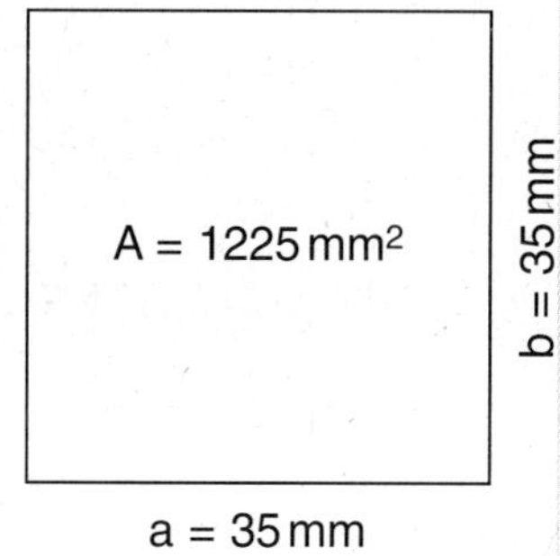

d)
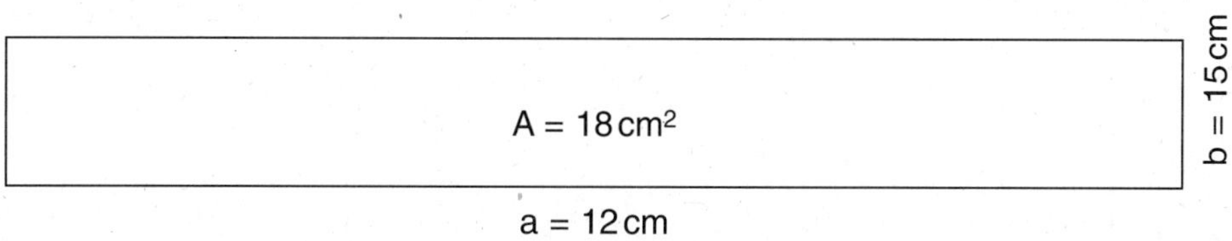

2. Verschiedene Rechtecke haben die Fläche 48 dm². Welche Seitenlängen können diese Rechtecke haben? Setze in die Tabelle ein.

A (dm²)	48	48	48	48	48	48	48	48	48	48
l (dm)	1	2	3	4	6	8	12	16	24	48
b (dm)	48	24	16	12	8	6	4	3	2	1

3. Berechne für die Rechtecke die fehlenden Größen.

	a)	b)	c)	d)	e)
Länge	8 cm	4 cm	4 cm	30 mm	6 m
Breite	12 cm	6 cm	5 cm	25 mm	6 m
Flächeninhalt	96 cm²	24 cm²	20 cm²	750 mm²	36 m²
Umfang	40 cm	20 cm	18 cm	110 mm	24 m

4. a) Welche Seitenlänge hat ein Quadrat mit dem Flächeninhalt 196 dm².

$14\,dm \cdot 14\,dm = 196\,dm^2$

Antwort: Das Quadrat hat eine Seitenlänge von 14 dm.

b) Ein Rechteck ist fünfmal so lang wie breit; seine Fläche beträgt 605 cm². Welche Länge und Breite hat es?

Skizze:
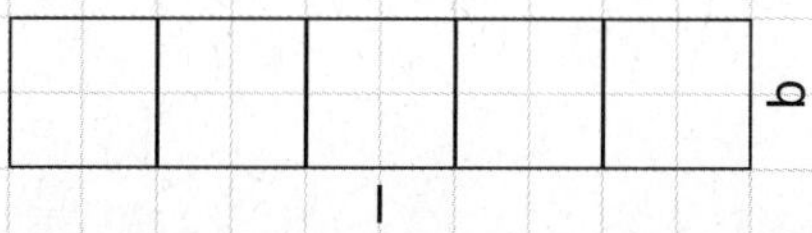

$605\,cm^2 : 5 = 121\,cm^2$
$11\,cm \cdot 11\,cm = 121\,cm^2$
$5 \cdot 11\,cm = 55\,cm$

Antwort: Das Rechteck ist 55 cm lang und 11 cm breit.

Malen nach Zahlen: Flächeninhalt und Umfang des Rechtecks

Bestimme die fehlenden Größen der einzelnen Rechtecke und färbe die entsprechende Fläche in der Zeichnung.
Der Pfeil gibt jeweils an, wie du dein Ergebnis in den nächsten Kasten übertragen sollst.

a Länge
b Breite
U Umfang
A Flächeninhalt

START

a = 8 cm
b = 3 cm
A = ☐

A = ☐
a = 6 cm
b = ☐

b = ☐
a = 12 cm
U = ☐

U = ☐
b = 7 cm
a = ☐

a = ☐
b = 5 cm
U = ☐

U = ☐
a = 8 cm
b = ☐

b = ☐
a = 5 cm
A = ☐

A = ☐
b = 2 cm
a = ☐

a = ☐
b = 2 cm
U = ☐

U = ☐
a = 9 cm
b = ☐

b = ☐
a = 12 cm
A = ☐

A = ☐
b = 6 cm
a = ☐

a = ☐
A = 48 cm²
U = ☐

U = ☐
a = 13 cm
A = ☐

ZIEL

Wer hat sich
im Zahlengewirr versteckt?

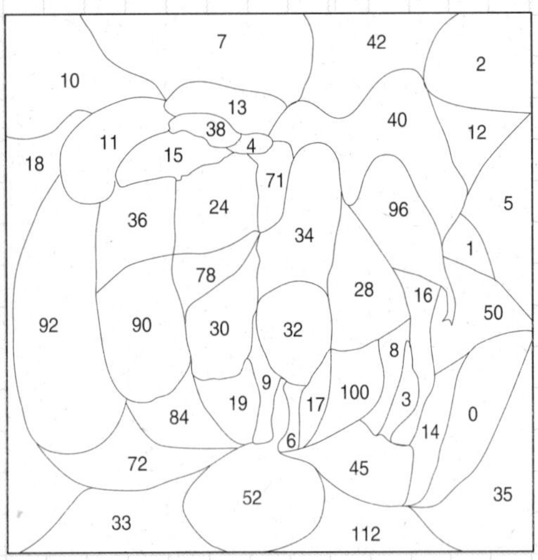

Malen nach Zahlen: Flächeninhalt und Umfang des Rechtecks

START

a = 8 cm
b = 3 cm
A = 24 cm²

A = 24 cm²
a = 6 cm
b = 4 cm

b = 4 cm
a = 12 cm
U = 32 cm

U = 32 cm
b = 7 cm
a = 9 cm

a = 9 cm
b = 5 cm
U = 28 cm

U = 28 cm
a = 8 cm
b = 6 cm

b = 6 cm
a = 5 cm
A = 30 cm²

A = 30 cm²
b = 2 cm
a = 15 cm

a = 15 cm
b = 2 cm
U = 34 cm

U = 34 cm
a = 9 cm
b = 8 cm

b = 8 cm
a = 12 cm
A = 96 cm²

A = 96 cm²
b = 6 cm
a = 16 cm

a = 16 cm
A = 48 cm²
U = 38 cm

U = 38 cm
a = 13 cm
A = 78 cm²

ZIEL

a Länge
b Breite
U Umfang
A Flächeninhalt

Wer hat sich
im Zahlengewirr versteckt?

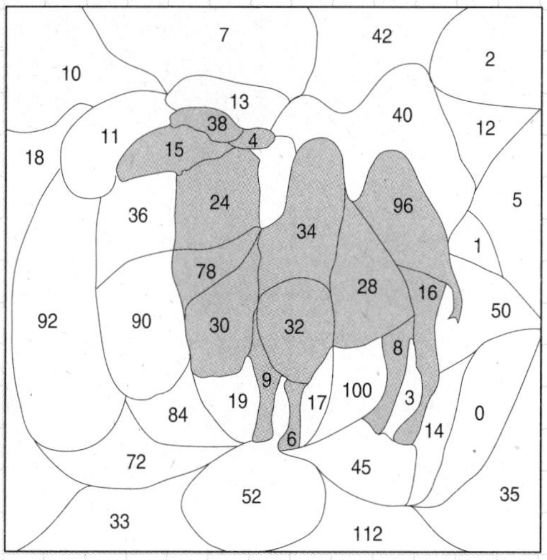

RECHTECKS-QUARTETT

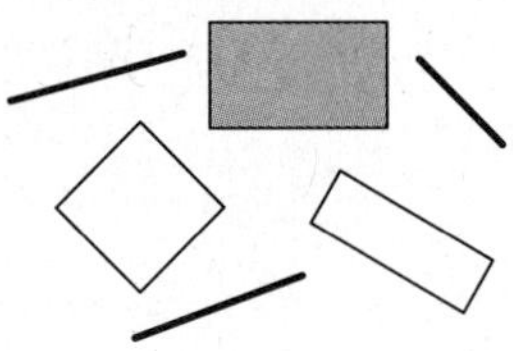

Seitenlänge: 6 cm
Umfang: 20 cm

RECHTECKS-QUARTETT

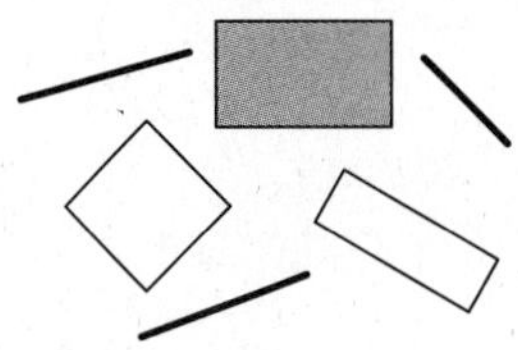

Seitenlänge: 4 cm
Flächeninhalt: 24 cm²

RECHTECKS-QUARTETT

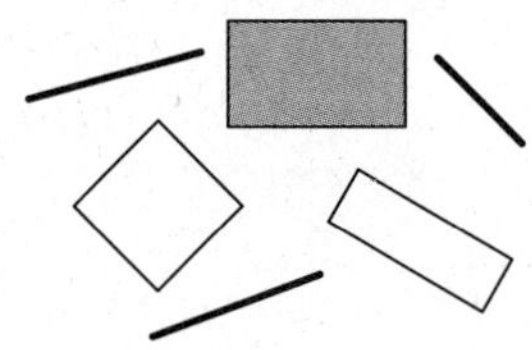

Flächeninhalt: 24 cm²
Seitenlänge: 6 cm

RECHTECKS-QUARTETT

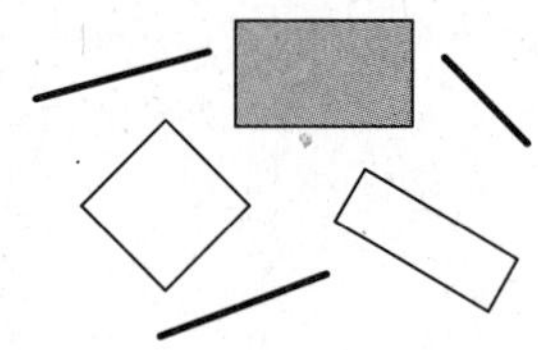

1. Seitenlänge: 4 cm
2. Seitenlänge: 6 cm

RECHTECKS-QUARTETT

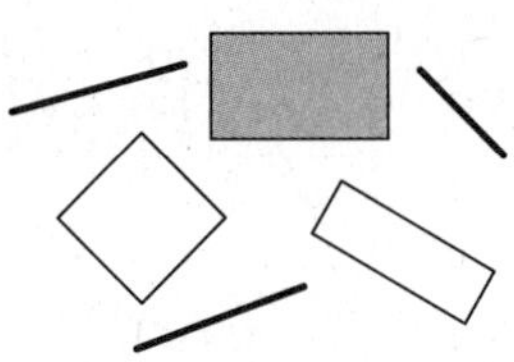

Seitenlänge: 12 cm
Umfang: 34 cm

RECHTECKS-QUARTETT

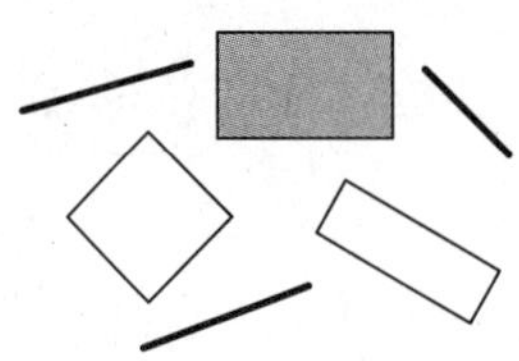

Seitenlänge: 5 cm
Flächeninhalt: 60 cm²

RECHTECKS-QUARTETT

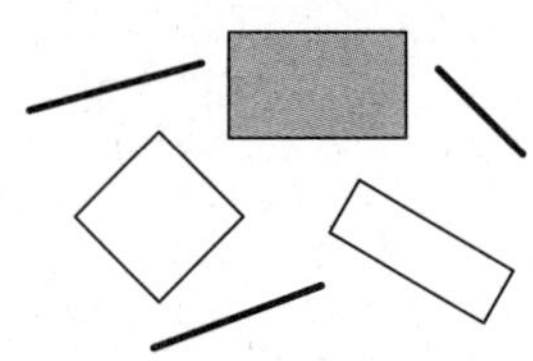

Flächeninhalt: 60 cm²
Seitenlänge: 12 cm

RECHTECKS-QUARTETT

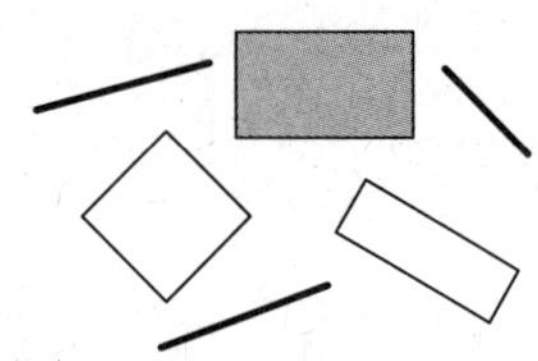

1. Seitenlänge: 5 cm
2. Seitenlänge: 12 cm

RECHTECKS-QUARTETT

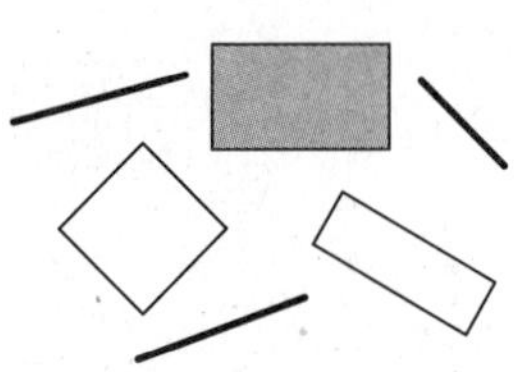

Seitenlänge: 4 cm
Umfang: 22 cm

RECHTECKS-QUARTETT

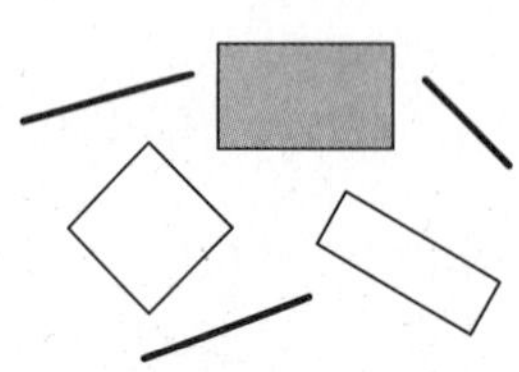

Seitenlänge: 7 cm
Flächeninhalt: 28 cm²

RECHTECKS-QUARTETT

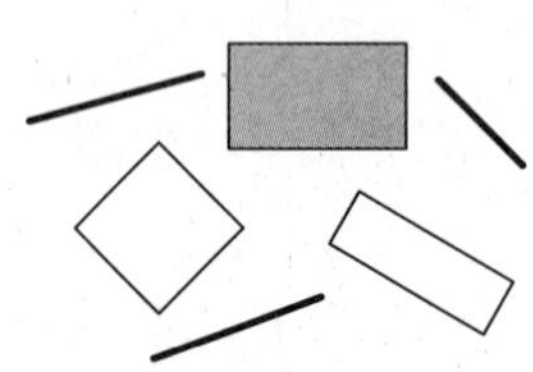

Flächeninhalt: 28 cm²
Seitenlänge: 4 cm

RECHTECKS-QUARTETT

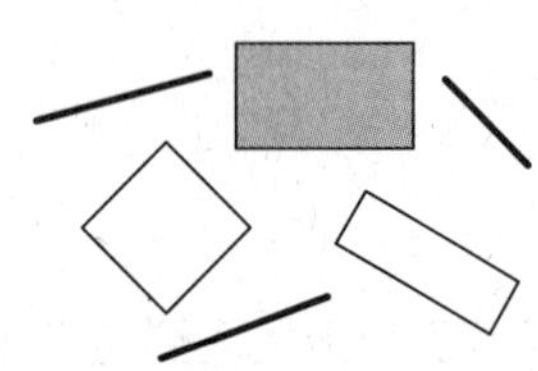

1. Seitenlänge: 7 cm
2. Seitenlänge: 4 cm

RECHTECKS-QUARTETT

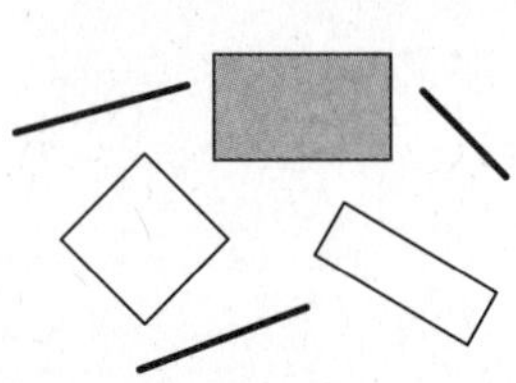

Seitenlänge: 5 cm
Umfang: 28 cm

RECHTECKS-QUARTETT

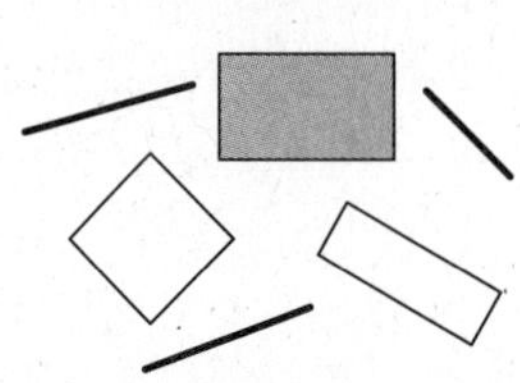

Seitenlänge: 9 cm
Flächeninhalt: 45 cm²

RECHTECKS-QUARTETT

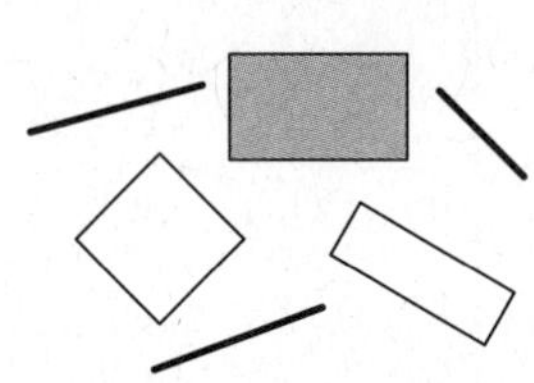

Flächeninhalt: 45 cm²
Seitenlänge: 5 cm

RECHTECKS-QUARTETT

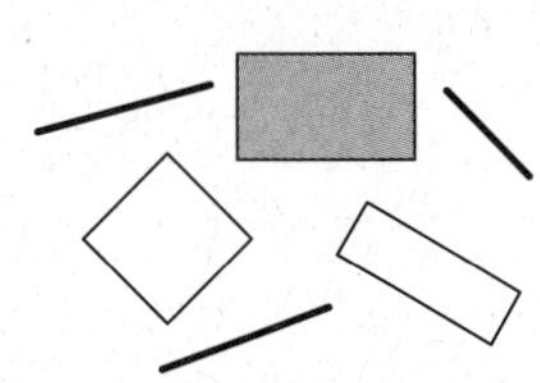

1. Seitenlänge: 9 cm
2. Seitenlänge: 5 cm

RECHTECKS-QUARTETT Seitenlänge: 3 cm Umfang: 14 cm	**RECHTECKS-QUARTETT** Seitenlänge: 4 cm Flächeninhalt: 12 cm²	**RECHTECKS-QUARTETT** Flächeninhalt: 12 cm² Seitenlänge: 3 cm	**RECHTECKS-QUARTETT** 1. Seitenlänge: 4 cm 2. Seitenlänge: 3 cm
RECHTECKS-QUARTETT Seitenlänge: 7 cm Umfang: 24 cm	**RECHTECKS-QUARTETT** Seitenlänge: 5 cm Flächeninhalt: 35 cm²	**RECHTECKS-QUARTETT** Flächeninhalt: 35 cm² Seitenlänge: 7 cm	**RECHTECKS-QUARTETT** 1. Seitenlänge: 5 cm 2. Seitenlänge: 7 cm
RECHTECKS-QUARTETT Seitenlänge: 8 cm Umfang: 32 cm	**RECHTECKS-QUARTETT** Seitenlänge: 8 cm Flächeninhalt: 64 cm²	**RECHTECKS-QUARTETT** Flächeninhalt: 64 cm² Seitenlänge: 8 cm	**RECHTECKS-QUARTETT** 1. Seitenlänge: 8 cm 2. Seitenlänge: 8 cm
RECHTECKS-QUARTETT Seitenlänge: 1 cm Umfang: 20 cm	**RECHTECKS-QUARTETT** Seitenlänge: 9 cm Flächeninhalt: 9 cm²	**RECHTECKS-QUARTETT** Flächeninhalt: 9 cm² Seitenlänge: 1 cm	**RECHTECKS-QUARTETT** 1. Seitenlänge: 9 cm 2. Seitenlänge: 1 cm

Das Plattenlegerspiel

Material: (für jede Spielgruppe)
– 3 Würfel, davon einer beschriftet (z.B. Augenzahlen mit Selbstklebeetiketten überklebt) mit den Buchstaben: A, U, S, J, J, B
– ein Satz ausgeschnittene Platten und Blumentröge der Kopiervorlage
– für jeden Spieler einen Plan der Terrasse (diese Kopiervorlage)

Plattenleger Rainer Zufall soll eine rechteckige Terrasse mit Steinplatten belegen. Er hat rechteckige Steinplatten in verschiedenen Größen dabei (z.B. 1x2, 2x3, 4x6 etc.).
Rainer Zufall ist bekannt für seine besondere Verlegetechnik: Außer den Platten und seinem Verlegewerkzeug hat er nämlich auch noch 3 Würfel mitgebracht. Mit diesen Würfeln pflegt Rainer Zufall auszuwürfeln, welche Platte er als nächstes verlegen wird. Dummerweise passiert es ihm dann stets, dass er gegen Ende seiner Arbeit eine zufällig bestimmte Platte nicht mehr in den verbliebenen Lücken auf der Terrasse unterbringen kann. Auf die freibleibenden Flächen stellt er dann kurzerhand dekorative quadratische Blumentröge.

Spielregel: Ihr seid seine Gehilfen und sollt ihm jeder einen Verlegeplan zeichnen. Reihum würfelt jeder Mitspieler mit allen drei Würfeln.
Der gewürfelte Buchstabe gibt nun an, welche Bedeutung die gewürfelten Augenzahlen haben:
(S) Die beiden gewürfelten Augenzahlen geben die **Seitenlänge** einer Platte an. Nimm die entsprechende Platte und lege sie auf einen freien Platz auf der Terrasse.
(A) Das Produkt der beiden Augenzahlen gibt den **Flächeninhalt** der zu wählenden Platte an. Beispiel: 3 und 4 sind gewürfelt; der Flächeninhalt der Platte beträgt 12; du könntest also z.B. eine Platte mit den Maßen 3x4 oder 2x6 wählen.
(U) Die Summe oder das Produkt der beiden Augenzahlen (frei wählbar) legt den **Umfang** der auszuwählenden Platte fest.
Beispiel: Augenzahlen 3, 4 ergibt Umfang 12, also z. B. die Platte 3x3.
(J) **Joker:** Du darfst zwischen **A** und **U** wählen.
(B) Pech gehabt! Stelle einen **Blumentrog** auf deine Terrasse.

Nach jedem Wurf **muss** auch eine Platte aus dem Plattenvorrat genommen werden. Nur wenn es **keine** entsprechende Platte mehr gibt, verfällt der Wurf und der nächste Spieler ist an der Reihe. Die Platten dürfen nicht überlappen. Jede Platte, die verlegt wurde, darf nicht mehr verschoben werden.

Spielende: Sobald ein Spieler eine bereits erwürfelte Platte nicht mehr auf seiner Terrasse unterbringen kann, scheidet er aus. Auf alle freigebliebenen Felder muss er nun Blumentröge stellen.

Ziel: Der Spieler, der die wenigsten Blumentröge benötigt, um seine Terrasse vollständig zu füllen, hat gewonnen.

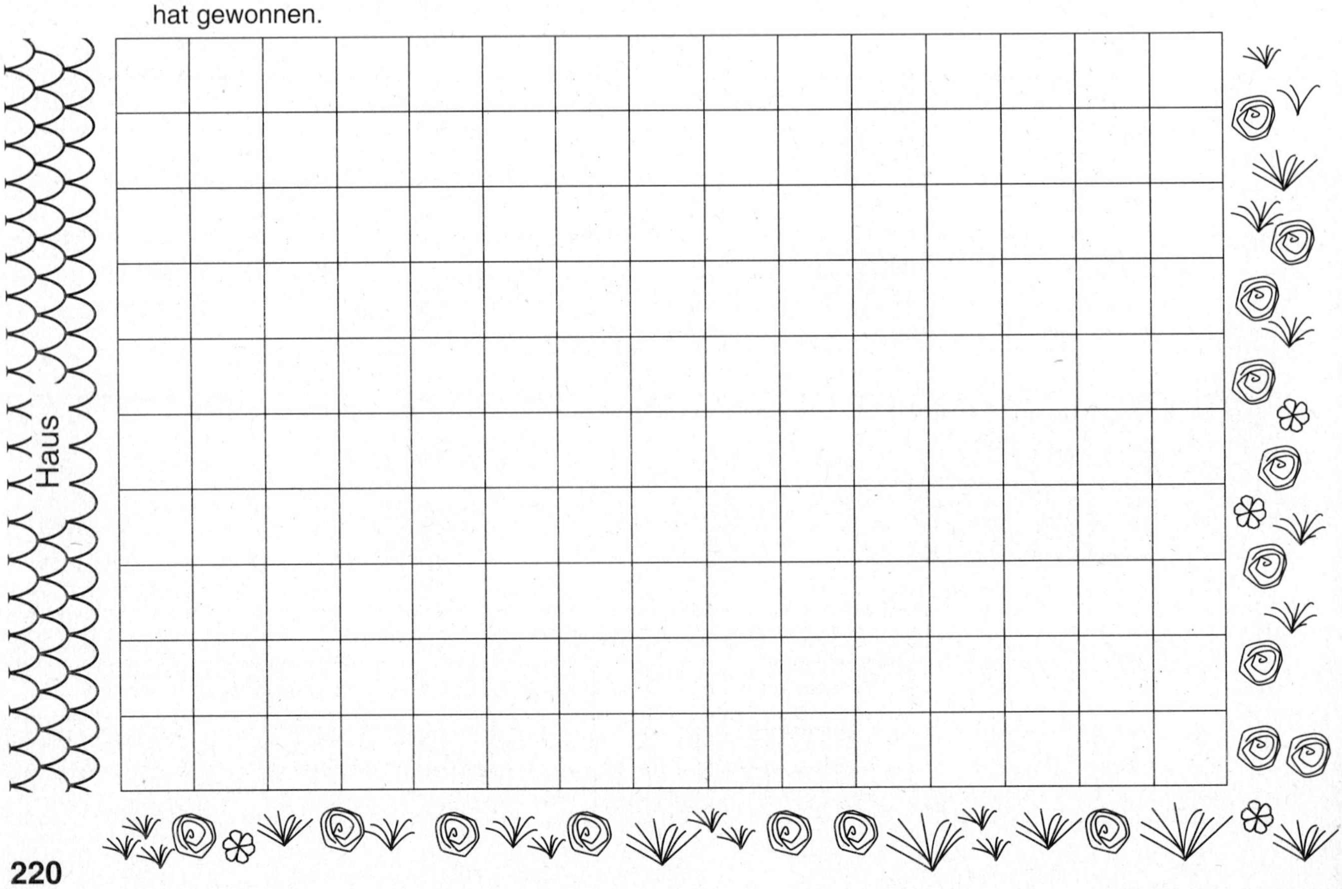

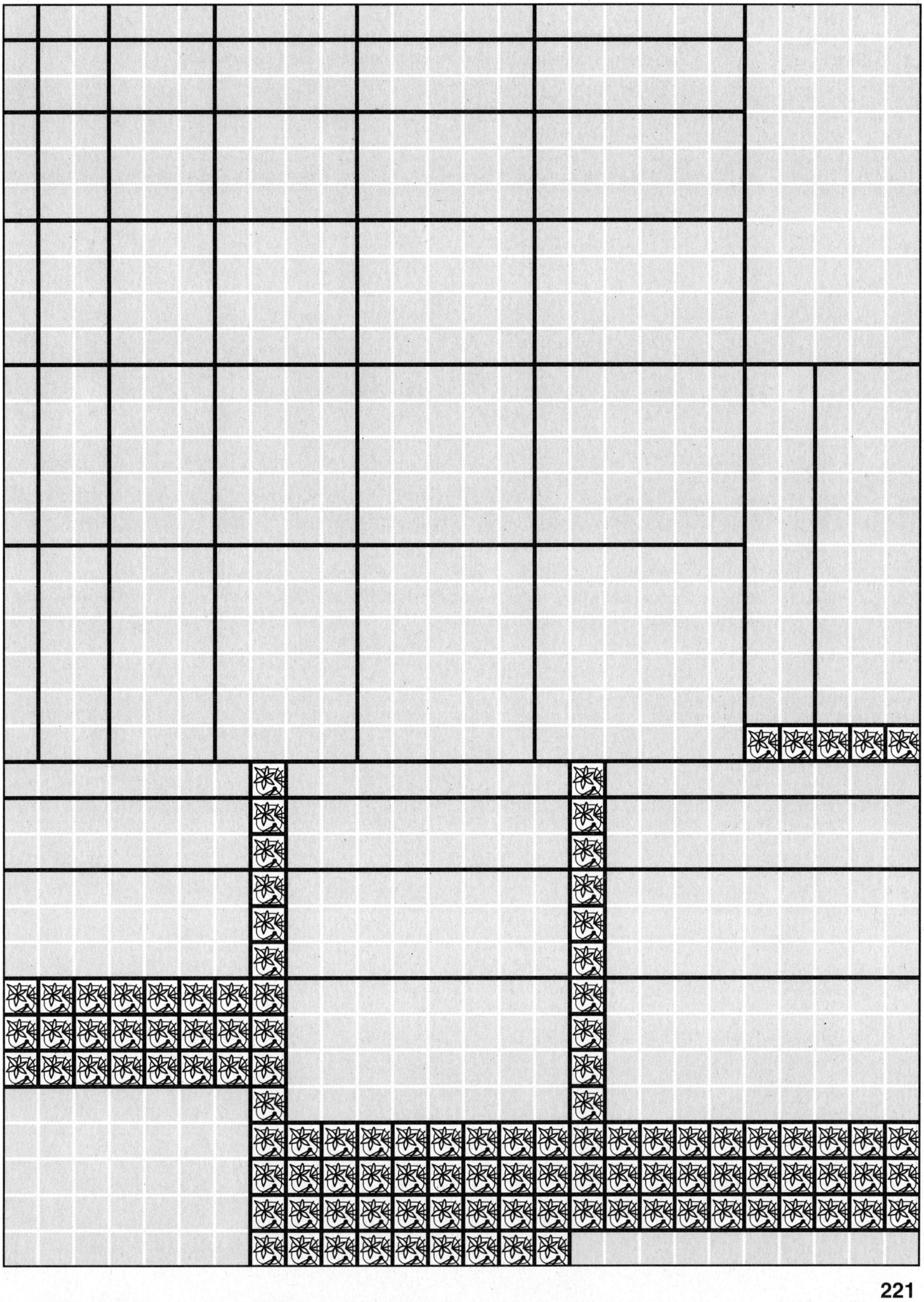

Arbeitsblatt: Maßstab und Flächeninhalt

Thomas bekommt ein neues Kinderzimmer. Es ist 3,50 m breit und 4 m lang.

a) Zeichne die Planfigur im Maßstab 1 : 50 fertig und richte das Zimmer mit den nebenstehenden Möbeln (Maßangabe in mm) so ein, dass Thomas noch Platz hat, seine elektrische Eisenbahn aufzubauen. Er braucht dazu eine Fläche von 2 m x 1,50 m.

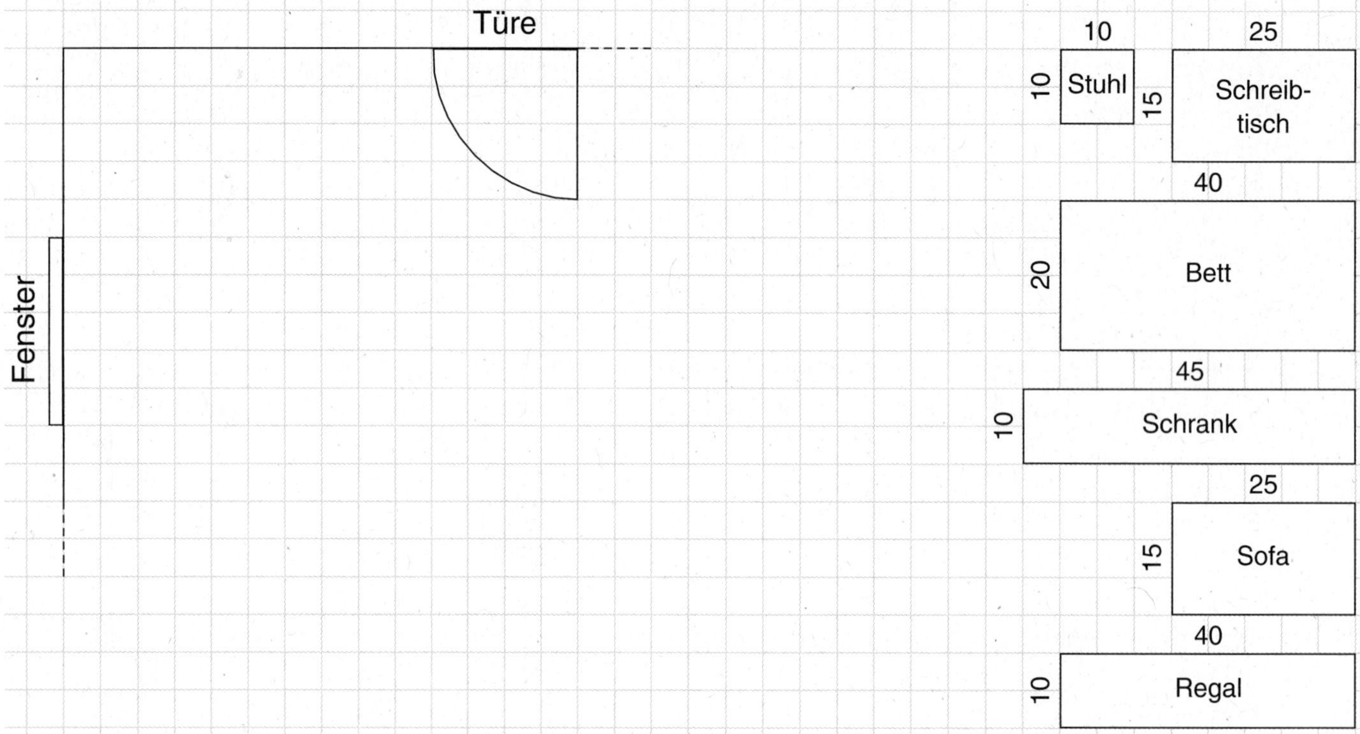

b) Welchen Flächeninhalt hat die Planfigur?

Antwort:

c) Berechne den Flächeninhalt des Zimmers in Wirklichkeit. Wie viele dm^2 sind frei von Möbeln? Rechne auf der Rückseite.

Antwort:

d) Wie viel mal ist der Flächeninhalt des Zimmers größer als der der Planfigur?

Antwort:

e) Wie viel mal ist der Umfang des Zimmers größer als der Umfang der Planfigur? Rechne auf der Rückseite.

Antwort:

Arbeitsblatt: Maßstab und Flächeninhalt

Thomas bekommt ein neues Kinderzimmer. Es ist 3,50 m breit und 4 m lang.

a) Zeichne die Planfigur im Maßstab 1 : 50 fertig und richte das Zimmer mit den nebenstehenden Möbeln (Maßangabe in mm) so ein, dass Thomas noch Platz hat, seine elektrische Eisenbahn aufzubauen. Er braucht dazu eine Fläche von 2 m x 1,50 m.

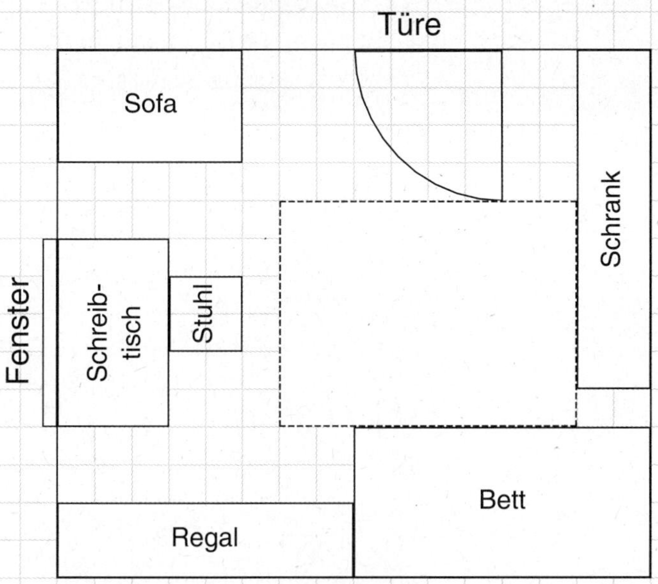

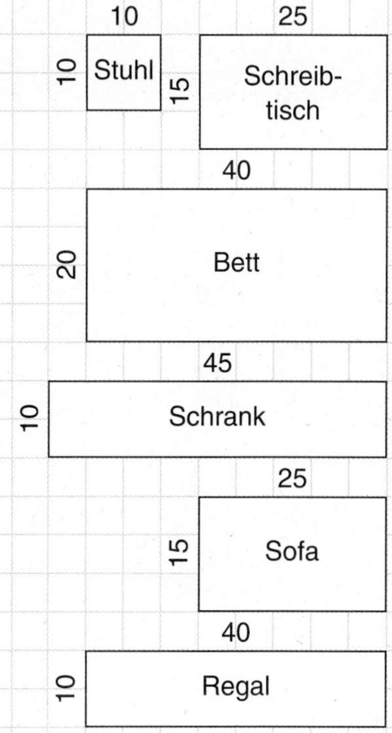

Maßstab 1 : 50 bedeutet, dass 1 cm in der Planfigur.
in Wirklichkeit 50 cm sind.
$b^* = 350\,cm : 50 = 7\,cm$
$l^* = 400\,cm : 50 = 8\,cm$

b) Welchen Flächeninhalt hat die Planfigur?
$A^* = l^* \cdot b^* = 8\,cm \cdot 7\,cm = 56\,cm^2$.
Antwort: Die Planfigur hat einen Flächeninhalt von $56\,cm^2$.

c) Berechne den Flächeninhalt des Zimmers in Wirklichkeit. Wie viele dm^2 sind frei von Möbeln?
Fläche des Zimmers: $A = l \cdot b = 400\,cm \cdot 350\,cm = 140\,000\,cm^2 = 14\,m^2$.
Grundflächen der Möbel: Stuhl: $50\,cm \cdot 50\,cm = 2500\,cm^2$, Bett: $100\,cm \cdot 200\,cm = 20\,000\,cm^2$, Schreibtisch (Sofa): $125\,cm \cdot 75\,cm = 9375\,cm^2$, Schrank: $50\,cm \cdot 225\,cm = 11\,250\,cm^2$, Regal: $50\,cm \cdot 200\,cm = 10\,000\,cm^2$;
Gesamtfläche der Möbel: $625\,dm^2$
Fläche ohne Möbel: $14\,m^2 - 625\,dm^2 = 1400\,dm^2 - 625\,dm^2 = 775\,dm^2$.
Antwort: Das Zimmer hat einen Flächeninhalt von $14\,m^2$. Es sind $775\,dm^2$ unmöbliert.

d) Wie viel mal ist der Flächeninhalt des Zimmers größer als der der Planfigur?
$14\,m^2 : 56\,cm^2 = 140\,000\,cm^2 : 56\,cm^2 = 2500\ (= 50^2)$.
Antwort: Der Flächeninhalt des Zimmers ist 2500 ($= 50^2$) mal größer als der Flächeninhalt der Planfigur.

e) Wie viel mal ist der Umfang des Zimmers größer als der Umfang der Planfigur?
$U = 2 \cdot (400\,cm + 350\,cm) = 1500\,cm$; $U^* = 2 \cdot (8\,cm + 7\,cm) = 30\,cm$; $U : U^* = 50$
Antwort: Der Umfang des Zimmers ist 50mal größer als der Umfang der Planfigur.

Bestimme den Flächeninhalt von Deutschland oder einzelner Bundesländer.

Du kannst verschieden vorgehen.

Überdecke die Karte mit ausgeschnittenen Figuren, wie sie unten auf diesem Arbeitsblatt vorgezeichnet sind.

oder

Zeichne auf die Karte mit Millimeterpapier geeignete Figuren und berechne deren Flächeninhalt.

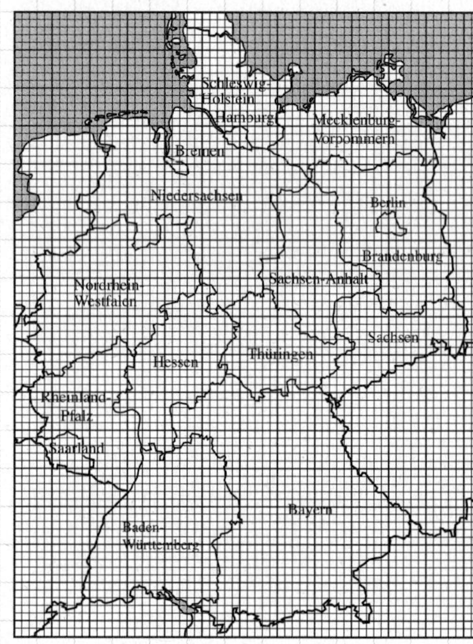

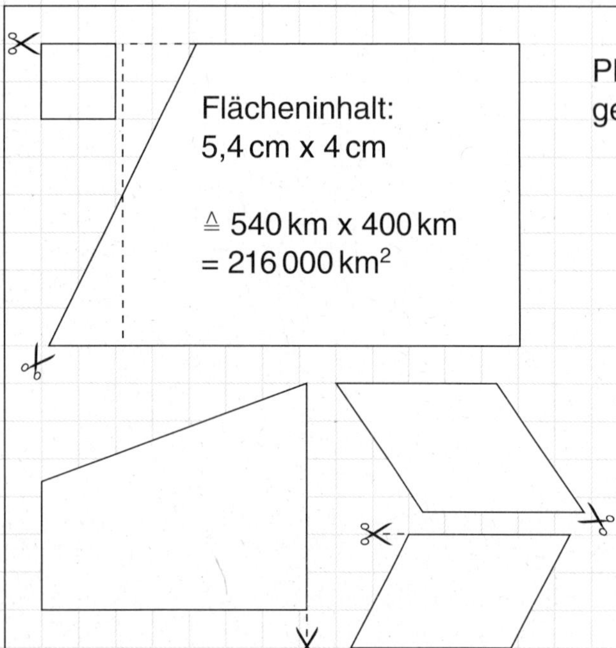

Platz zum Zeichnen weiterer geeigneter Figuren:

Landkarte Europa

Maßstab 1:20 000 000

Trainingsblatt
Flächeninhalte verschiedener Figuren

Schneide die Figuren aus. Zerschneide jede Figur durch gerade Schnitte und setze sie zu einem flächengleichen Rechteck zusammen. Es gibt immer mehrere Möglichkeiten. Bestimme anschließend den Flächeninhalt der einzelnen Figuren.

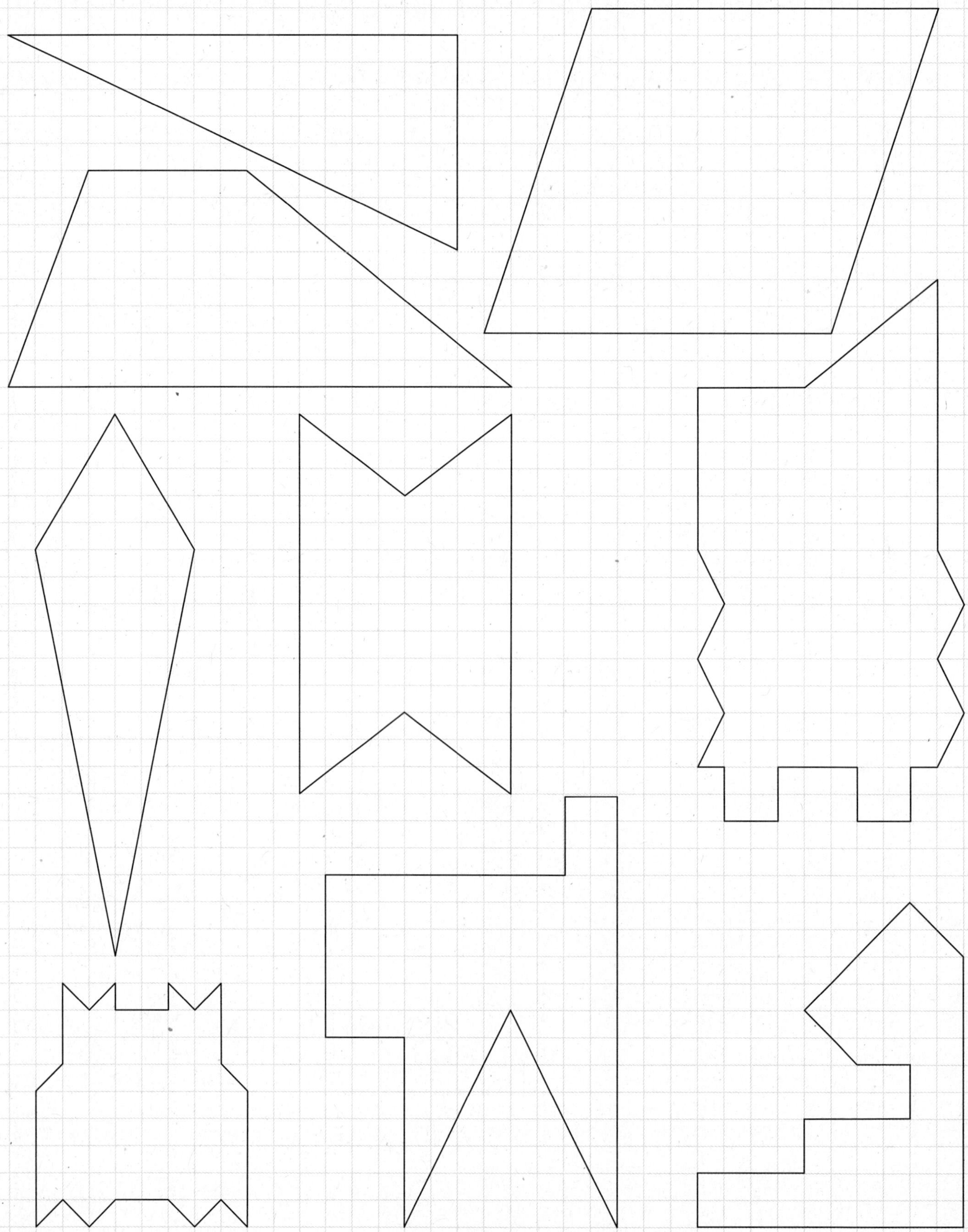

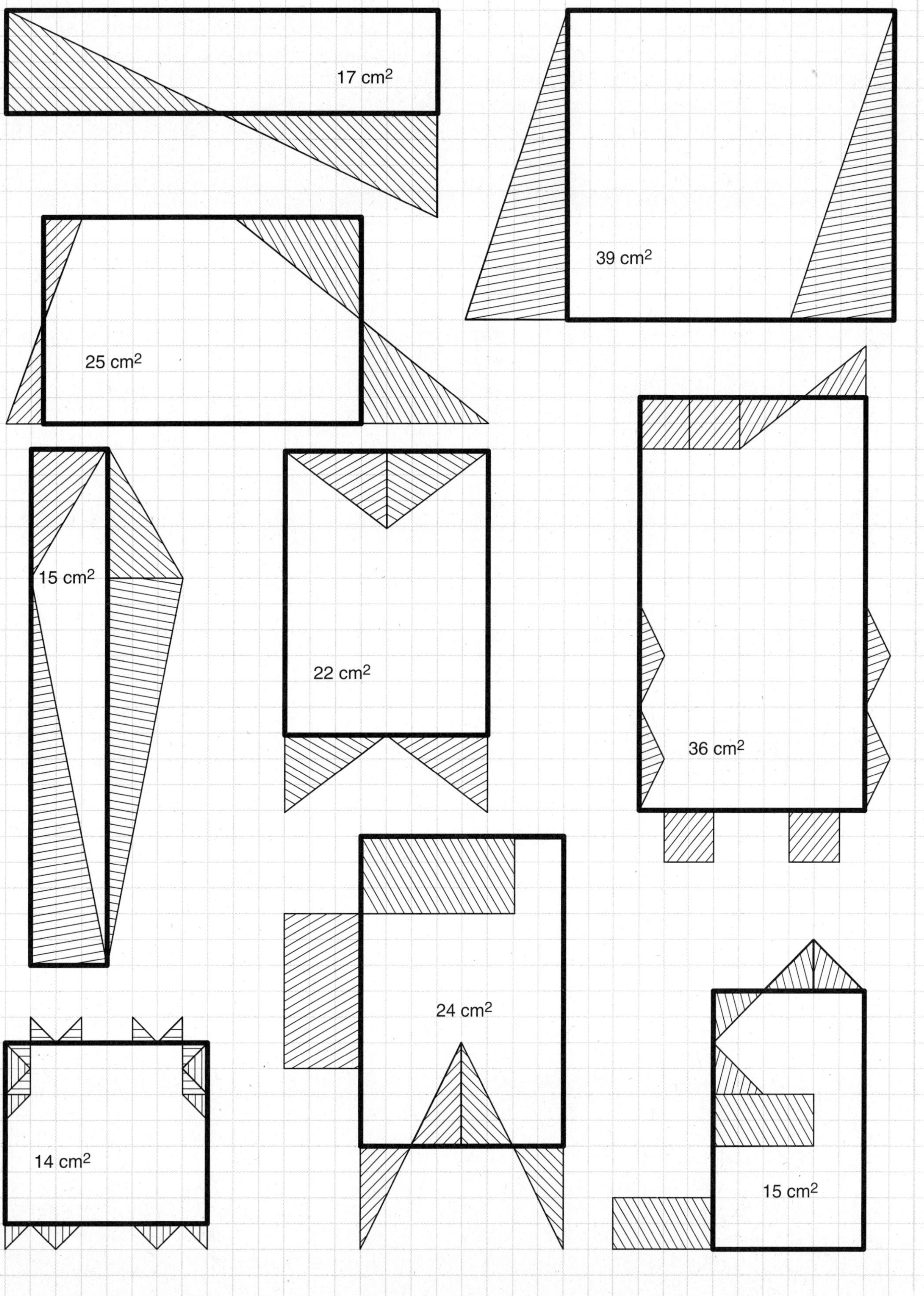
17 cm^2
39 cm^2
25 cm^2
15 cm^2
22 cm^2
36 cm^2
24 cm^2
14 cm^2
15 cm^2

Berechne für die abgebildeten Grundstückspläne (Längenangaben in der Einheit cm)
a) den Flächeninhalt der grauen Flächen in der Skizze,
b) den Flächeninhalt der grauen Flächen in Wirklichkeit,
c) den Umfang der Grundstücke in Wirklichkeit.

(1)

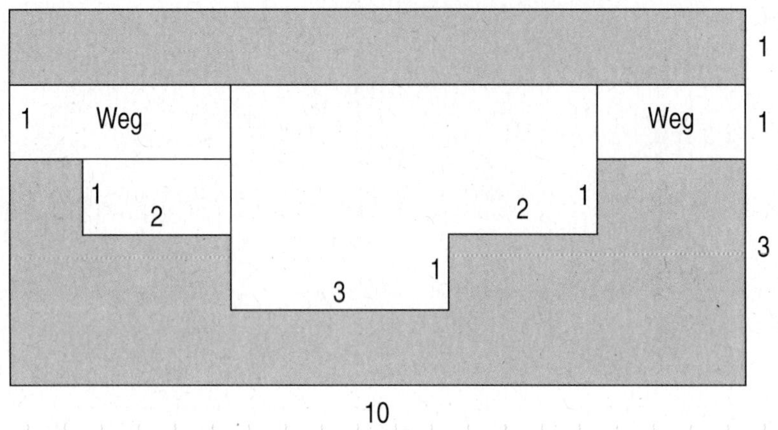

Maßstab 1:300

(2)

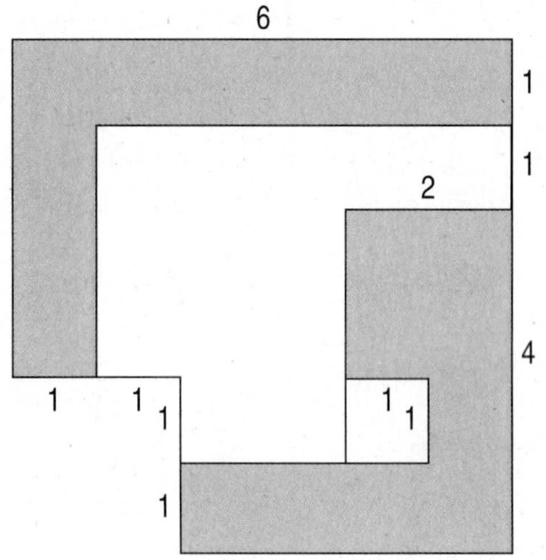

Maßstab 1:500

(3)

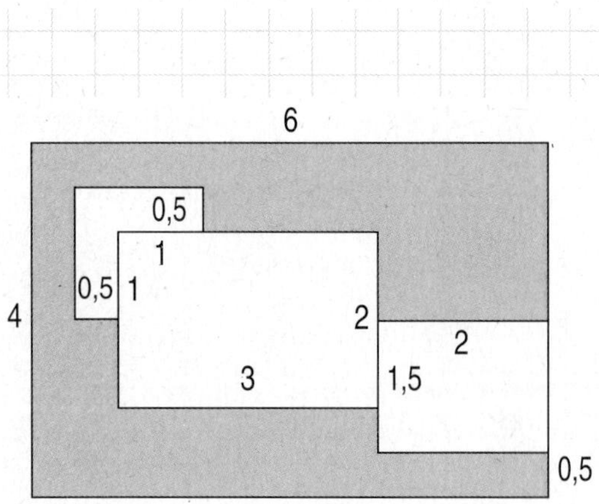

Maßstab 1:1000

1. Berechne die Oberflächeninhalte der Quader mit folgenden Maßen:

l	7 dm	8 cm	21 cm		30 mm	7 cm
b	8 dm	4 cm	4 dm	20 dm		43 mm
h	11 dm		3 cm	100 cm	3 dm	9 mm
O		184 cm^2		40 m^2	2160 cm^2	

2. Der Oberflächeninhalt eines Würfels beträgt 726 cm^2. Berechne seine Kantenlänge s.

Antwort:

3. Thomas schneidet aus einem rechteckigen Papier mit einer Länge von 28 cm und einer Breite von 21 cm das Netz eines Quaders aus. Das rechts oben abgeschnittene Rechteck hat die Länge 14 cm und die Breite 5 cm.

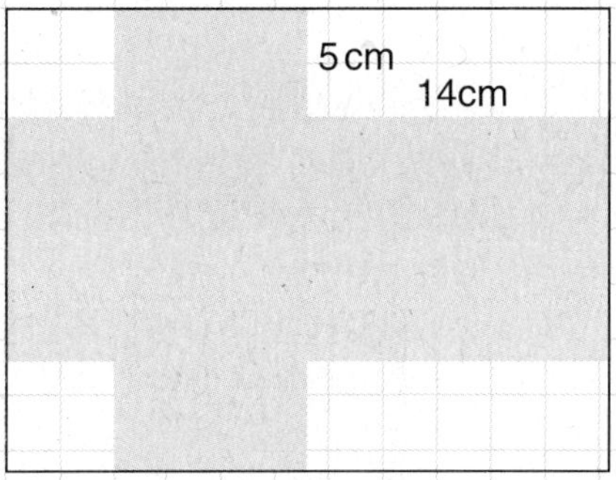

a) Berechne den Oberflächeninhalt des Quaders möglichst geschickt.

Antwort:

b) Gib die Summe aller Kantenlängen des Quaders an.

Antwort:

4. Vervollständige die Zeichnung zu einem Quadernetz.

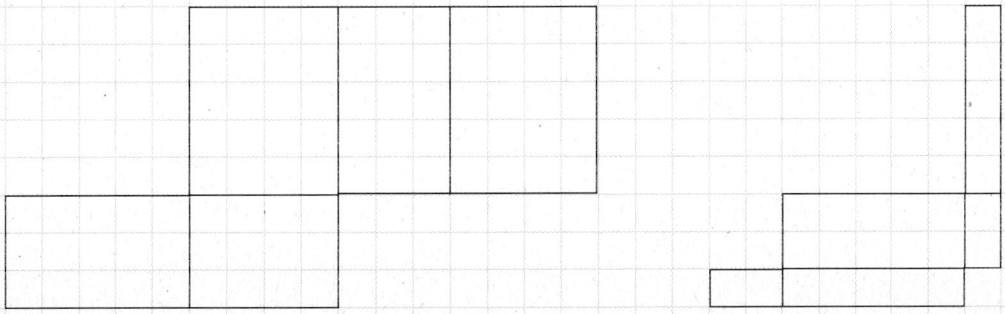

1. Berechne die Oberflächeninhalte der Quader mit folgenden Maßen:

l	7 dm	8 cm	21 cm	6 m	30 mm	7 cm
b	8 dm	4 cm	4 dm	20 dm	30 cm	43 mm
h	11 dm	5 cm	3 cm	100 cm	3 dm	9 mm
O	442 dm^2	184 cm^2	2046 cm^2	40 m^2	2160 cm^2	4027 mm^2

2. Der Oberflächeninhalt eines Würfels beträgt 726 cm^2. Berechne seine Kantenlänge s.

$O = 6 \cdot s \cdot s$; $726\,cm^2 : 6 = 121\,cm^2$; $11\,cm \cdot 11\,cm = 121\,cm^2$; $s = 11\,cm$

Antwort: Die Kantenlänge des Würfels beträgt 11 cm.

3. Thomas schneidet aus einem rechteckigen Papier mit einer Länge von 28 cm und einer Breite von 21 cm das Netz eines Quaders aus. Das rechts oben abgeschnittene Rechteck hat die Länge 14 cm und die Breite 5 cm.

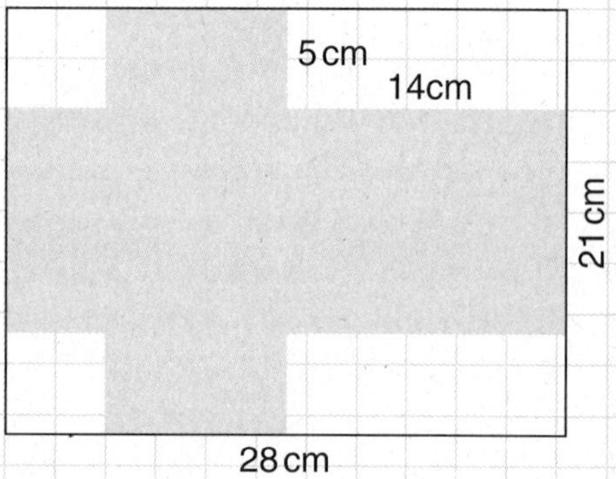

a) Berechne den Oberflächeninhalt des Quaders möglichst geschickt.

$28\,cm \cdot 21\,cm - 2 \cdot (5\,cm \cdot 14\,cm + 5\,cm \cdot 5\,cm) =$
$= 588\,cm^2 - 2 \cdot (95\,cm^2) = 588\,cm^2 - 190\,cm^2 = 398\,cm^2$ oder
$28\,cm \cdot 11\,cm + 2 \cdot (5\,cm \cdot 9\,cm) = 308\,cm^2 + 90\,cm^2 = 398\,cm^2$

Antwort: Der Quader hat einen Oberflächeninhalt von 398 cm^2.

b) Gib die Summe aller Kantenlängen des Quaders an.
$4 \cdot (5\,cm + 9\,cm + 11\,cm) = 4 \cdot 25\,cm = 100\,cm$

Antwort: Die Kanten des Quaders sind zusammen 100 cm lang.

4. Vervollständige die Zeichnung zu einem Quadernetz.

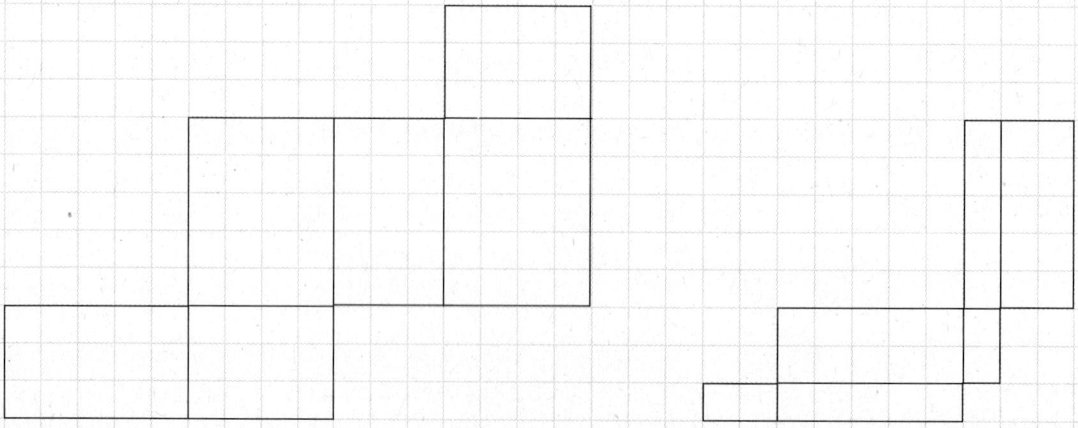

Quellenverzeichnis

Einige Materialien aus diesem Buch sind folgenden Werken der Klett-Verlagsgruppe entnommen oder entlehnt:

Reinhard Schmitt-Hartmann: mathe spielend lernen, Mathematik 5. Klasse,
Ernst Klett Verlag GmbH, Stuttgart 1996; ISBN 3-12-722810-4 (S. 133, 145, 208, 218f.)

Reinhard Schmitt-Hartmann: mathe spielend lernen, Mathematik 7. Klasse,
Ernst Klett Verlag GmbH, Stuttgart 1999; ISBN 3-12-722860-0 (S. 135ff., 140, 190)

Isabelle Hetzler: mathe spielend lernen, Mathematische Zaubertricks für die 5. bis 10. Klasse,
Ernst Klett Verlag GmbH, Stuttgart 2002; ISBN 3-12-722861-9 (S. 129f.)

Reinhard Schmitt-Hartmann: offener unterricht, Mathe, arbeitsblätter natürliche zahlen,
Ernst Klett Verlag GmbH, Stuttgart, 2001; ISBN 3-12-720014-1 (S. 131f., 134, 185f.)

E. Ch. Wittmann/M. Röhr/G. N. Müller: Das Zahlenbuch, Schauen und Bauen – Geometrische Spiele
mit Quadern, Ernst Klett Grundschulverlag Leipzig 1997; ISBN 3-12-199075-6 (S. 146ff.)

W. Affolter/H. Amstad/M. Doebeli/G. Wieland: Das Zahlenbuch (Schweiz), Mathematik im 5. Schuljahr,
Klett und Balmer AG, Zug 1999; ISBN 3-264-83097-3 (S. 159f.)

J. P. Böhmer: Arbeitsheft Mathematik Band 1,
Ernst Klett Verlag GmbH, Stuttgart 1999; ISBN 3-12-745190-3 (S. 165)

Sabine Kliemann: mathe live 5 Arbeitsheft,
Ernst Klett Verlag GmbH, Stuttgart 2000; ISBN 3-12-720214-8 (S. 124f.)